普通高等教育数据科学与大数据技术系列教材

当代数据管理系统

刘玉葆　桑应朋　陈梓潼　编著

科学出版社

北京

内容简介

本书全面介绍当代数据管理系统的基本概念、原理和技术，立足大数据时代应用新需求，除了介绍传统数据库的核心知识，还对基于大数据模型的新型数据管理系统的设计理念和使用方法等进行探讨。在传统数据库方面，介绍关系模型、结构化查询语言、基于 E-R 模型的数据库设计和规范化理论；另外，还介绍数据库索引、查询处理与优化，以及并发控制等技术。在新型数据管理方面，介绍 NoSQL 数据库、MongoDB 数据库以及 NewSQL 数据库等。

本书可以作为高校计算机及相关专业的教材使用，也可供系统开发设计人员参考。

图书在版编目（CIP）数据

当代数据管理系统 / 刘玉葆，桑应朋，陈梓潼编著. -- 北京：科学出版社，2025.2. -- （普通高等教育数据科学与大数据技术系列教材）. -- ISBN 978-7-03-080692-5

Ⅰ. TP317

中国国家版本馆 CIP 数据核字第 2024FH8263 号

责任编辑：于海云　滕　云 / 责任校对：王　瑞
责任印制：师艳茹 / 封面设计：无极书装

科学出版社 出版
北京东黄城根北街 16 号
邮政编码：100717
http://www.sciencep.com

北京天宇星印刷厂 印刷
科学出版社发行　各地新华书店经销

*

2025 年 2 月第　一　版　　开本：787×1092　1/16
2025 年 2 月第一次印刷　　印张：13 3/4
字数：327 000

定价：65.00 元
（如有印装质量问题，我社负责调换）

前　言

党的二十大报告指出："加快发展数字经济，促进数字经济和实体经济深度融合，打造具有国际竞争力的数字产业集群。"大数据、云计算、人工智能等新一代信息技术与各行业的深度融合将给产业发展、日常生活、社会治理带来深刻影响。

随着大数据新时代的到来，当代数据管理系统的内涵已变得非常丰富，从传统基于关系模型的数据管理技术，发展出了各种基于大数据模型的数据管理系统，可以用结构化查询语言(SQL)，以及由其延伸出的 NoSQL 和 NewSQL 等关键字来描述当代数据管理系统的主要特色。数据库系统是一门综合性的软件技术，它是程序设计、数据结构、操作系统、编译原理等许多软件知识的综合应用，其理论性和实践性都很强，是进行数据管理的必备知识。本书立足大数据时代应用新需求，除了介绍传统 SQL 数据库的核心知识，还对基于大数据模型的 NoSQL 和 NewSQL 等新型数据管理系统的设计理念和使用方法等进行探讨。本书的主要特色是内容全面且新颖，同时注重理论和实践融合，能满足大数据新时代下全面学习当代数据管理技术的要求。

本书共 12 章，主要内容如下。

第 1 章对本书内容进行简介。主要包括数据库系统应用及目标，数据视图，数据库语言，数据库设计、索引、查询处理和优化，事务管理，新型数据库、数据库用户及发展历史等。

第 2 章介绍关系模型。主要内容包括关系数据库及关系代数等。

第 3 章介绍结构化查询语言。主要内容包括 SQL 概述、SQL 基本操作、子查询、SQL 更新、视图、完整性约束、授权以及 SQL 程序设计等。

第 4 章介绍基于 E-R 模型的数据库设计。主要内容包括数据库设计过程概述、E-R 模型、实体中的属性、联系约束以及 E-R 模型转化为关系模式等。

第 5 章介绍规范化理论。主要内容包括函数依赖、范式和关系模式的规范化等。

第 6 章介绍索引。主要内容包括有序索引、B+树索引、哈希索引以及 SQL 中的索引创建等。

第 7 章介绍查询处理与优化。主要内容包括查询代价的测量、选择操作的处理、外部排序、连接操作的处理以及查询优化等。

第 8 章介绍并发控制。主要内容包括事务的状态、可串行化、基于锁的协议和死锁处理等。

第 9 章介绍恢复系统。主要内容包括故障分类、基于日志的恢复、恢复算法以及远程备份系统等。

第 10 章介绍 NoSQL 数据库。主要内容包括 NoSQL 数据库概述、理论基础、数据模型以及典型系统等。

第 11 章介绍 MongoDB 数据库。主要内容包括 MongoDB 数据库概述、数据库操作和数据库设计实例等。

第 12 章介绍 NewSQL 数据库。主要内容包括 NewSQL 数据库概述、NewSQL 数据库分类、典型系统和 Spanner 数据库等。

本书由刘玉葆、桑应朋、陈梓潼共同编著。具体编写分工如下：刘玉葆编写第 1、2 章及第 7～9 章，桑应朋编写第 3～6 章，陈梓潼负责编写第 10～12 章。赖韩江老师参与了本书的前期讨论，孔维洋、张森、黄淑桦、李僖哲、郭梓煜、吴凯淇、李茂锦、李品律、孙静雯、陈昱夫、赵文序、吴伟、潘俊宪以及武子贤等研究生参与了本书的编辑工作，在此一并表示感谢。同时感谢科学出版社的大力支持以及各位编辑对本书的辛勤付出。

由于编者水平有限，加之时间匆促，书中不妥之处在所难免，诚望读者批评指正。

编　者

2024 年 6 月

目　录

第 1 章　引言 ··· 1
　1.1　数据库系统应用 ·· 1
　1.2　数据库系统目标 ·· 4
　1.3　数据视图 ·· 6
　　　1.3.1　数据模型 ·· 6
　　　1.3.2　关系数据模型 ·· 6
　　　1.3.3　数据抽象 ·· 7
　1.4　数据库语言 ··· 8
　　　1.4.1　SQL 数据定义语言 ·· 8
　　　1.4.2　SQL 数据操纵语言 ·· 9
　　　1.4.3　从应用程序访问数据库 ·· 9
　1.5　数据库设计 ··· 10
　　　1.5.1　E-R 模型 ··· 11
　　　1.5.2　规范化理论 ·· 11
　1.6　索引、查询处理和优化 ·· 12
　1.7　事务管理 ··· 13
　1.8　新型数据库 ··· 14
　1.9　数据库用户 ··· 15
　1.10　数据库系统的发展历史 ·· 16
　本章小结 ·· 18
　习题 ·· 18

第 2 章　关系模型 ··· 20
　2.1　关系数据库 ··· 20
　　　2.1.1　关系表结构 ··· 20
　　　2.1.2　数据库模式 ··· 21
　　　2.1.3　码 ·· 21
　　　2.1.4　关系查询语言 ·· 22
　2.2　关系代数 ··· 22
　　　2.2.1　选择运算 ·· 22
　　　2.2.2　投影运算 ·· 23
　　　2.2.3　笛卡儿积 ·· 23
　　　2.2.4　连接运算 ·· 24
　　　2.2.5　集合运算 ·· 25

    2.2.6　赋值运算·················25
    2.2.7　更名运算·················25
本章小结·····························26
习题································26

第 3 章　结构化查询语言·············28
 3.1　SQL 概述······················28
 3.2　SQL 基本操作··················28
    3.2.1　SQL 数据类型··············28
    3.2.2　SQL 基本结构··············29
    3.2.3　SQL 集合操作··············34
    3.2.4　空值··················34
    3.2.5　聚合函数················35
    3.2.6　连接操作················36
 3.3　子查询······················43
 3.4　SQL 更新·····················44
    3.4.1　插入语言················44
    3.4.2　删除语句················45
    3.4.3　更新语句················46
 3.5　视图························47
 3.6　完整性约束····················49
 3.7　授权························51
 3.8　SQL 程序设计··················54
    3.8.1　从外部程序访问 SQL···········54
    3.8.2　函数与存储过程·············58
    3.8.3　结构化 SQL 程序设计··········59
    3.8.4　触发器··················60
本章小结·····························62
习题································62

第 4 章　基于 E-R 模型的数据库设计·······66
 4.1　数据库设计过程概述················66
 4.2　E-R 模型·····················67
    4.2.1　实体集··················68
    4.2.2　联系集··················68
 4.3　实体中的属性···················70
    4.3.1　属性类型·················70
    4.3.2　实体主码·················71
    4.3.3　冗余属性·················71
    4.3.4　弱实体集·················72

4.4 联系约束 ··· 72
4.4.1 映射基数 ·· 72
4.4.2 参与度 ·· 76
4.5 E-R 模型转化为关系模式 ·· 76
本章小结 ··· 78
习题 ··· 78

第 5 章 规范化理论 ··· 80
5.1 数据依赖对关系模式的影响 ·· 80
5.2 函数依赖 ·· 81
5.2.1 函数依赖概念 ·· 81
5.2.2 无损分解 ·· 83
5.2.3 依赖保持 ·· 84
5.3 范式 ··· 85
5.3.1 第一范式 ·· 85
5.3.2 巴斯-科德范式 ··· 85
5.3.3 第三范式 ·· 87
5.3.4 多值依赖与第四范式 ··· 88
5.4 函数依赖相关理论 ·· 90
5.4.1 函数依赖闭包 ·· 90
5.4.2 属性闭包 ·· 91
5.4.3 正则覆盖 ·· 92
5.4.4 依赖保持测试 ·· 95
5.5 关系模式的规范化 ·· 96
5.5.1 关系模式规范化的步骤 ······································· 96
5.5.2 关系模式的分解 ·· 97
本章小结 ·· 100
习题 ·· 100

第 6 章 索引 ·· 103
6.1 有序索引 ·· 103
6.1.1 稀疏索引和稠密索引 ··· 103
6.1.2 辅助索引 ·· 104
6.1.3 多级索引 ·· 105
6.2 B+树索引 ··· 106
6.2.1 B+树结构 ·· 106
6.2.2 B+树查询 ·· 107
6.2.3 B+树更新 ·· 109
6.3 B+树文件组织 ··· 114
6.4 哈希索引 ·· 115

6.5　SQL 中的索引创建 117
本章小结 118
习题 118

第 7 章　查询处理与优化 120
7.1　查询代价的测量 120
7.2　选择操作的处理 121
　　7.2.1　线性扫描 121
　　7.2.2　索引扫描 122
　　7.2.3　复杂选择的实现 123
7.3　外部排序 123
7.4　连接操作的处理 126
　　7.4.1　嵌套循环连接 127
　　7.4.2　块嵌套循环连接 127
　　7.4.3　索引嵌套循环连接 128
　　7.4.4　归并连接 129
　　7.4.5　哈希连接 130
7.5　查询优化 131
　　7.5.1　代数优化 132
　　7.5.2　物理优化 134
本章小结 135
习题 135

第 8 章　并发控制 138
8.1　事务的状态 138
8.2　可串行化 139
8.3　基于锁的协议 143
　　8.3.1　锁的授予 143
　　8.3.2　两阶段封锁协议 144
　　8.3.3　封锁的实现 145
8.4　死锁处理 146
　　8.4.1　死锁预防 146
　　8.4.2　死锁检测与恢复 147
本章小结 148
习题 148

第 9 章　恢复系统 150
9.1　故障分类 150
9.2　基于日志的恢复 151
　　9.2.1　日志记录 152
　　9.2.2　事务提交 153

	9.2.3 事务重做和撤销	153
	9.2.4 检查点	154
9.3	恢复算法	156
9.4	远程备份系统	158
	本章小结	160
	习题	160

第 10 章 NoSQL 数据库 … 163

10.1	NoSQL 数据库概述	163
	10.1.1 NoSQL 数据库的定义与发展历史	163
	10.1.2 NoSQL 数据库的特点	163
	10.1.3 关系数据库与 NoSQL 数据库的对比	164
10.2	理论基础	165
	10.2.1 CAP 理论	165
	10.2.2 BASE 理论	167
	10.2.3 最终一致性	167
10.3	数据模型	168
	10.3.1 键值型数据模型	168
	10.3.2 列存储数据模型	169
	10.3.3 文档型数据模型	169
	10.3.4 图形数据模型	170
10.4	典型系统	170
	10.4.1 Memcached	171
	10.4.2 HBase	171
	10.4.3 MongoDB	172
	本章小结	173
	习题	174

第 11 章 MongoDB 数据库 … 176

11.1	MongoDB 数据库概述	176
	11.1.1 产生和发展	176
	11.1.2 基本概念	176
	11.1.3 特点和优势	184
11.2	数据库操作	186
	11.2.1 集合操作	186
	11.2.2 数据查询	187
	11.2.3 数据更新	188
11.3	数据库设计实例	190
	本章小结	191
	习题	191

第 12 章　NewSQL 数据库 ·· 192
12.1　NewSQL 数据库概述 ·· 192
12.1.1　产生和发展 ··· 192
12.1.2　特点和优势 ··· 193
12.1.3　与关系数据库、NoSQL 数据库的对比 ······························· 193
12.2　NewSQL 数据库分类 ·· 194
12.2.1　新架构 NewSQL ··· 194
12.2.2　透明数据库分片中间件 ·· 195
12.2.3　DBaaS ·· 196
12.3　典型系统 ·· 196
12.3.1　VoltDB ··· 196
12.3.2　TiDB ··· 198
12.3.3　Google Spanner ·· 201
12.4　Spanner 数据库 ·· 201
12.4.1　体系结构 ··· 201
12.4.2　数据模型 ··· 202
12.4.3　并发控制 ··· 203
12.4.4　查询语言 ··· 203
12.4.5　设计实例 ··· 204
本章小结 ··· 207
习题 ··· 208
参考文献 ·· 209

第1章 引　言

数据库管理系统(database management system, DBMS)通常包含企业相关数据和一系列用于访问这些数据的应用程序。这些数据集合称为数据库，往往存储着企业至关重要的信息如企业的商业机密数据等。在当前大数据新时代，数据管理的技术越来越丰富，从传统的 SQL (structured query language)数据库，到新型的 NoSQL(not only SQL)和 NewSQL 数据库等。

在管理大规模数据时，数据库系统的主要目标是确保数据的高效存储和有效访问。此外，数据库系统必须保障数据的安全和完整，即使面临系统故障或出现未经授权的访问等。同时，为了支持多用户环境下的数据共享，数据库系统还必须有效管理并发访问，防止数据访问中的异常和不一致。

本章将概述数据库的基本概念，包括数据库系统应用及目标，数据视图，数据库语言、索引、查询处理和优化，事务管理，以及新型数据库等，也将介绍数据库系统的演变和发展历史。

1.1 数据库系统应用

数据库系统自 20 世纪 60 年代以来，已经从简单的商业数据管理工具演变成为管理和处理全球化企业高度复杂信息的强大系统。DBMS 的发展不仅反映了技术的进步，也反映了市场的需求变化。

数据库系统的核心在于其数据本身，这些数据包含了与企业相关的重要信息，并且数据规模往往较大，同时被多个用户和应用系统访问。随着企业运营的全球化和信息技术的快速发展，数据库系统需要处理的信息日渐复杂，不仅包括结构化数据，也涵盖了半结构化甚至非结构化数据。现代数据库系统的任务不仅涵盖了数据存储和检索，还整合了人工智能(artificial intelligence, AI)、物联网(internet of things, IoT)、区块链等前沿技术，为各行各业带来了革命性的变革。在大数据时代，数据库系统已经深入到人们生活的各个方面。下面列举一些现代数据库系统在不同领域中的典型应用。

1. 企业方面

(1) 智能物流与供应链管理：通过分析物联网设备收集的实时数据，优化库存管理和货物追踪，提高供应链效率。

(2) 客户关系管理(customer relationship management, CRM)：深度整合和分析客户数据，包括社交媒体和其他在线行为数据，以支持个性化营销和服务，提高客户满意度和忠诚度。

(3) 智能制造：结合物联网和人工智能技术，实现对生产线的实时监控和预测性维护，提高生产效率和产品质量。

2. 金融科技

(1) 区块链与加密货币：为维护区块链系统和加密货币交易提供基础支持，确保交易的透明性和安全性。

(2) 智能合约：支持自动执行合同条款，提高金融交易的效率和安全性，并降低人力成本。

3. 教育与研究

(1) 在线教育平台：通过分析学生的学习行为和成绩，提供个性化的学习资源。
(2) 科研数据共享：支持科研数据的整合、存储和共享，加速科学研究的进程。

4. 医疗保健

(1) 电子健康记录(electronic health record, EHR)：集成患者全面的医疗信息，为其提供更精确的诊断和治疗方案。

(2) 远程医疗和监控：利用物联网设备收集的健康数据，对患者进行远程监测并提供诊疗服务。

5. 社交媒体和在线服务

(1) 个性化推荐系统：利用大数据分析和机器学习算法，为用户提供个性化的内容、产品或服务推荐。

(2) 大规模多人在线游戏(massively multiplayer online game, MMOG)：支持全球玩家的实时互动和虚拟世界的持续运行和数据同步。

6. 城市管理与智慧生活

(1) 智能交通系统：实时分析并优化交通流量，进行信号控制，减少交通拥堵。
(2) 公共安全监控：结合视频监控和人脸识别技术，提高公共区域的安全性。
(3) 智能家居控制：智能家居系统通过数据库管理家中的各种设备，如灯光、空调、安全摄像头等，用户可以通过智能手机远程控制家中的设备，提升生活便利性和安全性。
(4) 环境监测：利用传感器网络监测空气质量、噪声水平、温度和湿度等环境指标。这些数据被集中存储在数据库系统中，供城市规划者和居民查询，以改善城市环境质量和居住条件。
(5) 垃圾管理：通过智能垃圾桶和物联网设备，数据库系统可以监测垃圾桶的满载情况，自动规划最优的垃圾收集路线，提高清洁效率，减少城市垃圾问题。

一般地，数据库典型的应用场景可以分为三种，分别是联机事务处理(online transaction processing, OLTP)、联机分析处理(online analytical processing, OLAP)和混合事务与分析处理(hybrid transactional/analytical processing, HTAP)。

OLTP 系统用于在线事务处理，致力于在传统关系数据库中稳定且实时地处理业务数据，需要保证事务的正确性和可靠性。OLTP 对实时性、并发性、数据完整性和安全性要求严格，常见的应用场景包括电子商务、银行交易和航班预订等，通常每秒需要处理成千上万的查询，维护数据的完整性和有效性。

随着 OLTP 业务数据的积累，企业通常需要对这些数据进行分析，为决策提供支持。这种面向分析的数据处理被称为 OLAP。相较于 OLTP 的简单增删改查，OLAP 通常需要进行更为复杂的数据分析，如预测某商品的未来销售等。因此，OLAP 需要支持复杂的数据查询和分析，为决策提供数据支持。OLAP 系统通常通过 ETL 方法将 OLTP 系统数据定期导入，从而获取企业数据的全局视图，并从各个角度对数据进行统计、挖掘和分析。这有助于发现数据中的潜在商业价值和变化趋势等信息。在实际应用中，OLTP 和 OLAP 两种场景并存，前者支撑日常业务的正常运转，实时性要求较高，支持事务处理；后者则通过智能数据分析为决策提供支持，需要处理大量历史数据，并对多源数据进行融合分析等。

由于 OLAP 系统需要从 OLTP 系统中导入数据，因此 OLAP 系统的数据往往会有一定的延迟。随着数据业务的复杂化，数据同步的延迟也越来越大。此外，随着应用场景对最新事务信息快速分析的需求增加，甚至在一些情况下需要在处理事务的同时进行数据分析，如金融交易场景下的实时欺诈检测和风险防范。因此，出现了 HTAP 技术，这是一种能够同时处理并发事务和分析查询的技术。

HTAP 技术的研究可追溯至 2010 年，著名咨询公司高德纳(Gartner)在 2014 年的研究报告中首次提出了 HTAP 的概念，此后该技术受到了广泛的关注。HTAP 技术主要应用于需要高并发事务处理和实时数据分析的场景，包括混合负载场景、数据中枢场景和实时流处理等。例如，在金融交易场景中，系统需在处理交易数据的同时进行交易信息的欺诈检测和风险防范；在互联网打车场景下，系统需要实时处理各方订单，并根据订单数据的分析进行车辆智能调度。

相较于传统的 OLTP/OLAP 技术，HTAP 具有以下几个优点：实时高效地数据分析；事务处理与分析查询在同一份数据上进行，避免了在线数据库与离线数据库之间大量的数据交互；数据管理和维护成本较低，基于一站式数据管理，避免了同时管理和维护 OLTP/OLAP 数据库，降低了数据冗余。常见的 HTAP 数据库包括基于列存储的 SAP HANA 数据库、基于行存储的 HyPer 数据库以及面向分布式事务处理与分析的 TiDB 数据库等。

近年来，基于 NoSQL 和 NewSQL 等新型数据库的应用蓬勃发展。NoSQL 数据库的特点是支持非结构化数据、更大的容量存储、灵活的数据模型、高扩展性以及分布式架构等，适用于各种大数据应用场景，如社交网络、实时分析、物联网等。常见的 NoSQL 数据库包括 MongoDB 等。本书将在第 10 章和第 11 章详细阐述相关内容。NewSQL 数据库则介于传统数据库和 NoSQL 数据库之间，既支持传统关系数据，又支持新型大数据模型。它在保持传统关系数据库事务特性的同时，通过优化和创新来提高数据库的性能和扩展性。NewSQL 数据库旨在解决传统关系数据库面临的性能瓶颈和扩展困难等问题，使得传统关系数据库能够更好地应对大规模数据和高并发访问的需求。NewSQL 数据库通常采用分布式架构和并行处理技术，以实现高性能和高可扩展性。一些知名的 NewSQL 数据库包括 Vitess、CockroachDB 等。本书将在第 12 章详细阐述 NewSQL 数据库的相关内容。

1.2 数据库系统目标

在明确数据库系统的目标之前，我们需要搞明白一个问题：为什么需要数据库呢？

在没有数据库系统之前，人们对于资料信息的管理一般是基于文件系统的。文件系统确实可以用于管理和组织数据，并提供一定程度的数据访问和处理功能。然而，与数据库系统相比，文件系统在满足数据管理的需求上存在局限性。传统的文件处理系统通过添加新的应用程序来达成新的需求，因此随着时间的推移，系统会积累越来越多的文件和应用程序，且可能由不同的程序员创建及编写。文件可能具有不同的结构，且程序可能使用多种编程语言来编写。此外，相同的信息也可能在多个文件中重复存储。为了更直观地解释这个问题，我们来看一个实例。

假设有一个学生管理系统，需要记录学生的个人信息、课程信息、学校运动会信息以及学校学生会成员信息。在一个文件系统中，我们需要建立多个文件来分别存储这些信息，如图 1-1 所示。从图中我们可以看出，文件系统通常是基于层次结构的，每种类型的信息存储在一个单独的文本文件中，数据以文件和目录的形式组织存储。这种结构适用于简单的数据组织，但一旦文件的数量变多，这种管理模式就会有不少问题，如数据冗余、数据分散、数据一致性和安全性等。

学号	姓名	性别	院系	专业	班级	联系方式	学生信息文件
学号	姓名	课程名	任课老师	上课时间	上课地点	成绩	课程信息文件
学号	姓名	性别	院系	专业	项目名称	成绩	运动会信息文件
学号	姓名	性别	年级	部门	职位	联系方式	学生会信息文件

图 1-1 学生信息管理系统的文件处理方式

(1) 数据冗余：学生信息文件、课程信息文件等各种文件中可能会包含重复的数据，如学生的姓名、学号、院系等，这样会浪费系统的存储空间并增加数据管理的复杂性。

(2) 数据分散：学生的信息分散存储在不同的文件中，导致数据的分散管理和难以进行数据之间的关联查询或者筛选。例如，无法直接筛选出所有既参加了运动会又加入了学生会的所有学生。

(3) 数据一致性和安全性：由于数据分散存储在不同的文件中，可能会出现数据不一致的情况。例如，某位学生更改了专业，那么就需要在所有包含该词条的文件中进行修改，否则在不同文件中查询到的结果会有不同。同时文件系统也无法提供良好的数据安全性保障，容易受到数据泄露或损坏的威胁。

因此，为了解决这些问题，需要调整数据信息管理的方式。首先，为了避免信息的冗余，最容易想到的一个方向就是信息整合。例如，可以从上述学生信息管理系统中将全部信息提取出来放在一个整合了所有信息的文件中，如图 1-2 所示。

学号	姓名	性别	年级	院系	专业
班级	联系方式	课程名	任课老师	上课时间	上课地点
项目名称	成绩	部门	职位	联系方式	成绩

全部信息文件

图 1-2　全部信息整合文件

但是这种操作显然不合理，虽然避免了信息冗余的问题，但是却导致在需要查询某一类信息时，可能需要遍历整份文件。同时文件中包含了大量不必要的信息，导致查询效率低下。因此，需要一个折中的方案。我们在将重复的信息抽取出来，建立独立的文件，避免数据冗余的同时，需要将不同类型的信息分割到不同的文件中，以提高信息查询的效率。如图 1-3 所示，提取了学生的基本信息，同时将学生的选课信息、运动会信息以及学生会信息分别保存在了不同的文件中，并通过学生的学号、姓名这两条确保学生唯一性的词条将这几份文件关联起来，便于使用这些文件的用户查询对应的信息。值得注意的是，在这里将课程信息表分为了选课信息和课程信息两份文件，这是综合考虑了多方面的因素做出的决定，我们也将在后续的章节中学习这样划分的原因以及如何进行数据信息表的整合和划分。

基本信息文件

学号	姓名	性别	年级	院系	专业	班级	联系方式

选课信息文件

课程名	学号	姓名	成绩

课程信息文件

课程名	任课老师	上课时间	上课地点

运动会信息文件

项目名称	学号	姓名	成绩

学生会信息文件

部门	学号	姓名	职位

图 1-3　学生管理系统信息整合方式

经过上述的划分之后，文件存储起来就更加简洁明了，每个文件专注于特定类型的信息。这样管理文件使得计算机存储起来比较方便，但是事实上，用户在使用这些文件的时候，通常需要在不同文件之间进行关联查询，这就需要一个能够提供高效查询和检索的功能，并且能够有效地管理和组织大量数据的系统。这就是数据库系统需要实现的目标。

与传统的文件处理系统相比，数据库系统需要提供更加高效且可靠的方式来存储、管理和查找数据。其强大的数据关联和查询功能为用户提供了更多的灵活性和便利性，使得管理者能够更加方便地获取所需的信息并做出及时的决策。除了解决前面提到的数据冗余、安全性等问题之外，数据库系统还有访问简易、保证原子性、一致性等优势。数据库系统通过提供集中、高效和可靠的数据管理方法，解决了传统文件处理系统中存在的许多问题。这使得数据库系统成为管理复杂数据和支持复杂应用程序的理想选择。在接下来的学习中，将学习数据库系统的相关知识并从中体会数据库系统的优势。

1.3 数据视图

数据库系统的主要目的之一是为用户提供数据的抽象视图，使用户以简单易懂的方式访问存储在系统中的数据信息。

1.3.1 数据模型

数据模型是数据库系统的基础，用于描述数据、数据关系、数据语义和一致性约束等，展现了数据库中数据的存储和操作方式。常见的数据模型包括关系模型、实体-联系模型、基于对象的数据模型和半结构化数据模型等。其中，关系模型是本书的重点，将在第 2 章详细介绍。

实体-联系(entity relationship, E-R)模型包含了一组称为实体的基本对象及这些基本对象之间的关系。实体可以是现实世界中与其他事物区分开的事或物。实体-联系模型被广泛应用于数据库设计。第 4 章将详细探讨基于 E-R 模型的数据库设计。

基于对象的数据模型融合了数据库系统与面向对象的特性。通过引入封装、方法(函数)、对象标识等概念，更自然地表示现实世界中的实体及其相互关系，能够更有效地处理复杂的数据和关系。

半结构化数据模型介于结构化数据模型(如关系数据模型)和无结构的数据(如图像数据等)模型之间。半结构化数据模型仍然包含了一些可识别的结构，但其结构是不规则或随时间变化的，它在大数据处理和 NoSQL 数据库中发挥着重要的作用，使得数据存储和交换更加灵活且高效。

1.3.2 关系数据模型

关系数据模型用二维表格来描述现实世界中实体和实体间的联系。在关系数据模型中，数据以表格形式表示。每个表格代表一种实体类型，行代表一个实体中的实例，而列则代表实体的属性，且每列都有唯一的名称。在关系数据模型中，存储了实体本身以及实体间的联系。表 1-1 为在选课系统中的关系数据模型，其中包括三个表：学生表、课程表和选课表。

表 1-1 关系数据模型的示例

(a) 学生表

学号	姓名	专业名称
227894	小王	计算机技术
876929	小刘	应用外语
427899	小李	软件工程

(b) 课程表

课程号	课程名	教室
D4539	机器学习	402
C3987	基础英文	103
E1829	操作系统	201

(c) 选课表

选课号	学号	课程号	开课学期
1	227894	D4539	2024 年春
2	876929	C3987	2024 年春
3	427899	E1829	2024 年春

在选课系统中,学生可以选择多门课程,每门课程也能被多名学生选择,形成了学生与课程之间的多对多关系,并用选课表来描述学生和课程之间的关联。通过关系模型,可以执行各种查询操作,如查询特定学生选修的所有课程、查询特定课程的所有学生名单及查询特定学期的所有选课记录。

1.3.3 数据抽象

数据抽象是数据库系统中的一个核心概念,其主要分为三个层次:物理层、逻辑层和视图层。图 1-4 展示了三个抽象层次之间的关系。

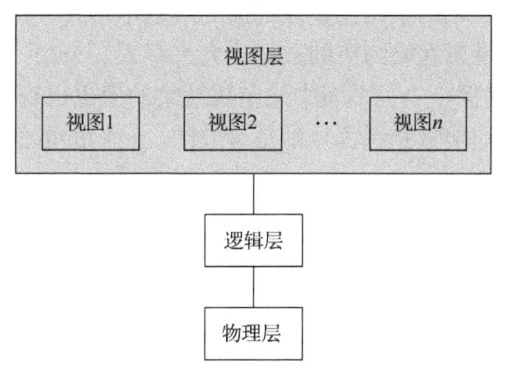

图 1-4 数据抽象的三个层次

1. 物理层

物理层为最底层,描述数据存储相关信息,如文件结构、索引、存储空间等细节。例如,在选课系统中,学生表中"学号"属性的类型为整型等。

2. 逻辑层

逻辑层为中间层,描述数据以及数据之间的逻辑关系,同时也描述了数据的组织方式和约束条件。例如,在选课系统中,学生表、课程表和选课表描述了选课需求中学生和课程实体之间的逻辑关系。逻辑层的实现可能涉及复杂的物理层结构,但用户不需要知道物理层的结构,因此,逻辑层是独立于物理存储的,实现了物理数据独立性。

3. 视图层

视图层为最高层,通常包含多个视图,每个视图表示用户能够访问的数据库中的一部分数据。例如,在选课系统中,教务人员可以查询学生表、课程表和选课表,而财务人员则无法访问相关信息。由于只能访问部分数据,视图层能够增强数据安全性。例如,因为不能访问,所以财务人员不会破坏选课数据。

1.4 数据库语言

数据库语言 SQL 用来定义、操作和控制数据库中的数据,包括数据定义语言(data definition language, DDL)和数据操纵语言(data manipulation language, DML),其中数据定义语言用于定义和修改数据库的结构和模式,而数据操纵语言用于对数据库中的数据进行增加、删除、修改和查询操作,这些操作将在第 3 章详细介绍。

1.4.1 SQL 数据定义语言

DDL 语句描述数据如何存储、组织以及如何确保数据的一致性和完整性等。为了维护数据的一致性和完整性,数据库系统支持各种约束条件。

(1) 域约束:关系表中属性的取值约束。例如,整数型、字符型、日期/时间型等不同类型属性的取值范围。域约束是完整性约束的最基本形式,数据库系统会对新输入的数据进行检测,只有满足属性域约束的数据才允许存入。

(2) 参照完整性:确保一个关系表中给定属性集的值也出现在另一个关系中。例如,选课系统中,选课表中的学号和课程号都是有效的,它们的取值来源于或参照学生表和课程表。

下面给出使用 DDL 的例子。

(1) 学生表:定义一个描述学生信息的表,包括学号、姓名、专业名称等属性。

```
create table students (
    sid char(6) primary key,
    sname varchar(50),
    major varchar(50)
);
```

在学生表中,sid 是主键约束,系统确保每名学生的学号是唯一的。

(2) 课程表:定义一个描述课程信息的表,包括课程号、课程名称、上课教室等属性。

```
create table courses (
    cid char(5) primary key,
    cname_name varchar(100),
    classroom char(4)
);
```

在课程表中,cid 是主键约束,系统保证每个课程号是唯一的。

(3) 选课表:定义一个描述学生选课信息的表,包括选课号、学号、课程号和开课学期等属性。选课表参考了学生表和课程表的属性。

```
create table choices (
```

```
    no char(10) primary key,
    sid char(6),
    cid char(5),
    semester char(5),
    foreign key (sid) references students(sid),
    foreign key (cid) references courses(cid)
);
```

在选课表中，no 是主键约束，而 sid 和 cid 是外键约束，分别参考学生表和课程表，系统确保每条选课记录都对应有效的学生和课程。

1.4.2 SQL 数据操纵语言

通过 DML，可以访问和操作数据库中的数据。下面给出一些 DML 的例子。

(1) 检索数据库信息，例如，查询所有的课程及其详细信息。

```
select *
from courses;
```

(2) 将信息插入数据库，例如，插入一条新的学生记录。

```
insert into students (sid, sname, major)
values ('427901', '小张', '软件工程');
```

(3) 删除数据库信息，例如，删除学生小李的选课记录。

```
delete
from choices
where sid = '427899' and cid = 'E1829';
```

(4) 修改数据库信息，例如，更改课程的教室。

```
update courses
set classroom = '103'
where courses_id = 'C3987';
```

查询可能涉及多个表。例如，查找计算机技术专业中选择了机器学习课程的学生学号和姓名。

```
select students.sid, students.sname
from students, courses, choices
where students.sid = choices.sid and choices.cid = courses.cid and students.major = '计算机技术'
    and courses.cname = '机器学习'
```

1.4.3 从应用程序访问数据库

假设数据库应用如选课应用是基于 Java 语言开发的，那么如何从应用程序访问数据库呢？一般地，应用程序通过特定的应用程序接口(application programming interface,

API)，将 SQL 语句嵌入开发应用程序的高级语言如 C/C++、Java 或 Python，实现对数据库的访问。例如，在选课系统中，通过将 SQL 嵌入 Java 程序中，基于数据库接口，可以实现学生选课、查询课程、查询教室等功能的应用程序。

数据库编程接口包括如下两类。

(1) 开放数据库互连(open database connectivity, ODBC)：由微软公司开发的一种用于访问数据库的 API。ODBC 允许应用程序通过一个标准的接口访问不同的数据库管理系统(DBMS)。它定义了一组函数调用、错误代码和数据类型，使得应用程序可以与任何支持 ODBC 标准的数据库进行通信，而不需要关心底层数据库的具体实现。ODBC 一般在 C/C++编程时使用。

(2) Java 数据库互连(Java database connectivity, JDBC)：类似 ODBC，JDBC 是由 Sun 公司开发的一种访问数据库的 API。JDBC 一般在 Java 编程时使用，提供了一种方法来连接数据库，发送 SQL 语句并处理返回的结果。JDBC 的移植性较好，为不同的数据库提供了一致的访问方式，因此 Java 程序可以在不改变代码的情况下连接到不同的数据库。

1.5 数据库设计

数据库设计是一个系统化的过程，目的在于创建满足业务需求的数据库应用，通常包括需求分析、概念设计、逻辑设计和物理设计等主要过程。下面结合选课应用的数据库设计，对数据库设计的关键阶段进行说明。

(1) 需求分析：数据库设计的起点，需要与领域专家和用户如学校的教务人员等进行深入交流，明确理解用户需求，形成需求文档。例如，对于选课系统而言，需求分析可能包含课程信息、上课教室、学生信息、选课信息和教师信息等。

(2) 概念设计：根据需求分析文档，选择合适的数据模型，将用户需求转换为数据库的概念模式。概念设计关注数据及其关系的描述，而不是物理的存储细节。例如，根据选课应用需求分析，选用关系模型进行概念设计。此阶段包括以下两个要点。

① E-R 模型和规范化：确定数据库需要获取的属性及其组织方式。组织方式通过 E-R 模型或规范化过程来完成。例如，使用 E-R 图表示选课应用中实体间的关系，并通过规范化过程确保数据库中没有冗余数据。

② 功能需求说明：根据需求分析中数据处理要求(如修改、查询和删除等)审查和调整概念模型，以确保满足用户处理数据的需求。例如，选课应用中增加学生选课记录、查询课程信息和更新学生信息等。

(3) 逻辑设计：将概念模式转化为特定数据库系统中的数据模型。例如，将选课应用的概念模式转换为一系列关系表，包括课程表、学生表，以及描述它们之间关系的选课表等。

(4) 物理设计：指定数据库关系表的物理特性，如文件组织和存储结构，并关注性能优化和存储效率，以确保数据库系统高效运行。例如，确定学生表每个属性的数据类型，并为学号属性等设置索引等，从而提高查询效率。

1.5.1 E-R 模型

E-R 模型涉及三个抽象概念。

(1) 实体：现实世界中与其他物体有所区别的事或物，实体可以是具体的人或物，也可以是抽象的概念。例如，选课应用中的学生、课程都是实体。所有同类型实体的集合称为实体集。

(2) 属性：被用来描述实体的特性，一个实体通常包括多个属性。例如，描述学生实体的属性学号、姓名和专业等。

(3) 联系：用来描述实体之间的关联。例如，选课是联系，用来描述学生实体和课程实体之间的关联。所有同类型联系的集合称为联系集。

E-R 模型以图形的方式表示，其中，实体、属性和联系等用不同的图形符号表示。图 1-5 是选课应用中选课联系的 E-R 图。

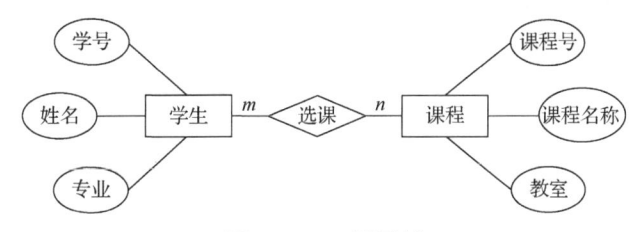

图 1-5　E-R 图示例

(1) 实体：用矩形表示，并在矩形内标注实体名。
(2) 属性：用椭圆形表示，并通过线将其与对应的实体连接。
(3) 联系：用菱形表示，并在菱形内标注联系名。菱形通过线与相关实体连接，并在连接线旁标注联系的映射基数(如 1:1、1:n 或 $m:n$)。映射基数表示了一个实体可以通过联系集与另一个实体关联的数量。

由于 E-R 图直观且容易理解，在概念层面上有效地展示了数据库的信息结构，因此，E-R 图的创建往往意味着已经深入了解应用需求。基于 E-R 图，可以进一步将其转化为 DBMS 支持的数据模型。本书第 4 章将对此进行详细探讨。

1.5.2 规范化理论

规范化是数据库设计中的重要过程，通过分解关系表、定义关系和设置约束来实现，其中，常见的方法是基于函数依赖理论对非规范的关系表进行规范化处理，使得满足不同程度的规范化要求。规范化的主要目标如下。

(1) 减少冗余：避免同一数据在多个地方重复存储，导致存储空间的浪费。
(2) 避免异常：确保数据库在插入、删除或更新操作时保持数据的一致性。

表 1-2 给出了一个未规范化的关系表例子，其中存在以下问题。

(1) 数据冗余：机器学习课程和上课教室重复出现。
(2) 更新异常：如果更改机器学习课程的上课地点，需要更新表中两行记录，以确保数据的一致性。
(3) 插入异常：无法添加一门新课程，除非至少有一名学生选修这门课。

(4) 删除异常：如果一名学生取消了所有选课，而这些课程没有其他学生选修，将会导致这些课程的信息被完全从数据库中删除，即使这些课程仍然存在并可能在将来被其他学生选修。

表 1-2 未规范化的关系表

学号	姓名	课程号	课程名称	教室
227894	小王	D4539	机器学习	402
227894	小王	C3987	基础英文	103
876929	小刘	D4539	机器学习	402
427899	小李	E1829	操作系统	201

从上述例子可知规范化理论对于数据库设计的重要性，它有助于形式化地定义哪些数据库设计是不理想的，以及如何获得更加理想的设计。本书将在第 5 章详细介绍规范化理论。

1.6 索引、查询处理和优化

1. 索引

数据库索引是提高数据库查询效率的关键技术，类似于书籍的目录，它使数据库系统能够快速定位到存储在数据表中的特定数据，而无须浏览整个数据表。因为索引允许系统跳过不相关的数据，直接找到用户所需的信息，因此显著减少了数据库查询所需的数据搜索量，并加快了查询速度。索引通常使用树形结构(如 B+树)来存储数据，这些结构优化了数据检索时间，尤其是在处理大量数据时更为有效。

索引是基于一个或多个列创建的，这些列的值被称为索引键。例如，在 Student 表中的 sid 列上创建索引，可以快速找到特定学生的记录。虽然索引提高了查询速度，但它们可能会降低数据插入、删除和更新的速度，因此索引本身也需要随之更新，且索引需要占用额外的存储空间，这是提高查询效率所需付出的代价。

合理地使用索引对于数据库性能的优化非常重要，因为它直接影响数据库的性能和响应速度。合适的索引可以显著提高查询性能，但过多或不适当的索引也可能会导致性能问题。因此，数据库系统管理员需要定期审查和优化索引，包括删除不再使用或冗余的索引，以保持数据库系统的高效运行。本书将在第 6 章详细介绍索引方法。

2. 查询处理和优化

查询处理和优化是数据库管理系统(DBMS)中的核心功能，它涉及将用户的查询请求(如 SQL 语句)转换成能在系统的物理层上使用的数据操作，以便检索、修改或管理数据库中的数据。查询处理的主要目标是确保数据的高效检索和更新，减少查询执行的时间和资源消耗，从而提高数据库系统的性能和响应速度。这个过程通常包括如下基本步骤。

(1) 查询分析与翻译：系统检查查询的词法和语法是否正确，语法分析器将查询语句分解成可理解的元素(如关键字、表名、列名等)，并构建一个初步的分析树的形式，之后再将其转化为关系代数表达式。

(2) 查询优化：查询处理中最复杂的部分之一。优化器评估多个可能的执行计划，并选择一个成本最低的计划来执行，其中成本的计算考虑了多种因素，包括 I/O 操作、CPU 时间以及网络传输成本等。

(3) 查询执行和结果返回：DBMS 按照优化器选择的执行计划执行查询。执行引擎负责具体的数据操作，如读取磁盘上的数据页、执行计算和返回结果给用户。

本书将在第 7 章详细介绍 DBMS 中的查询处理与优化技术。

1.7 事务管理

事务是在数据库应用中执行单一逻辑功能的操作集合，而数据库事务的管理可以通过 ACID 原则来描述，这四个字母分别代表原子性、一致性、隔离性、持久性。

(1) 原子性(atomicity)。事务被视为最小的工作单元，它要么完全执行，要么完全不执行。以银行转账业务为例，从账户 A 向账户 B 转账的操作包括借记 A 和贷记 B 两个步骤，这两个步骤必须作为一个整体同时完成或都不要发生。

(2) 一致性(consistency)。事务执行的结果必须保证数据库从一个一致的状态转移到另一个一致的状态。在转账的例子中，不仅要求转账操作的原子性，还要求转账前后，账户 A 和 B 的总余额保持不变。

(3) 隔离性(isolation)。事务的执行不应受到其他事务执行的干扰。即使多个事务同时运行，每个事务也应该与其他事务孤立，以防止数据不一致。隔离性的实现通常依赖于数据库管理系统的并发控制。

(4) 持久性(durability)。事务成功完成后，其对数据库的修改应该是永久的，即使发生系统故障，修改后的数据也不会改变，且要恢复到最近一次成功的事务状态。

事务管理包含并发控制和恢复系统两个方面，以确保事务的 ACID 属性得到满足。并发控制管理器负责实现事务的一致性和隔离性，而恢复管理器则确保事务的原子性和持久性。

1. 并发控制

事务的执行照理来说必须是孤立的，但是在大多数的系统中，实际上有许多事务同时在执行。并发控制是数据库管理系统中的一种机制，用于协调多个同时运行的事务，以防止它们之间的相互干扰导致数据的不一致性。其主要目的在于确保数据库在多用户环境下的数据完整性和事务的隔离性，并允许多个事务同时访问数据库而不相互产生影响。第 8 章将详细介绍事务处理的基本概念及并发控制的相关信息。

2. 恢复系统

确保原子性和持久性是数据库系统的关键，而恢复系统便是用于确保原子性和持久性。由于各种类型的故障(如软件错误、硬件故障、电源中断等)，事务可能并不总是成功完成，为了保证原子性，即使在面对系统崩溃或数据丢失的情况下也必须将数据恢复到最后一次一致的状态。因此，数据库系统必须执行故障恢复，即检测系统故障并将数据库恢复到故障发生之前的状态。第9章将详细介绍故障恢复的相关信息。

1.8 新型数据库

新型数据库是采用非传统方式来存储、管理和检索数据的数据库系统。这些数据库的目标为解决特定的现代数据问题，如处理大规模数据集、实现高并发访问、提供更灵活的数据模型等。新型数据库通常包括NoSQL数据库和NewSQL数据库，它们在设计上强调可扩展性、高性能和对非结构化或半结构化数据的支持。

1. NoSQL数据库

与传统的关系数据库不同，NoSQL数据库不需要有固定的表结构，因此更适合处理大量的分布式数据。NoSQL数据库的主要特点包括以下5种。

(1) 灵活的数据模型：通常允许存储半结构化或非结构化数据，如JSON文档，这使得它们非常适合于快速变化的数据模型和现代应用程序的需求。

(2) 可扩展性：水平扩展的设计，促使它可以通过增加更多服务器来提高性能和存储能力，这对于大数据应用尤其重要。

(3) 高性能：经常为特定类型的数据访问模式优化，如键值存储、文档存储、列存储或图形数据库，这些优化可以提供比传统关系数据库更快的读写性能。

(4) 分布式计算：许多NoSQL数据库支持分布式架构，这表示它们可以处理在多个物理位置分布的数据，从而提高可用性和故障恢复能力。

(5) 灵活地查询：一些NoSQL数据库支持复杂的查询，虽然这些查询可能不像SQL一样标准，但它们可以高度优化以适应特定类型的数据。

NoSQL数据库在处理大规模数据集、实时应用程序、大数据分析和需要高水平可扩展性的应用程序中非常流行。然而，它不适用于需要复杂事务处理或严格原子性、一致性、隔离性、持久性保证的应用程序。第10章和第11章将详细介绍NoSQL数据库。

2. NewSQL数据库

NewSQL数据库结合了传统关系数据库(如SQL数据库)的事务特性和NoSQL数据库的可扩展性与高性能。NewSQL数据库的目标为解决传统SQL数据库在处理大规模、高并发事务时所遇到的性能瓶颈，同时保持与SQL的兼容性和事务的严格一致性。以下是NewSQL数据库的一些主要特点。

(1) ACID事务支持：提供与传统关系数据库相同的事务完整性和可靠性，支持ACID事务，确保数据的一致性和可靠性。

(2) 水平扩展性：与传统的关系数据库不同，NewSQL数据库设计用于在分布式计算环境中水平扩展。它们可以通过增加更多的服务器节点来提高处理能力和存储容量，适合大规模数据处理。

(3) 高性能：针对高速事务处理和查询优化，提供比传统 SQL 数据库更高的性能，特别是在高并发事务处理方面。

(4) SQL 兼容性：通常支持标准 SQL，使得现有的 SQL 技能和应用程序可以无缝迁移和集成。

(5) 适用于复杂查询：由于支持 SQL，NewSQL 数据库适合执行复杂的查询操作，这在 NoSQL 数据库中可能较为困难。

NewSQL 数据库适用于需要处理大量事务、高并发访问以及复杂查询的场景，同时要求数据的强一致性和可靠性。本书将在第 12 章详细介绍 NewSQL 数据库。

1.9 数据库用户

数据库用户使用数据库系统以满足各种数据处理需求。根据用户的角色和他们与系统交互的方式，可以广义地将其分为以下四个类型。

(1) 间接用户：利用应用程序间接与数据库交互，而不直接使用数据库查询语言。例如，在线购物的买家，在网站上搜寻商品、添加商品到购物车，然后进行结账的过程中都有数据库系统的支持，但买家不需要使用查询语言，就能与数据库交互。

(2) 应用程序开发者：具备 DBMS 知识，使用编程语言和数据库查询语言来创建应用程序，可以直接访问数据库。例如，基于 Java 语言的选课应用的开发人员等。

(3) 专业用户：具有数据库系统的高级知识，能够利用数据库系统进行高级数据处理和分析，并探索新的数据应用方法，如开发机器学习模型和数据挖掘相关的应用。

(4) 数据库管理员：严格来说，数据库管理员(database administrator, DBA)更多地被视为数据库系统的维护者和管理者，也可以广义地被认定为数据库的高级用户。DBA 确保数据库系统的稳定运行及数据的安全和完整性，并高效地处理数据请求。从数据库设计、部署到日常维护和支持都是他们的职责，具体包括以下方面。

① 数据库设计与实施：根据业务需求设计高效且可扩展的数据库架构，进行数据库建模以定义数据的结构、关系和约束，并安装配置数据库管理系统以支持应用程序和用户需求。

② 性能监控与优化：通过定期监控数据库性能指标，如查询响应时间和系统负载，识别性能瓶颈并通过索引优化、查询优化和选择不同的物理组织等方式提高数据库性能。

③ 数据安全与完整性保障：管理用户权限以确保只有授权用户才能访问相关数据，实施数据加密措施保护数据安全，并通过设置数据约束来保证数据的准确性和一致性。

④ 数据备份与恢复：定期备份数据库以防止数据丢失或损坏，并在数据丢失或系统故障的情况下能够迅速恢复数据以提供服务。

⑤ 数据库维护：定期更新 DBMS，确保数据库运行在最新且最安全的版本上，同时确保数据库有足够的磁盘空间以进行操作，并根据需要升级磁盘空间，避免因磁盘空间不足导致数据库操作失败或性能下降。

1.10　数据库系统的发展历史

数据库系统的发展历史可以分为以下几个关键的阶段，每个阶段都对计算机科学和信息技术的进步做出了重要贡献。

1. 初期自动化与穿孔卡片系统(19 世纪末至 20 世纪 50 年代)

赫尔曼·霍利里思(Herman Hollerith)发明的穿孔卡片系统最初用于记录 20 世纪的美国人口普查数据，并通过机械系统处理卡片，然后列出结果。穿孔卡片成为早期数据输入计算机的一种方法，也使得数据处理方法从手工数据处理走向自动化数据处理。

2. 磁带存储与顺序数据处理(20 世纪 50 年代到 60 年代)

磁带用于数据存储，实现了数据处理任务(如工资单处理)的自动化，但是由于磁带和卡片组只能顺序读取，且其数据容量远大于内存，因此数据处理程序被迫按特定顺序处理来自磁带和卡片组的数据。

3. 硬盘与数据库系统的出现(20 世纪 60 年代末至 70 年代)

硬盘的广泛使用改变了数据处理的格局，它完全摆脱了顺序性的限制，允许直接访问数据，也就是说数据在磁盘上的位置并不重要，因为磁盘上的任何位置都可以在数十毫秒内被访问。同时，随着数据模型的进步，出现了网状和层次数据模型，使得程序员能够在磁盘上存储和操作更复杂的数据结构(存储列表和树)。

4. 关系数据库和 SQL 的兴起(20 世纪 70 年代)

埃德加·F. 科德(Edgar F. Codd)于 1970 年发表的关系模型论文促进了关系数据库的诞生。IBM 研究中心的 System R 项目开发了构建高效关系数据库系统的技术，SQL/DS 成为 IBM 的第一个关系数据库产品。随着商业数据库 Oracle、IBM DB2 等产品的推出，关系数据库在实践中被广泛应用，并因其易用性，最终取代了网状数据库和层次数据库，成为主导。

5. 分布式数据库和并行数据库(20 世纪 80 年代)

这个时期出现了大量研究并行数据库和分布式数据库系统的工作，以及面向对象数据库的初步研究等。

6. 互联网的普及与数据管理的多样化(20 世纪 90 年代)

SQL 的应用扩展到决策支持和查询领域，数据库系统开始支持并行处理和对象-关系模型。另外，互联网的爆炸性增长使得数据库的应用更为广泛，使得数据库更加注重网络接入能力，以及对 Web 应用的支持。

7. 数据类型和技术的多样化(21世纪初)

随着Web服务和数据交换的增加，对灵活的数据格式和半结构化数据的处理需求增长，数据库开始支持XML和JSON等数据格式。随着空间数据的普及并在导航等应用中被广泛使用，数据库系统也增加了对空间数据的支持。同时，PostgreSQL和MySQL等开源数据库系统的普及，提供了低成本、高可靠性的数据管理解决方案。另外，随着数据量和复杂性的增加，数据库系统添加了自动管理功能，以减轻数据库管理员的负担。

2000年以来，数据库系统的发展快速变革，经历了以下过程。

1. 数据分析和列存储

(1) 需求变化：企业开始广泛采用数据分析和数据挖掘技术来进行决策制定。
(2) 技术响应：列式存储数据库如Apache HBase和Cassandra提供了按列而不是按行来处理及分析数据的能力。

2. NoSQL数据库的发展

(1) 市场动态：各种新的数据密集应用程序快速发展及市场的需要，促使了对灵活性、可扩展性和性能超越传统SQL数据库的需求。
(2) 技术创新：MongoDB、Couchbase、Redis和Amazon DynamoDB等NoSQL数据库因而出现，采用"最终一致性"模型提供了新的数据管理方式，使系统在保持整体数据一致性的同时，提高数据访问的灵活性。

3. 云计算和数据管理

(1) 云服务普及：AWS、Google Cloud和Azure等云服务提供商推出了各种数据库服务，该服务为多个客户托管数据，并使用广泛分布的服务器，将数据通过网络传递给用户。
(2) 数据即服务(data as a service, DaaS)：数据存储和分析服务在云计算的支持下变得更加灵活。DaaS提供了通过互联网访问和使用数据的功能，让各种规模的企业无须直接管理底层的数据存储和处理系统，便可以从云中订阅服务，获取大量且复杂的数据资源。

4. 数据隐私和安全

数据隐私成为全球重大的议题，如GDPR和CCPA等法规皆对数据处理和存储提出严格要求。而数据泄露和隐私侵犯事件频发，增强了对数据安全和隐私保护的重视。

5. NewSQL

Google Spanner、CockroachDB、TiDB等采用分布式架构，结合关系数据库的ACID事务保证和NoSQL系统的可扩展性与高性能，实现了全球数据中心的一致性和高可用性。NewSQL适合金融科技、电子商务以及需要高并发处理和全球部署的大型互联网应用。

6. 人工智能和机器学习集成

通过人工智能和机器学习算法的自动查询优化、故障诊断、安全监控等，减轻数据库管理员的工作负担。应用实例包括自动数据库调优、实时异常检测、入侵和欺诈检测等。

7. 图数据库的增长

社交网络平台的快速增长，带来了复杂的人际关系和社交网络数据。在技术进展方面，图数据库如 Neo4j、Amazon Neptune 等，优化了复杂关系的查询效率，提供了丰富的图数据处理能力，成为社交网络分析、推荐系统、知识图谱等应用的理想选择。

8. 数据湖和数据仓库融合

Delta Lake、Apache Hudi 支持结构化和非结构化数据的实时查询分析，模糊了数据湖和数据仓库的界限。

值得一提的是，在数据库历史长河中，国产数据库发展呈现了蓬勃生机。2024 年 6 月 12 日 9 时 30 分许，上海证券交易所一阵锣鸣，武汉达梦数据库股份有限公司登陆科创板，成为"国产数据库第一股"，与此同时，在广袤的神州大地上，一大批自主研发的国产数据库像雨后春笋一样不断成长壮大，预示着我们国产数据库的商业化和应用日益成熟。

本 章 小 结

本章概述了数据库系统的基本概念，并对全书主要内容进行了整体介绍。具体地，从当代数据管理应用出发，分析了数据库系统的目标在于管理大规模数据信息，比较了数据库系统相较于传统文件系统管理方式的优势。数据模型和数据库语言是数据管理应用的基础，本章介绍了关系模型、E-R 模型、SQL 以及数据库应用规范化设计等重要内容。除了数据管理应用设计，本章还介绍了数据库系统的核心技术包括索引、查询优化、事务管理及恢复系统等。此外，还介绍了当代数据库管理的前沿技术，包括 NoSQL 和 NewSQL 等新型数据库。最后，介绍了数据库用户，以及数据库系统的发展历史等。

习　　题

1. 什么是数据库管理系统？它与传统的文件处理系统有什么不同之处？
2. 列出三项现代数据库系统在不同领域中的应用。
3. 解释数据模型的作用，并列举两种数据模型及其特点。
4. 解释关系模型中的"表"、"行"和"列"的含义。
5. 请以图 1-1 中的表举例说明参照完整性的定义。
6. 什么是 E-R 模型？通过一个简单的例子说明其用途。
7. 请画出课程和系所的 E-R 图(两实体集各写出三个属性，并给出实体集之间的联系集使其关联)。

8. 简述数据抽象的意义及三个抽象层次之间的关系(允许以图的方式表示)。

9. 在 SQL 中,如何创建一个名为"Students"的表,其中包含"students_id"(主键)、"name"和"major"三个字段?

10. 通过一个实例说明如何使用 SQL 进行数据查询和更新。

11. 描述规范化的概念,并解释它如何帮助减少数据存储中的更新异常。

12. 说明什么是数据冗余,以及数据库系统是如何减少数据冗余的。

13. ACID 所指的是传统关系数据库事务特性中的哪四项?

14. 解释"原子性"在数据库系统中的意义,并通过一个例子说明其工作原理。

15. 解释什么是并发控制,为什么在多用户数据库系统中它是必需的,并给出一个并发访问数据可能导致的问题的实例。

16. 列出 NoSQL 数据库与传统关系数据库(如 SQL 数据库)的三项不同之处。

17. 列出数据操纵语言的两种类型,并简述它们的差别。

18. 解释索引在数据库系统中的作用,并说明它是如何提高查询性能的。

19. 什么是云数据库?它为现代数据管理提供了哪些优势?

20. 解释"数据即服务"的概念,以及它如何影响数据管理。

第 2 章 关 系 模 型

关系模型是数据库系统中广泛使用的数据组织和管理的理论基础。它由埃德加·F.科德于1970年首次提出,被认为是一种简洁而强大的数据模型。关系模型的核心思想是将数据结构化为一系列的二维表格,每个表格包含了实体(如人、物、事件等)以及它们之间的关联。

2.1 关系数据库

支持关系模型的数据库系统称为关系数据库系统。关系数据库是表的集合,通俗地讲,一个表是一个实体集,表中的每一行都是一个实体。表的概念和数学中的关系这一概念是密切相关的,这也是关系数据库名称的由来。

2.1.1 关系表结构

表 2-1 所示的学生表(student)包含三列:学号(sno)、姓名(sna)和分数(ssc)。在关系模型中,将这些列称为属性(attribute)。每个属性的取值范围称为该属性的域(domain)。假设用 D_1, D_2, D_3 分别表示所有学号、姓名和分数的集合。学生表的每一行是一个三元组 (v_1, v_2, v_3),其中 $v_1 \in D_1, v_2 \in D_2, v_3 \in D_3$。显然,学生表 student 是 $D_1 \times D_2 \times D_3$ 的一个子集。一般地,包含 n 个属性的表应当是 $D_1 \times D_2 \times \cdots \times D_n$ 的一个子集。

表 2-1 学生表

学号	姓名	分数
101	小张	85
102	小李	70
103	小王	80

一般地,关系(relation)是给定域集上的笛卡儿积的子集,有时用关系和元组(tuple)来替代表(table)和行(row)。由于关系是元组的集合,元组出现在关系中的顺序是无关紧要的。将图 2-1 中学生表的元组顺序打乱后所得的关系都是一样的,因为它们具有相同的元组集。

对关系而言,每个属性的域是原子的,这意味着属性值是不可再分的单元。特别地,空值(null)表示值未知或不存在。例如,某同学在考试中是缺席的,可以用空值来表明学生是缺考而非交了白卷。空值使得数据库的访问和更新变得困难,因此应当尽量避免使用空值。

2.1.2 数据库模式

关系对应于程序设计语言中的变量,而关系模式(relation schema)对应于程序设计语言中的类型。为了方便,给关系模式一个名字,关系的名字由小写字母组成,关系模式的名字由大写字母开头,即 Student_schema 表示关系 student 的关系模式,可以记为

$$\text{Student\_schema} = (\text{sno, sna, ssc})$$

而 student(Student_schema)表示 student 是 Student_schema 上的关系。

关系实例(relation instance)对应于程序设计语言中变量的值。变量的值可能随时间而改变,关系实例的内容也随时间发生变化。

表 2-2 所示的班级表(class)包含四个属性,即学号(sno)、姓名(sna)、年级(sgr)和班级(scl),其关系模式表示为

$$\text{Class\_schema} = (\text{sno, sna, sgr, scl})$$

表 2-2 班级表

学号	姓名	年级	班级
101	小张	1	1
102	小李	1	2
103	小王	2	1

可以看到,属性 sno 和 sna 不仅出现在 Student_schema 中,还出现在 Class_schema 中。不同关系模式中的相同属性可以将不同关系联系起来。例如,要找出一年级一班所有学生的成绩,要在 class 关系中找出所有一年级一班的学生,再从 student 关系中找出符合条件的学生的成绩。

2.1.3 码

为了区分给定关系中的不同元组,引入码或键的概念。超码(super key)是关系中一个或多个属性集,这些属性可以唯一地标识关系元组。例如,学生表 student 中的属性集{学号}足以将不同学生元组区分开来,因此{学号}是学生表的超码。类似地,{姓名,学号}的组合也是学生表的超码。学生表中的属性集{成绩}不是超码,因为多人可能有相同的成绩。一般地,如果 K 是给定关系的超码,那么 K 的任意超集也是给定关系的超码。特别地,如果 K 的任意真子集都不能成为超码,那么 K 称为给定关系的候选码(candidate key)。

假设姓名和成绩的组合足以区分学生表中的元组,那么{学号}和{姓名,成绩}都是学生表的候选码。因此给定关系可能存在多个候选码。被数据库设计者选中的、用来区分给定关系元组的候选码称为主码(primary key)。主码的选择必须慎重。实际中,应该选择那些值从不变化或极少变化的属性集作为主码。例如,学生的年级就不应该作为主码,因为它会经常变化。相反,学生学号则基本不会变化。

关系 r_1 的属性中可能包括关系 r_2 的主码,这个属性称为 r_1 的参照 r_2 的外码(foreign key)。关系 r_1 也称为外依赖的参照关系(referencing relation),r_2 称为外码的被参照关系(referenced relation)。

2.1.4 关系查询语言

查询语言(query language)是用来从数据库中获取信息的语言,通常比标准的程序设计语言的层次更高。一般地,查询语言分为命令式的、函数式的和声明式的。在命令式查询语言(imperative query language)中,需要在数据库上执行特定的运算序列以计算出所需结果。在函数式查询语言(functional query language)中,计算被表示为函数的求值,并且函数可以基于数据库中的数据或其他函数结果进行运行。在有些书中,函数式语言也被称为过程化语言(procedural language)。在声明式查询语言(declarative query language)中,只需描述所需查询信息,不用给出获取该信息的具体步骤序列或函数调用等,所需信息通常采用某种形式的数学逻辑来描述,系统按照描述自动找出所需信息。在有些书中,声明式语言也被称为非过程化语言(non-procedural language)。

关系代数、元组关系演算和域关系演算都是"纯"查询语言。其中,关系代数是一种函数式的语言,它使用一系列的关系运算来处理数据,如并、交、差、选择、投影等;而元组关系演算和域关系演算则是声明式语言。关系代数是 SQL 的理论基础,本章将重点进行介绍。SQL 同时包含了命令式语言、函数式语言和声明式语言的元素。本书将在第 3 章中介绍 SQL。

2.2 关 系 代 数

关系代数(relational algebra)是一种抽象的查询语言,它用对关系的运算来表达查询。关系代数的运算对象是关系,运算结果仍是关系。

2.2.1 选择运算

选择(select)运算是一元运算,仅对一个关系进行运算,选出满足给定谓词条件的元组。用小写希腊字母σ来表示选择运算,将谓词写作σ的下标。参数关系在后面的括号中。因此,为了选择 student 关系中学号为"101"的元组,可以写作:

$$\sigma_{sno = \text{"101"}}(student)$$

如果 student 关系如表 2-1 所示,则产生的关系如表 2-3 所示。

表 2-3 选择运算

学号	姓名	分数
101	小张	85

在选择谓词中可以进行比较,使用的是 =,≠,<,≤,> 和 ≥。另外,可以用连词 and(∧),or(∨)和 not(¬)将多个谓词合并为一个较大的谓词。例如,要查找所有一年级一班的学生,则可以写作:

$$\sigma_{sgr = "1" \wedge scl = "1"}(class)$$

选择的谓词中可以包括两个属性的比较。例如，要找出班级号和年级号相同的学生，可以写作：

$$\sigma_{sgr = scl}(class)$$

2.2.2 投影运算

投影(project)是一元运算，作用在一个关系上，只保留了特定属性。由于关系是一个集合，投影后重复行会被去除。投影用大写希腊字母Π表示，希望在结果中出现的属性作为Π的下标，作为参数的关系在跟随Π后的括号中。例如，从学生表中找出所有学生的姓名和年级的查询，写作：

$$\Pi_{sna, ssc}(student)$$

结果如图 2-1 所示。

姓名	分数
小张	85
小李	70
小王	80

图 2-1 投影运算

由于关系运算的结果也是一个关系，所以可以将运算结果组合在另一个查询之中，例如，想找出所有成绩大于 80 分的同学的姓名，可以表示为

$$\Pi_{sna}(\sigma_{ssc > 80}(student))$$

一般地，关系代数运算组合成一个关系代数表达式(relational-algebra expression)，将关系代数运算组合成关系代数表达式如同将算术运算组合成算术表达式一样。

2.2.3 笛卡儿积

笛卡儿积(Cartesian product)是二元运算，使用×来表示，关系 $r_1(R_1)$ 和 $r_2(R_2)$ 的笛卡儿积写作 $r = r_1 \times r_2$，其中关系 $r(R)$ 的模式 R 由 R_1 和 R_2 拼接而成。关系 r 包含所有这样的元组 t：对于 t 存在 r_1 中元组 t_1 和 r_2 中元组 t_2，满足 t 和 t_1 在模式 R_1 中的属性上取值相同，并且 t 和 t_2 在模式 R_2 中的属性上取值相同。

由于相同的属性名可能同时出现在 r_1 和 r_2 中，可以在属性上附加该属性所在关系名称加以区分。例如，student.sno 和 class.sno 分别表示来自 student、class 的属性 sno，而 r = student × class 的关系模式为 R=(student.sno, student.sna, ssc, class.sno, class.sna, sgr, scl)。特别地，当关系需要与自身进行笛卡儿积运算时，为了避免同名，可以用更名运算给关系命名另一个名字，以引用其属性。

既然已经知道 r = student × class 的关系模式，那么哪些元组会出现在 r 中呢?如图 2-2 所示，r 的每个元组，一部分来自 student 关系，另一部分来自 class 关系。一般地，假设

r_1 中有 n_1 个元组，r_2 中有 n_2 个元组，那么 $r_1 \times r_2$ 有 r_1*r_2 个元组。

S.学号	S.姓名	分数	C.学号	C.姓名	年级	班级
101	小张	85	101	小张	1	1
101	小张	85	102	小李	1	2
101	小张	85	103	小王	2	1
102	小李	70	101	小张	1	1
102	小李	70	102	小李	1	2
102	小李	70	103	小王	2	1
103	小王	80	101	小张	1	1
103	小王	80	102	小李	1	2
103	小王	80	103	小王	2	1

图 2-2　笛卡儿积运算

2.2.4　连接运算

直观地，连接(join)运算将选择和笛卡儿积合并在一起，从两个关系的笛卡儿积中选取那些满足给定谓词条件的元组。给定关系 $r_1(R_1)$ 和 $r_2(R_2)$，假设 θ 为 $R_1 \cup R_2$ 模式的属性上的谓词条件，关系 r_1 和 r_2 的连接运算定义为 $r_1 \bowtie_\theta r_2 = \sigma_\theta(r_1 \times r_2)$。特别地，谓词条件 θ 条件为"="的连接，称为等值连接。自然连接则是一种特殊的等值连接，进行比较的分量必须是相同的属性集，并且结果要去掉重复属性。注意，自然连接省略了连接条件，系统会自动连接两个关系中的公共属性。

例如，等值连接 student $\bowtie_{sno=sno}$ class 的结果如图 2-3 所示，而自然连接 student $\bowtie$ class 的结果如图 2-4 所示。

S.学号	S.姓名	分数	C.学号	C.姓名	年级	班级
101	小张	85	101	小张	1	1
102	小李	70	101	小张	1	2
103	小王	80	101	小张	2	1

图 2-3　等值连接

学号	姓名	年级	班级
101	小张	1	1
102	小李	1	2
103	小王	2	1

图 2-4　自然连接

2.2.5 集合运算

关系是元组的集合，集合运算是关系代数中一种重要的运算，包括并集、交集、差集运算。

并集(union)运算将两个关系的所有元组合并成一个新关系，并且不包含重复的元组。并集运算操作用符号∪表示。例如，假设图 2-2 的关系为 r，则 $r \cup$ student = student。

一般地，并集运算的两个关系是相容的，即满足如下条件。

(1) 两个关系具有相同数量的属性或相同元数，一个关系的属性数也称为元数。
(2) 两个关系中对应的第 i 个属性的类型必须相同或属性值兼容。

差集(difference)运算用符号-表示，结果是从一个关系中剔除另一个关系元组所构成的新关系。例如，r_1-r_2 表示的关系包含在 r_1 中但不在 r_2 的元组。差集运算的两个关系是相容的。

交集(intersect)运算用符号∩表示，结果是同时出现在两个关系中的元组所构成的新关系。例如，$r_1 \cap r_2$ 表示的关系包含在 r_1 中且在 r_2 的元组。交集运算的两个关系是相容的。

2.2.6 赋值运算

在实际应用中，为了实现查询，有时需要利用一些临时关系来帮助更好地表达。赋值(assignment)运算可以实现这一需求。赋值运算的运算符为←，对于关系 r_1，有

$$x \leftarrow r_1$$

表示将关系 r_1 赋值给临时关系 x。虽然赋值运算不会带来额外功能，但是使用赋值运算可以将原本复杂的运算分解为便于理解的简单运算序列。例如，想要找出所有成绩大于80 分的同学姓名，可使用关系代数表达式：

$$\Pi_{sna}(\sigma_{ssc>80}(student))$$

通过赋值运算，可以将上述查询表示为

$$x \leftarrow \sigma_{ssc>80}(student)$$
$$\Pi_{sna}(x)$$

显然，$\Pi_{sna}(x)$ 的结果和 $\Pi_{sna}(\sigma_{ssc>80}(student))$ 是一样的。对于复杂查询，通过赋值运算进行任务分解，使得查询描述逻辑更简单，也更容易理解。

2.2.7 更名运算

更名(rename)运算指的是对关系中的属性进行重命名操作，以便提高可读性或与其他关系进行连接等。在有些场景下，需要引用关系代数表达式的结果，也需要更名运算。更名运算用ρ表示，给定关系表达式 E，有

$$\rho_x(E)$$

该运算将表达式 E 的结果关系命名为 x。例如，给定关系 student，更名运算 $\rho_{student1}(student)$ 的结果是产生名为 student1 的新关系，并且两个关系的模式和元组集是一

样的。

除了上述形式，更名运算还有另一种形式，假设关系表达式 E 的属性个数为 n，有
$$\rho_x(A_1, A_2, \cdots, A_n)(E)$$
该运算将表达式 E 的结果关系命名为关系 x，同时 x 的属性被更名为 $A_1, A_2, \cdots, A_n$。

本 章 小 结

本章首先介绍了关系模型的基本概念，包括关系表结构、数据库模式和码的概念。然后，介绍了关系查询语言和关系代数。关系代数是 SQL 的理论基础，也是本章的重点内容。最后，介绍了基本关系运算，包括选择运算、投影运算、笛卡儿积、连接运算、集合运算、赋值运算和更名运算等。

习 题

1. 解释什么是关系数据库的模式。
2. 说明关系数据库中的码的作用。
3. 比较笛卡儿积和连接运算，指出它们之间的区别。
4. 设计一个包含多个表的数据库模式，并说明表之间的关系。
5. 赋值运算会给关系运算带来额外的功能吗？
6. 给定关系 R(学生 ID, 姓名, 年龄, 成绩)，找出所有年龄在 20 岁以下的学生。
7. 对于关系 S(学生 ID, 课程 ID, 成绩)，找出所有在计算机科学课程中获得成绩为"A"的学生。
8. 对于关系 T(课程 ID, 课程名称, 学分)，找出所有学分大于 3 的课程。
9. 在关系 U(学生 ID, 姓名, 专业)中，找出所有专业为"数学"的学生。
10. 对于关系 V(课程 ID, 课程名称, 学分)，找出所有课程名称以"数据库"开头的课程。
11. 在关系 W(学生 ID, 姓名, 年龄, 成绩, 专业)中，找出所有专业为"计算机科学"且年龄大于等于 20 岁的学生。
12. 对于关系 X(学生 ID, 课程 ID, 成绩)，找出所有获得成绩在 80~90 分的学生。
13. 在关系 Y(学生 ID, 姓名, 年龄, 成绩, 专业)中，找出所有成绩中至少有一名学生获得"A"的学生信息。
14. 对于关系 Z(课程 ID, 课程名称, 学分)，找出所有学分大于等于 4 的课程，并按课程名称进行升序排序。
15. 在关系 A(学生 ID, 姓名, 年龄, 成绩)和关系 B(学生 ID, 专业)中，找出所有专业为"计算机科学"且成绩不低于 80 分的学生的姓名及其年龄。
16. 对于关系 C(学生 ID, 课程 ID, 成绩)和关系 D(课程 ID, 课程名称, 学分)，找出所有学生选修的课程名称及其成绩。

17. 在关系 E(学生 ID, 姓名, 年龄)和关系 F(学生 ID, 课程 ID, 成绩)中，找出所有年龄在 18～22 岁且至少选修过一门课程的学生信息。

18. 对于关系 G(学生 ID, 专业)和关系 H(课程 ID, 课程名称)，找出所有专业为"物理学"的学生尚未选修的课程。

19. 在关系 I(学生 ID, 姓名, 成绩)和关系 J(学生 ID, 年龄)中，找出所有成绩在 90 分以上的学生的姓名及其年龄。

20. 对于关系 K(学生 ID, 专业)和关系 L(课程 ID, 课程名称, 学分)，找出所有专业为"化学"的学生已选修的课程名称及其学分。

第 3 章　结构化查询语言

3.1　SQL 概述

结构化查询语言(SQL)源自 IBM 的 Sequel 语言，后者最初是作为 IBM 圣何塞研究实验室 System R 项目的一部分而开发的。美国国家标准学会(American National Standards Institute, ANSI)和国际标准化组织(International Organization for Standardization, ISO)后来共同颁布了一系列的 SQL 标准，包括 SQL-86、SQL-89、SQL-92、SQL:1999、SQL:2003 等。目前发行的数据库商业产品大多支持 SQL-92 标准，对后续标准也大多提供部分支持，同时添加了一些自主知识产权的特性。本书重点介绍 SQL-92 标准。

SQL 包括数据定义语言(DDL)和数据操纵语言(DML)两部分。数据定义语言用来定义属性值类型、关系模式、完整性约束、索引、安全和授权信息，以及关系在磁盘上的物理存储结构等。数据操纵语言可提供从数据库查询信息以及在数据库中修改、插入和删除元组的功能。

3.2　SQL 基本操作

3.2.1　SQL 数据类型

SQL 的基本数据类型包括以下方面。

(1) char(n)：固定长度字符串，n 为用户指定的长度。

(2) varchar(n)：变长度字符串，n 为用户指定的最大长度。

(3) int：整数(字节长度与硬件相关的整数的有限子集)。

(4) smallint：小整数(整数域子集，字节长度与硬件相关)。

(5) numeric(p,d)：定点数，精度由用户指定的 p 和 d 两个参数指定，p 表示数据的总位数，d 表示小数点右侧的位数。例如，数字(3,1)，可以精确存储 44.5，但不能精确存储 444.5 或 0.32。

(6) real, double precision：浮点数和双精度浮点数，其精度与硬件相关。

(7) float(n)：浮点数，n 由用户指定，表示至少为 n 位。

char 数据类型用于定义固定长度的字符串。例如，若 A='Data'，其数据类型为 char(6)，则其后将附加 2 个空格使其长度达到 6，即 A 实际由"D"、"a"、"t"、"a"、"(space)"、"(space)"组成；若 B='Data'，其数据类型为 varchar(6)，那么其后可能会附加空格，也可能不会，具体情况因数据库系统而异。当比较两个字符串时，A=B 的返回值有可能是 false；因此，若需要比较两个字符串，常常都会使用 varchar 类型来避免这样的问题。

表 3-1 是 MySQL 中整数类型的字节长度及表示范围。

表 3-1 MySQL 中整数类型的字节长度及表示范围

类型	字节	最小值(Signed/Unsigned)	最大值(Signed/Unsigned)
tinyint	1	−128/0	127/255
smallint	2	−32768/0	32767/65535
mediumint	3	−8388608/0	8388607/16777215
int	4	−2147483648/0	2147483647/4294967295
bigint	8	−9223372036854775808/0	9223372036854775807/18446744073709551615

3.2.2 SQL 基本结构

1. SQL 关系的基本结构

SQL 关系是使用 create table 命令定义的，其通用形式为

```
create table r (
    A₁ D₁, A₂ D₂, …, Aₙ Dₙ,
    (integrity-constraint₁),
    …
    (integrity-constraintₖ))
```

其中，r 是关系的名称；A_i 是关系 r 中一个属性的名称；D_i 是属性 A_i 的值域中的数据类型；integrity-constraint$_i$ 为完整性约束。

例如，以下是创建一个 teachers 关系的命令：

```
create table teachers (
    tid varchar(10),
    tname varchar(30),
    email varchar(30),
    dname varchar(20),
    salary numeric(8,2))
```

SQL 会阻止任何违反完整性约束的数据库更新。在 create table 中的完整性约束包括以下几种。

(1) primary key (A_1, …, A_n)：声明属性组合(A_1, …, A_n)构成关系的主码。

(2) foreign key (A_m, …, A_n) references r：声明关系中任意元组在属性组合(A_m, …, A_n) 上的取值必须存在于关系 r 的主码属性中。

(3) not null：表示在该属性上不允许取空值。

对上文创建 teachers 关系可以添加如下完整性约束：

```
create table teachers (
    tid varchar(10),
```

```
    tname varchar(30) not null,
    email varchar(30),
    dname varchar(20),
    salary numeric(8,2),
    primary key (tid),
    foreign key (dname) references departments);
```

同样地，创建关系 students，courses 和 choices：

```
create table students(
    sid varchar(10),
    sname varchar(30) not null,
    email varchar(30),
    grade int,
    dname varchar(20),
    primary key (sid),
    foreign key(dname) references departments);
create table courses (
    cid varchar(10),
    cname varchar(30) not null,
    dname varchar(20),
    hours int,
    credits numeric(2,0),
    primary key (cid),
    foreign key (dname) references departments);
create table choices (
    no int,
    sid varchar(10),
    tid varchar(10),
    cid varchar(10),
    score int,
    primary key (no),
    foreign key (sid) references students,
    foreign key (tid) references teachers,
    foreign key (cid) references courses);
```

定义了关系后，就可以进行一些操作，如插入和删除元组、删除或改变关系等。

(1) insert：用于将数据添加到关系中。

```
insert into teachers values ('20230711', '张三', 'zhangsan@university.edu.cn','计算机学院', 66000);
```

该语句表示将一个计算机学院的教师张三(其 tid 为 20230711，工资为 66000 元)的数据插入到 teachers 关系中。

(2) delete：用于从关系中删除元组。

```
delete from students;
```

该语句会删除 students 关系中所有的元组，但会保留 students 关系。

(3) drop table：从数据库中删除关系。

```
drop table r;
```

该语句不仅删除了 r 的所有元组，还删除了 r 的模式。

(4) alter：用于改变关系模式。

```
alter table r add A D;
```

该语句为关系增加属性，其中 A 是要添加到关系 r 的属性的名称，D 是 A 的域，关系中的所有现有元组都在新属性上的值都被设置为 null。

```
alter table r drop A;
```

该语句从关系 r 中删除属性，其中 A 是删除的属性名称。但要注意许多数据库是不支持只删除属性的。

2. SQL 查询的基本结构

SQL 查询的基本结构形式为

```
select A1, A2, …, An
from r1, r2, …, rm
where P
```

其中，A_i 代表属性；r_i 表示关系；P 是谓词(predicate)。其作用是在 from 子句中列出的关系上进行 where 和 select 子句指定的运算；查询结果以关系形式返回。

1) select 子句

select 子句列出查询结果中所需的属性，对应关系代数的投影运算。例如，查找所有教师的姓名的命令为

```
select tname
from teachers
```

即列出 teachers 关系中的 tname 属性。

需要注意的是，SQL 名称不区分大小写，例如，Name ≡ NAME ≡ name。

此外，SQL 允许关系和查询结果中出现重复项；如果要强制消除重复项，可以在 select 后插入关键字 distinct。例如，查找所有教师所在的系，并删除重复项：

```
select distinct dname
from teachers
```

关键字 all 则用于显式地指定不删除重复项。

```
select all dname
```

```
from teachers
```

select 子句中的"*"表示"所有属性":

```
select *
from teachers
```

属性可以是不带 from 的从句,例如:

```
select '437'
```

其结果是一个只有一行的单列表格,其值为"437",可以使用以下方式为该列命名:

```
select '437' as Number
```

属性也可以是带有 from 子句的文字,例如:

```
select 'A'
from teachers
```

其结果是一个有 N 行的单列表格(N 是 teachers 表中的元组数),每行的值都为"A"。

select 子句可以包含涉及运算 +、-、*和 / 的算术表达式,以及对元组属性或常量值进行的运算。例如,以下查询会返回关系 teachers 相同的内容,只是属性 salary 的值为原来的 1/12:

```
select tid, tname, salary/12
from teachers
```

SQL 允许使用 as 子句重命名关系和属性:

```
old-name as new-name
```

我们可以使用 as 子句重命名 "salary/12":

```
select ID, name, salary/12 as monthly_salary
```

该子句中,as 关键字是可以省略的,即

```
teachers as T ≡ teachers T
```

我们可以使用 order by 子句对查询结果中元组的显示顺序进行排序,例如,按照顺序列出所有教师的 ID:

```
select tid
from teachers
order by tid
```

可以使用 desc 指定为降序排列或使用 asc 指定为升序排列,例如:

```
order by tid desc
```

若不指定，则默认为升序排列。另外，也可以对多个属性进行排序，例如：

```
order by dname, tid
```

表示按系名 dname 属性对关系中的元组进行排列，在同一个系的元组数据中，按 ID 进行排列。

2) where 子句

where 子句用来指定结果必须满足的条件，对应于关系代数的选择谓词。例如，查询计算机学院中教师的姓名，可以使用以下语句：

```
select tname
from teachers
where dname = '计算机'
```

SQL 允许使用逻辑连接词 and、or 和 not，其运算对象可以是包含比较运算符＜、≤、＞、≥、= 和＜＞的表达式。例如，查询计算机学院中工资超过 100000 元的教师的姓名：

```
select name
from teachers
where dname = '计算机' and salary ＞ 100000
```

3) from 子句

from 子句列出查询涉及的关系，对应于关系代数的笛卡儿积运算。例如：

```
select *
from teachers, choices
```

上述语句生成的结果关系将包含每一个可能的 teachers-choices 对，并且具有这两种关系的所有属性。对于公共属性(如 tid)，结果表中的属性将使用关系名称(如 teachers.tid)重命名。

笛卡儿积直接的作用不大，但与 where 子句条件(关系代数中的选择运算)结合使用很有用。例如，查找所有教授过某些课程的教师的姓名和课程号：

```
select tname, cid
from teachers , choices
where teachers.tid= choices.tid
```

以及查找数学系中所有教授过某些课程的教师的姓名以及 cid：

```
select tname, cid
from teachers , choices
where teachers.tid= choices.tid
and teachers. dname = '数学'
```

3.2.3　SQL 集合操作

SQL 可以对关系使用 union、intersect 和 except 这些集合运算。

(1) union 并集运算。例如，查找选了 001 号或 002 号课程的同学：

```
(select sid from choices where cid = '001' )
union
(select sid from choices where cid = '002')
```

(2) intersect 交集运算。例如，查找同时选了 001 号和 002 号课程的同学：

```
(select sid from choices where cid = '001' )
intersect
(select sid from choices where cid = '002')
```

(3) except 差集运算。例如，查找选了 001 号课程、没有选 002 号课程的同学：

```
(select sid from choices where cid = '001' )
except
(select sid from choices where cid = '002')
```

集合运算 union、intersect 和 except 都会自动消除重复项。如果要保留所有重复项，则需使用 union all、intersect all 和 except all。

3.2.4　空值

元组的某些属性可能具有空值，用 null 表示，表示未知值或值不存在。因为空值具有不确定性，所有包含空值的操作结果也都不确定。包含 null 的算术表达式的结果都是 null，例如，6 + null 的返回值为 null。

谓词 is null 可用于检查空值，如果所作用的值为空值，则返回值为真；谓词 is not null 所作用的值非空，则返回值为真。例如，查找所有 email 为空值的教师：

```
select tname
from teachers
where email is null
```

请注意，这里 where email=null 的写法是错误的，因为 SQL 将涉及空值的任何比较运算的结果都视为 unknown，包括 6 < null、null = null 或 null <> null 等。

where 子句中的谓词可以涉及布尔运算 and、or、not，因此，需要扩展布尔运算的定义以处理 unknown 值。

(1) and: (true and unknown) = unknown,
　　　　(false and unknown) = false,
　　　　(unknown and unknown) = unknown
(2) or:　(unknown or true) = true,
　　　　(unknown or false) = unknown

(unknown or unknown) = unknown
(3) not: (not unknown) = unknown

我们可以使用 is known 和 is not known 来测试表达式的结果是否为 unknown。

3.2.5 聚合函数

聚合函数对关系的列值集合进行操作，并返回一个值。SQL 有以下五个聚合函数。
① avg：平均值。
② min：最小值。
③ max：最大值。
④ sum：值的总和。
⑤ count：值的数量。
示例如下。

查找 001 号课程的平均分数：

```
select avg (score)
from choices
where cid= '001';
```

查找选了 001 号课程的学生总人数：

```
select count (distinct sid)
from choices
where cid='001';
```

课程关系中元组的数量：

```
select count (*)
from courses;
```

group by 子句可以将聚合函数作用到一组元组集上。例如，求各门课程的平均分数：

```
select cid, avg (score) as avg_score
from choices
group by cid;
```

使用 group by 子句时要注意，需要保证 select 子句中，聚合函数之外的属性必须出现在 group by 列表中。例如，以下写法是错误的，因为 sid 没有出现在 group by 子句中，但出现在了 select 子句中，且没有被聚集：

```
select cid, sid, avg (score)
from choices
group by cid;
```

我们也可以使用 having 子句进行选组操作。例如，查找平均分数大于 75 分的所有课程及其平均分数：

```
select cid, avg (score) as avg_score
from choices
group by cid
having avg (score) > 75;
```

having 子句中的谓词是在形成组之后应用的，因此必须放在 group by 子句之后。而 where 子句中的谓词是在形成组之前应用的，因此必须放在 group by 子句之前。

聚合函数中对空值的处理原则是，除了 count(*)，所有聚合操作都会忽略聚合属性上具有空值的元组。但如果集合只有空值，则 count 返回 0，所有其他聚合返回 null。例如：

```
select sum (salary)
from teachers
```

上述语句会忽略空值，如果没有非空值，则其结果为 null。

对于 count 函数的不同参数如 count(1)、count(*)、count(字段)、count(null)等有以下区别。

(1) count(1)与 count(*)得到的结果一致，包含 null 值。

(2) count(字段)不计算 null 值。

(3) count(null)结果恒为 0。

对于布尔值的聚合，有以下两个聚合函数。

(1) some(A)：如果属性 A 中的某些值为 true，则返回 true。

(2) every(A)：如果属性 A 中的每个值都为 true，则返回 true。

3.2.6 连接操作

连接操作是双目操作，在两个关系上运算并返回另一个关系作为结果。连接操作以笛卡儿积为基础，要求两个关系中的元组匹配，它还指定连接结果中存在的属性。连接操作通常用作 from 子句中的子查询表达式。常用的连接操作有三种类型：自然连接、内连接和外连接。内连接在结果中只保留符合连接要求的元组，外连接还会保留不符合连接要求的元组。自然连接是一种特殊的内连接。本小节重点介绍常用的自然连接和外连接。

1. 自然连接

自然连接只连接在两个关系模式中都出现的属性，即在两组属性的交集上，匹配取值相同的元组对；所有公共属性具有相同值的元组才能保留在结果中，并且仅保留每个公共列的一个副本。例如，列出学生姓名以及他们所修课程的课程 ID：

```
select sname, cid
from students, choices
where students.sid = choices.sid;
```

可使用"自然连接"构造的 SQL 中相同的查询：

```
select sname, cid
```

```
from students natural join choices;
```

自然连接对应的关系代数操作符为⋈。上面例子对应的关系代数表达式为

$$\Pi_{sname,cid} students \bowtie choices$$

from 子句可以使用自然连接组合多个关系：

```
select A1, A2, …, An
from r1 natural join r2 natural join … natural join rn
where P ;
```

给定 students 和 choices 的关系实例如图 3-1 和图 3-2 所示，它们的自然连接结果如图 3-3 所示。

sid	sname	email	grade	dname
1	李彬	libin@university.edu.cn	2023	计算机
2	赵菲	fzhao@university.edu.cn	2023	电子
3	周韬	zhoutao@university.edu.cn	2022	计算机
4	钱枫	fqian@university.edu.cn	2022	数学
5	张欣	xzhang@university.edu.cn	2023	计算机
6	刘轩	xliu@university.edu.cn	2021	数学
7	杨浩	hyang@university.edu.cn	2020	电子
8	方凯	kfang@university.edu.cn	2019	计算机
9	李涵	hli@university.edu.cn	2019	数学
10	陈琪	qchen@university.edu.cn	2018	电子

图 3-1　students 关系实例

no	sid	cid	tid	score	no	sid	cid	tid	score
1	1	1	1	74	11	3	4	3	80
2	1	2	4	80	12	3	7	2	91
3	1	3	2	90	13	4	2	5	78
4	1	4	3	82	14	5	2	5	94
5	1	5	1	100	15	6	2	5	92
6	1	7	2	93	16	7	1	1	78
7	2	2	4	95	17	7	2	4	80
8	2	5	1	85	18	8	2	4	79
9	3	2	4	98	19	9	2	4	86
10	3	3	2	88					

图 3-2　choices 关系实例

sid	sname	email	grade	dname	no	cid	tid	score
1	李彬	libin@university.edu.cn	2023	计算机	1	1	1	74
1	李彬	libin@university.edu.cn	2023	计算机	2	2	4	80
1	李彬	libin@university.edu.cn	2023	计算机	3	3	2	90
1	李彬	libin@university.edu.cn	2023	计算机	4	4	3	82
1	李彬	libin@university.edu.cn	2023	计算机	5	5	1	100
1	李彬	libin@university.edu.cn	2023	计算机	6	7	2	93
2	赵菲	fzhao@university.edu.cn	2023	电子	7	2	4	95
2	赵菲	fzhao@university.edu.cn	2023	电子	8	5	1	85
3	周韬	zhoutao@university.edu.cn	2022	计算机	9	2	4	98
3	周韬	zhoutao@university.edu.cn	2022	计算机	10	3	2	88
3	周韬	zhoutao@university.edu.cn	2022	计算机	11	4	3	80
3	周韬	zhoutao@university.edu.cn	2022	计算机	12	7	2	91
4	钱枫	fqian@university.edu.cn	2022	数学	13	2	5	78
5	张欣	xzhang@university.edu.cn	2023	计算机	14	2	5	94
6	刘轩	xliu@university.edu.cn	2021	数学	15	2	5	92
7	杨浩	hyang@university.edu.cn	2020	电子	16	1	1	78
7	杨浩	hyang@university.edu.cn	2020	电子	17	2	4	80
8	方凯	kfang@university.edu.cn	2019	计算机	18	2	4	79
9	李涵	hli@university.edu.cn	2019	数学	19	2	4	86

图 3-3　students natural join choices 结果

自然连接是存在危险的，我们需要谨防具有相同名称的不相关属性，因为这些属性会被错误地等同。例如，以下的查询，列出学生的姓名以及他们所修课程的名称，正确的写法如下：

```
select sname, cname
from students natural join choices, courses
where choices.cid = courses.cid;
```

而下面的写法是错误的：

```
select sname, cname
from students natural join choices natural join course;
```

因为上述查询忽略了学生在其所在系以外的系选修课程的所有(sname, cname)对，而正确的版本则可以正确输出这样的对。

为了避免错误地等同属性的危险，可以使用"using"，准确指定应该等同的列，如下所示：

select sname, cname
from (students natural join choices) join courses using (cid)

2. 连接条件

除了自然连接不需要指定连接条件外,在进行其他连接操作时,可以使用 on 条件在参与连接的关系上设置通用的谓词,其写法与 where 相似,只是使用的关键词是 on 而不是 where。例如:

select *
from students join choices on students.sid = choices.sid

此处 on 条件指定,如果 sid 值相等,则将来自 students 的元组与来自 choices 的元组匹配。相当于:

select *
from students, choices
where students.sid = choices.sid

对于 select * 的结果,使用 on 时连接列在结果集中出现两次,如图 3-4 所示,而使用 using 时仅出现一次,如图 3-5 所示。

select *
from students join choices on students.sid=choices.sid

sid	sname	email	grade	dname	no	sid	cid	tid	score
1	李彬	libin@university.edu.cn	2023	计算机	1	1	1	1	74
1	李彬	libin@university.edu.cn	2023	计算机	2	1	2	4	80
1	李彬	libin@university.edu.cn	2023	计算机	3	1	3	2	90
...	...	...	...	...	...	...	...	...	...

图 3-4　连接中使用 on 的结果示例

select *
from students join choices using (sid)

sid	sname	email	grade	dname	no	cid	tid	score
1	李彬	libin@university.edu.cn	2023	计算机	1	1	1	74
1	李彬	libin@university.edu.cn	2023	计算机	2	2	4	80
1	李彬	libin@university.edu.cn	2023	计算机	3	3	2	90
...	...	...	...	...	...	...	...	...

图 3-5　连接中使用 using 的结果示例

3. 外连接

自然连接只会连接两个关系中相同属性上取值相同的元组对，因此，不满足条件的信息则不会出现在结果中。外连接是连接操作的扩展，可以避免这样的信息丢失。外连接先计算连接，对于一个关系中与另一关系中不匹配的元组，通过创建包含空值的元组的方式，将其添加到连接结果中。

外连接有三种形式：左外连接、右外连接和全外连接。我们通过下面的例子说明三种连接方式的区别。

假定 courses 关系如图 3-6 所示。

cid	cname	dname	hours	credits	cpid
1	数据库系统	计算机	54	3	4
2	数学分析	数学	72	4	NULL
3	信息系统导论	计算机	36	2	3
4	操作系统原理	计算机	72	4	3

图 3-6 courses 关系示例

假定 projects 关系如图 3-7 所示。

ProjID	cid
Proj001	1
Proj002	2
Proj003	8

图 3-7 projects 关系示例

可以看到，courses 关系中缺少 8 号课程，projects 关系中缺少 3 号和 4 号课程。

1）左外连接

courses natural left outer join projects

上述查询的关系代数为 courses ⟕ projects。它只保留出现在左外连接运算之前的关系中的元组，因此该查询的结果如图 3-8 所示。

cid	cname	dname	hours	credits	cpid	ProjID
1	数据库系统	计算机	54	3	4	Proj001
2	数学分析	数学	72	4	NULL	Proj002
3	信息系统导论	计算机	36	2	3	NULL
4	操作系统原理	计算机	72	4	3	NULL

图 3-8 natural left outer join 结果示例

2) 右外连接

courses natural right outer join projects

上述查询的关系代数为 courses ⋈ projects。它只保留出现在右外连接运算之后的关系中的元组,因此该查询的结果如图 3-9 所示。

cid	ProjID	cname	dname	hours	credits	cpid
1	Proj001	数据库系统	计算机	54	3	4
2	Proj002	数学分析	数学	72	4	NULL
8	Proj003	NULL	NULL	NULL	NULL	NULL

图 3-9 natural right outer join 结果示例

3) 全外连接

courses natural full outer join projects

上述查询的关系代数为 courses ⋈ projects。它会保留出现在两个关系中的所有元组,该查询的结果如图 3-10 所示。

cid	ProjID	cname	dname	hours	credits	cpid
1	Proj001	数据库系统	计算机	54	3	4
2	Proj002	数学分析	数学	72	4	NULL
8	Proj003	NULL	NULL	NULL	NULL	NULL
1		数据库系统	计算机	54	3	4	Proj001
2		数学分析	数学	72	4	NULL	Proj002
3		信息系统导论	计算机	36	2	3	NULL
4		操作系统原理	计算机	72	4	3	NULL

图 3-10 natural full outer join 结果示例

4. 各类连接操作的区别与联系

连接操作获取两个关系并返回另一个关系作为结果,这些附加操作通常用作 from 子句中的子查询表达式。连接有多种形式,由连接条件和连接类型的组合构成(图 3-11)。连接条件用于定义两个关系的元组要在哪些属性上匹配,包括 natural、on、using 三种(分别见图 3-12~图 3-14)。连接类型用于定义如何处理每个关系中与另一个关系中的任何元组不匹配的元组(基于连接条件),包括内连接、左外连接、右外连接、全外连接。不匹配的元组在结果中无保留则为内连接,部分保留则为左外或右外连接,全部保留则为全外连接。

连接类型	连接条件
inner join	natural
left outer join	on <谓词>
right outer join	using (A$_1$,A$_2$,…, A$_n$)
full outer join	

图 3-11　连接类型与条件总结

cid	ProjID	cname	dname	hours	credits	cpid
1	Proj001	数据库系统	计算机	54	3	4
2	Proj002	数学分析	数学	72	4	NULL
8	Proj003	NULL	NULL	NULL	NULL	NULL
1		数据库系统	计算机	54	3	4	Proj001
2		数学分析	数学	72	4	NULL	Proj002
3		信息系统导论	计算机	36	2	3	NULL
4		操作系统原理	计算机	72	4	3	NULL

图 3-12　full outer join … using 连接结果示例

cid	cname	dname	hours	credits	cpid	ProjID	cid
1	数据库系统	计算机	54	3	4	Proj001	1
2	数学分析	数学	72	4	NULL	Proj002	2

图 3-13　inner join … on 连接结果示例

cid	cname	dname	hours	credits	cpid	ProjID	cid
1	数据库系统	计算机	54	3	4	Proj001	1
2	数学分析	数学	72	4	NULL	Proj002	2
3	信息系统导论	计算机	36	2	3	NULL	NULL
4	操作系统原理	计算机	72	4	3	NULL	NULL

图 3-14　left outer join … on 连接结果示例

对于上面提到的 courses 关系和 prereq 关系，将连接类型和连接条件两两组合，可以有以下的查询示例及结果：

```
courses full outer join projects using (cid)
courses inner join projects on
courses.cid = projects.cid
courses left outer join projects on
courses.cid = projects.cid
```

3.3 子查询

与程序设计的模块化设计一样，SQL 也支持子查询的嵌入设计。子查询可嵌入到 select、from 以及 where 子句中。在 where 子句中，子查询一般用于集合关系的判定。

1. 集合关系判定

SQL 允许测试元组在关系中的成员资格。连接词 in 用来测试元组是否为集合中的成员，not in 则用于测试元组不是集合中的成员。例如，查找学号为 1 和 2 的同学都选了的课程：

```
select distinct cid
from choices
where sid = '001' and
cid in (select cid
    from choices
    where sid = '002');
```

查找 1 号同学选了、2 号同学没有选的课程：

```
select distinct cid
from choices
where sid = '001' and
cid not in (select cid
    from choices
    where sid = '002');
```

查询所有名字既不是"张辉"也不是"刘艳"的教师名字：

```
select distinct tname
from teachers
where tname not in ('张辉', '刘艳')
```

ID 为 001 的教师教授的课程中，所在学院为计算机学院的(不同)学生总数：

```
select count (distinct sid)
from students
where dname= '计算机' and sid in
(select sid
    from choices
    where tid= '001');
```

2. from 子句子查询

SQL 可以在 from 子句中使用子查询表达式。例如，找出平均工资高于 150000 元的那些学院的平均教师工资：

```
select dname, avg_salary
from ( select dname, avg (salary) as avg_salary
    from teachers
    group by dname)
where avg_salary > 150000;
```

实现上述查询的另一种方式为

```
select dname, avg_salary
from ( select dname, avg (salary)
    from teachers
    group by dname)
as dept_avg (dname, avg_salary)
where avg_salary > 150000;
```

在 MySQL 中，from 子句中的子查询不能是相关的子查询。它们在查询执行期间被整体实体化(计算以生成结果集)，因此不能对外部查询的每一行进行计算。

3. select 子句子查询

能放入 select 子句的子查询通常是一些比较特殊的子查询，如只返回一个数值的标量子查询。例如，列出所有学院及其教师人数：

```
select dname,
       ( select count(*)
         from teachers
         where departments.dname = teachers.dname)
       as num_teachers
from departments;
```

在上述查询中，如果子查询返回的结果集中超过一条记录，则会出现运行错误。

3.4 SQL 更新

3.4.1 插入语言

在 SQL 中，使用 insert 语句插入元组，如以下例子。
(1) courses 中添加新元组：

```
insert into courses
values ('8', '编译原理', '计算机', '72', '4', '6');
```

或同等地：

```
insert into courses (cid, cname, dname, hours, credits, cpid)
values ('8', '编译原理', '计算机', '72', '4', '6');
```

(2) students 中添加一个新元组，并将 email 设置为 null：

```
insert into students
values ('0030', '林辉', null, 2023, '物理');
```

(3) 让所有平均分大于 85 分的音乐系学生成为音乐系教师，薪资为 20000 元：

```
insert into teachers
select sid, sname, email, dname, 20000
from students
where dname = '音乐' and sid in
(select sid from choices
    group by sid having avg(score)＞85 );
```

将 select from where 语句的结果插入关系之前，需要对其进行全面评估，否则如以下语句，会引发问题：

```
insert into table1 select * from table1
```

上述查询意图从本表中选择数据插入本表。如果本表 table1 中没有任何主码约束，则该语句会陷入无限循环；而如果有主码约束，则无任何记录能被插入。

3.4.2 删除语句

删除语句用于删除元组：

```
delete from r
where P;
```

其中，P 代表一个谓词；r 代表一个关系。delete 语句从 r 中找到使 P 为真的元组，将其删除。如果没有 where 语句，则 r 中所有元组都将被删除。列举以下例子。

(1) 删除所有教师：

```
delete from teachers
```

(2) 删除管理学院的所有教师：

```
delete from teachers
where dname= '管理';
```

(3) 删除选课人数少于 5 人的课程元组：

```
delete from courses
where cid in (select cid
  from choices
    group by cid
```

```
having count(sid)<5);
```

(4) 删除所有工资低于教师平均工资的教师:

```
delete from teachers
where salary < (select avg (salary)
  from teachers);
```

当我们从教师中删除元组时,剩余教师的平均工资会发生变化,但上述查询在执行中并不会根据剩余教师人数来动态更新平均工资。它首先计算 avg (salary)并找到所有要删除的元组,然后删除上面找到的所有元组(无须重新计算 avg 或重新测试元组),因此该查询能够正确执行。

3.4.3 更新语句

为了在不改变整个元组的情况下改变其部分属性的值,可以使用 update 语句。列举以下例子。

(1) 给所有教师加薪 5%:

```
update teachers
set salary = salary * 1.05
```

(2) 给工资低于 12 万元的教师加薪 5%:

```
update teachers
set salary = salary * 1.05
where salary < 120000;
```

(3) 给工资低于平均水平的教师加薪 5%:

```
update teachers
set salary = salary * 1.05
where salary < (select avg (salary)
from teachers);
```

(4) 给工资超过 12 万元的教师工资增加 3%,其他所有教师工资增加 5%。这两条更新语句的顺序很重要:

```
update teachers
set salary = salary * 1.03
where salary > 120000;
update teachers
set salary = salary * 1.05
where salary <= 120000;
```

如果这两条语句的顺序调换了,有些教师的工资可能会被增加两次。对于这类情形,case 语句(有条件的更新)可以做得更好:

```
update teachers
set salary =
    case
        when salary <= 120000 then salary * 1.05
        else salary * 1.03
    end
```

标量子查询也可以用于 SQL 更新语句。例如，将总学分少于 100 分的学生做留级处理(grade 加 1)，我们使用标量子查询获得学生修完课程的总学分(要求成绩在 60 分以上)。可以这样写：

```
update students
set grade=grade+1
where(
    select sum(credits)
    from choices, courses
    where choices.cid = courses.cid and choices.sid=students.sid and choices.score >= 60
)<100;
```

对于没有参加任何课程的学生，它将把 sum(credits)设置为 null。如果想把这样的属性设置为 0，可以使用以下语句替换 sum(credits)：

```
case
    when sum(credits) is not null then sum(credits)
    else 0
end
```

3.5 视 图

在某些情况下，我们并不希望所有用户都能看到整个逻辑模型(即数据库中存储的所有实际关系)。

假设一个人需要知道教师的姓名和所在系名，但不能看到教师的工资。此人应该看到如下 SQL 描述的关系：

```
select ID, name, dname
from teachers
```

对于这样的情形，视图提供了一种从某些用户的视图中隐藏某些数据的机制。不属于逻辑模型，但作为"虚拟关系"对用户可见的关系，称为视图。

1. 视图定义

在 SQL 中，视图是使用 create view 语句定义的，其形式为

```
create view v as < query expression >
```

其中，<query expression> 是一个合法的 SQL 表达式；v 是视图名称。

2. 视图应用

一旦定义了视图，视图名称就可以用来指代该视图生成的虚拟关系。

视图定义与通过计算查询表达式创建新关系不同，定义视图时，数据库系统只存储视图本身的定义，而不是定义所用查询表达式的执行结果；在实际查询中使用视图关系时，它会被存储的查询表达式代替并执行。

以下是视图的两个示例。

创建没有工资信息的教师视图：

```
create view faculty as
select tid, tname, dname
from teachers
```

创建部门工资总额视图：

```
create view departments_total_salary(dname, total_salary) as
select dname, sum (salary)
from teachers
group by dname;
```

一个视图可以用在定义另一个视图的表达式中。如果 v2 用于定义 v1 的表达式中，视图关系 v1 被认为直接依赖于视图关系 v2；如果 v1 直接依赖于 v2 或者存在从 v1 到 v2 的依赖路径，则称视图关系 v1 依赖于关系 v2；如果存在 v 到其自身的依赖路径，则视图关系 v 被认为是递归的。例如，以下例子先定义了计算机学院开设课程的视图，然后依赖此视图定义了计算机学院 2023 级学生选择的所有课程视图：

```
create view CS_courses as
select choices.sid, choices.tid, choices.cid, choices.score, cname, hours, credits
from choices, courses
where choices.cid=courses.cid and courses.dname = '计算机';
create view CS_courses_2023 as
select cid, cname, hours, credits
from CS_courses, students
where CS_courses.sid=students.sid and students.grade=2023;
```

3. 视图更新

视图是查询的一个实用工具，但用于更新、插入或删除等操作时，可能会存在严重的问题，因为通过视图表达的数据库更新实际上需要被翻译为对数据库逻辑模块中实际关系的修改。

假设将一个新元组添加到之前定义的 faculty 视图中：

```
insert into faculty
values ('065', '张峰', '数学');
```

插入到 teachers 关系的元组必须具有薪资属性值，有两种方法来处理该插入，即拒绝插入或插入元组('065', '张峰', '数学', null)。

某些更新甚至无法被唯一翻译：

```
create view teachers_info as
select tid, tname, sid
from teachers, choices
where teachers.tid= choices.tid;
insert into teachers_info
values ('007', '张峰', '023');
```

在这个插入中，如果张峰老师教了多门课，学号为 023 的同学应该插入哪门课的选课记录呢？如果张峰老师没有教课呢？

```
create view history_teachers as
select *
from teachers
where dname= '历史';
```

如果向 history_teachers 中插入('066', '李丽', '生物', 200000)，它不满足视图要求的选择条件，会发生什么呢？

默认情况下，SQL 将允许继续进行上述更新。如果插入视图中的元组不满足视图的 where 子句条件，并且需要数据库系统拒绝这种插入，那么可以在视图定义末尾使用 with check option 子句。

大多数 SQL 实现仅允许更新简单视图，即满足以下条件的视图：

(1) from 子句只有一个数据库关系；
(2) select 子句仅包含关系的属性名称，并且没有任何表达式、聚合或 distinct 声明；
(3) select 子句中未列出的任何属性都可以设置为 null(即这些属性上没有 not null 约束)；
(4) 查询没有 group by 或 having 子句。

3.6 完整性约束

在对数据库的授权更改中，完整性约束用来确保不会破坏数据一致性，防止对数据库的意外破坏。例如，要求支票账户余额必须大于 10000 元，银行员工的工资必须至少为每月 3000 元，以及客户必须有一个(非空)电话号码等。

1. 单一关系约束

允许的完整性约束有以下四类。

(1) not null：用于声明属性值非空。例如，声明 tname 和 salary 非空：

```
tname varchar(20) not null
salary numeric(12,2) not null
```

(2) primary key：用于声明构成关系的主码。

(3) unique (A_1, A_2, ⋯, A_m)：规定属性 A_1, A_2, ⋯, A_m 形成候选码，即关系中不能存在两个元组能在所有列出的属性上取值相同。需要注意的是，候选码允许为空。

(4) check (P)：这里 P 是一个谓词，该子句指定关系中的每个元组必须满足的谓词 P。例如，确保性别 sex 属性采用中文"男""女"：

```
sex varchar (6),
check (sex in ( '男', '女'))
```

2. 参照完整性约束

参照完整性指确保出现在一个关系中给定属性集的值也出现在另一关系中的特定属性集的取值中。例如，students 表中如果有学生属于生物学院，那么 departments 表中也必须有生物学院的元组。设 A 为一组属性，R 和 S 是包含属性 A 的两个关系，如果出现在 R 中的任何 A 的取值也出现在 S 中，即 R.A⊆S.A，那么 R 和 S 之间存在参照完整性约束。关系 R 称为参照关系，S 称为被参照关系。参照完整性约束也称为子集依赖。

如果 A 是 S 的主码，那么 A 称为 R 的外码，即外码约束是一种特殊的参照完整性约束。这里要注意，一般性的参照完整性约束并不要求 A 是 S 的主码。

给定参照完整性约束 R.A⊆S.A，可以看出，当 R 关系中的插入和更新操作在属性 A 上产生一个 S 关系中没有的值时，就会违反该约束；同理 S 关系中的删除和更新操作，也可能违反该约束。而 R 上的删除、S 上的插入则不会违反该约束。

在 SQL 的 create table 语句中，外码可以指定：

```
foreign key (dname) references departments
```

默认情况下，外码引用被引用表的主码属性。SQL 允许显式指定所引用关系的属性列表：

```
foreign key (dname) references departments (dname)
```

当违反参照完整性约束时，默认的处理方式是拒绝破坏完整性的操作。而在删除或更新的情况下，另一种处理方式是级联：

```
create table courses (
dname varchar(20),
foreign key (dname) references departments
on delete cascade
on update cascade,
⋯)
```

上述例子中 courses 是参照关系，departments 是被参照关系。根据前面的分析，

departments 中的删除和更新操作可能违反约束,所以必须定义相关的处理方式(如果不定义,系统会自动采用默认的方式);courses 中的插入和更新也可能违反约束,但不需要显式定义相关处理方式,而是直接采用默认的拒绝操作。除了级联,也可以使用 set null 或 set default。

3.7 授　　权

数据库中有多种形式的授权可以对用户进行分配,包括以下几种。
(1) read:允许读取数据,但不允许修改数据。
(2) insert:允许插入新数据,但不允许修改现有数据。
(3) update:允许修改,但不允许删除数据。
(4) delete:允许删除数据。

每一种类型的授权都称为一个权限。我们可以向用户授予对数据库的指定部分(如关系或视图)的所有权限、无权限或这些类型的权限的组合。当用户进行查询或更新时,SQL 会先检查用户是否具有该权限,如果未被授权,将会拒绝执行。

除了上述数据上的授权,还有数据库模式上的授权,例如:
(1) index:允许创建和删除索引。
(2) resources:允许建立新的关系。
(3) alteration:允许添加或删除关系中的属性。
(4) drop:允许删除关系。

1. 数据库基本权限

数据库有以下基本权限。
(1) select:允许对关系进行读取访问,或使用视图进行查询的权限。

例如,授予用户 U1、U2 和 U3 在 teachers 关系上的 select 权限:

grant select on teachers to U1, U2, U3

(2) insert:插入元组的权限。
(3) update:使用 SQL update 语句进行更新的权限。
(4) delete:删除元组的权限。
(5) all privileges:用作所有允许的权限的缩写形式。

2. 授权语句

在 SQL 中,grant 语句用于授予权限,其基本形式为

grant <privilege list> on <relation or view> to <user list>

例如,下面的语句授予用户 Li、Zhang 在 departments 关系上的 select 权限:

grant select on departments to Li, Zhang

以下是对视图授权的一个示例：

```
create view env_teachers as
    (select *
    from teachers
    where dname = '环境科学');
grant select on env_teachers to env_staff
```

可以看出，视图创建者应拥有 teachers 关系上的 select 权限，才能成功创建这个视图。如果他不拥有 teachers 关系上的任何权限，将不能创建这个视图。此外，即使他是视图创建者，也不意味着他拥有这个视图的所有权限。例如，如果他不拥有 teachers 关系上的 update 权限，那么就无法对视图进行更新。

假设 env_staff 成员发出如下查询：

```
select *
from env_teachers;
```

这里要注意，拥有对视图的权限也会被授予底层关系上的类似权限，但后者是一种受限的权限，限制范围由视图定义来决定。例如，当处理上述查询时，会转换为数据库中实际关系 teachers 上的查询，但仅限于对环境科学学院老师的查询，即 env_staff 成员仅拥有对 teachers 关系中环境科学学院老师的 select 权限。

因为外码约束会限制被参照关系的删除和更新操作，创建外码约束也需要相关权限，即 references 权限，拥有该权限的用户才能在创建关系时声明外码。例如：

```
grant reference (dname) on departments to Zhang;
```

3. 取消授权语句

revoke 语句用于撤销授权，其形式与 grant 语句相似：

```
revoke <privilege list> on <relation or view> from <user list>
```

例如，下列语句可以收回上面授予的权限：

```
revoke select on students from U1, U2, U3
```

如果 <user list> 包含 public，则除被明确授权的用户外，所有用户都会失去该权限。

当用户的权限被撤销后，所有依赖于该授权的授权也被撤销。如果一个用户从两个不同的用户处获得过同一权限，则当一个授权用户被撤销权限后，该用户仍可以保留该权限。

4. 角色管理

角色是一种区分各种用户的方法，可以用来进行整组授权。例如，在某数据库上，教师用户都需要被授予某权限。我们可以创建一个教师角色，对角色授予权限，当新增一名教师时，只需要将其标示为一名教师，就不需要对其单独授权。

要创建角色，可以使用：

```
create role <name>
```

例如：

```
create role Staff
```

创建角色后，可以使用以下命令将用户加入该角色：

```
grant <role> to <users>
```

例如：

```
create role Staff;
grant Staff to Li;
```

可以向角色授予权限：

```
grant select on choices to Staff;
```

角色不但可以授予用户，还可以授权给其他角色：

```
create role teaching_assistant
grant teaching_assistant to Staff;
```

因此，Staff 继承 teaching_assistant 的所有权限。

5. 权限传递与级联取消

获得某种权限的用户可能需要被允许将此授权传递给其他用户，而默认方式下，被授权用户是无权传递权限的。我们可以在 grant 命令后添加 with grant option 子句来授予用户权限传递的权限，例如，允许 Li 拥有对 departments 的 select 权限，并允许 Li 将此权限授予其他人：

```
grant select on departments to Li with grant option;
```

默认情况下，收回一个权限，所有依赖于该权限的权限也会被收回，这称为级联取消。我们也可以使用关键字 cascade 表明需要级联取消：

```
revoke select on departments from Li, Zhang cascade;
```

而 restrict 关键字可以防止级联撤销，如以下语句：

```
revoke select on departments from Li, Zhang restrict;
```

3.8 SQL 程序设计

3.8.1 从外部程序访问 SQL

除了 SQL，数据库程序员通常也会用到通用编程语言，原因至少有以下两点：①并非所有查询都可以用 SQL 表达，因为 SQL 不提供通用语言的完整表达能力；②非声明性操作(如打印报告、与用户交互或将查询结果发送到图形用户界面)无法在 SQL 中完成。

通用编程语言访问 SQL 有两种方式：动态 SQL 和嵌入式 SQL。其中，JDBC (Java database connectivity) 和 ODBC (open database connectivity) 是属于动态 SQL 的两种用于连接到 SQL 数据库并执行查询和更新的标准。JDBC 与 Java 语言配合使用，而 ODBC 适用于 C、C++、C# 和 Visual Basic 等语言。

1. JDBC

1) JDBC 的基本操作

JDBC 是一种 Java API，用于与支持 SQL 的数据库系统进行通信。JDBC 支持查询、更新数据、元数据检索等功能。以下代码给出了一个利用 JDBC 接口的 Java 程序例子，包括 Java 程序与数据库系统交互的一些基本步骤，如打开数据库连接、创建一个"声明"对象、使用"声明"对象执行查询并获取结果、按照异常机制处理错误结果。

```
public static void JDBC example(String dbid, String userid, String passwd)
{
    try (Connection conn = DriverManager.getConnection(
        "jdbc:oracle:thin:@sysu.edu.cn:2000:univdb", userid, passwd);
        Statement stmt = conn.createStatement();
        )
    {
        //数据库操作代码
    }
    catch (SQLException sqle) {
        System.out.println("SQLException : " + sqle);
    }
}
```

值得注意的是，以上语法适用于 Java 7 和 JDBC 4 及以上版本。以"try (….)"语法("try with resources")打开的资源将在 try 块末尾自动关闭。

以上代码中数据库操作部分可以使用 executeQuery 函数来执行查询语句，或使用 executeUpdate 函数来执行更新、插入、删除、创建表等非查询性语句。

以下代码演示了 SQL 语句为插入的情况，stmt.executeUpdate 向 teachers 关系中插入数据，它返回一个整数，表示被插入、更新或者删除的元组个数。try {…} catch {…} 结构可以捕捉到 JDBC 调用发生的异常，并给用户显示适当的出错信息。

```
try {
    stmt.executeUpdate(
        "insert into teachers values('087', '张辉', 'zhangh@university.edu.cn','物理', 200000)");
} catch (SQLException sqle)
{
System.out.println("Could not insert tuple. " + sqle);
}
```

以下代码演示了 SQL 查询语句的情况，stmt.executeQuery 把结果中的元组集合提取到 ResultSet 对象变量 rset 中并每次取出一个进行处理。结果集的 next 方法用来查看在集合中是否还存在尚未取回的元组，若存在就取出。next 方法的返回值是一个布尔变量，表示是否从结果集中取回了一个元组。可以通过一系列的名字以 get 为前缀的方法来得到所获取元组的各个属性。

```
ResultSet rset = stmt.executeQuery(
    "select dname, avg (salary)
    from teachers
    group by dname");
while (rset.next()) {
    System.out.println(rset.getString("dname") + " " +rset.getFloat(2));
}
```

在以上代码例子中，当 dname 是查询结果的第一个参数时，rset.getString("dname")(利用属性名提取)和 rs.getString(1)(利用属性位置提取)是等效的。

2) 预备语句

我们可以用 "?" 来代表后继给出的实际值，从而创建一个预备语句。数据库系统会对预备语句事先进行编译，在每次执行该语句时，数据库将重用预先编译的查询语句，代入新值进行查询。

以下代码例子演示了如何使用预备语句。JDBC 中 Connection 类的 prepareStatement 方法用于提交 SQL 语句去编译,返回一个 PreparedStatement 类的对象。PreparedStatement 类中 setString 方法以及 setInt 等用于 SQL 基本类型的类似方法能够为 "?" 参数赋值。这类方法的第一个参数用来确定为哪个 "?" 赋值，第二个参数是要设定的数值。

以下代码例子中，预备了一条 insert 语句，并且调用 executeUpdate。对于查询语句，可使用 pStmt.executeQuery 方法得到结果集合。第一次调用 executeUpdate 后，元组("077", "李琳", "lilin@university.edu.cn", 300000)被插入数据库。第二次调用 executeUpdate 时，因为只改变了第一个属性 tid，其他参数会保持不变，因此元组("078", "李琳", "lilin@university.edu.cn", 300000)会被插入数据库。

```
PreparedStatement pStmt = conn.prepareStatement("insert intoteachers values(?,?,?,?,?)");
pStmt.setString(1, "077");
```

```
pStmt.setString(2, "李琳");
pStmt.setString(3, "lilin@university.edu.cn");
pStmt.setString(4,"金融学院" );
pStmt.setInt(5,300000);
pStmt.executeUpdate();
pStmt.setString(1, "078");
pStmt.executeUpdate();
```

因为同一查询只需编译一次，然后可设置不同的参数值多次执行，预备语句可使执行更加高效。当获取用户的输入并将输入结果加入查询中时，即便该查询只会执行一次，也应该使用预备语句。假设我们读取了一个用户输入的值，然后使用 Java 的字符串操作来构造 SQL 语句。如果用户输入了某些特殊字符(如单引号 ')，生成的 SQL 语句就可能出现语法错误，严重情况下会出现 SQL 注入(SQL injection) 攻击。而 setString 方法可为我们自动完成检查，并强制插入转义字符以确保语法的正确性。

在以下例子中，用户已经输入了 ID、name、email、dept_name 和 salary 这些变量的值，相应的元组被插入关系 teachers 中：

```
insert into teachers values(' ID ' , ' name ' , ' email ',' dept_name ', salary )
```

如果不使用预备语句，而是使用 Java 表达式把字符串连接起来构成查询：

```
"insert into teachers values(' "+ ID +" ',' "+ name +" ','   "+email+"
             ',' "+ dept_name +" ', "+salary +") "
```

并且查询通过 Statement 对象的 executeQuery 方法被直接执行。如果用户在 ID 或者 name 变量中输入了一个单引号，查询语句就会出现语法错误。

对比以上例子，SQL 注入的技术会造成更严重的影响，黑客利用这种技术可能窃取数据或者损坏数据库。

假设查询 select * from teachers where tname = Name 由以下形式构造：

```
"select * from teachers where tname = ' " + Name + " ' "
```

如果用户没有输入一个名字，而是输入：

```
X' or' Y' = 'Y
```

产生的语句就会变成：

```
"select * from teachers where name = ' " + " X' or 'Y' = 'Y" + " ' "
```

即

```
select * from teachers where name = 'X' or 'Y' = 'Y'
```

在上述生成的查询中，where 子句总是为真，所以查询结果将返回整个 teachers 关系，从而泄漏了教师的隐私信息。而使用预备语句可以防止此类问题，因为输入的字符串将

被强制插入转义字符，最后的查询变为

```
select * from teachers where name = 'X\' or \'Y\' = \'Y'
```

这样的查询语句不会存在危害，返回的结果为空集。所以应该总是使用预备语句，并将用户的输入作为预备语句的参数。

3) 元数据特性

JDBC 接口 ResultSet 有 getMetaData 方法，可返回包含结果集元数据的 ResultSetMetaData 对象。ResultSetMetaData 包含查找元数据信息的方法，如结果的列数、列名称以及列的数据类型等。

DataBaseMetaData 对象也提供了查找数据库元数据的机制，接口 Connection 包含 getMetaData 方法用于返回 DatabaseMetaData 对象，含有大量的方法可用于获取数据库系统的元数据。

4) SQLJ

JDBC 过于动态，在编译时不能捕获其错误。SQLJ 是一种将 SQL 语句嵌入 Java 代码中的技术，它使用预编译把 SQL 语句和 Java 代码一起编译，SQL 语法可以在编译时检查。以下例子演示如何将 SQL 嵌入 Java 中。

```
#sql iterator deptInfoIter(String dname, int avgSal);
deptInfoIter iter = null;
#sql iter = { select dname, avg(salary) from teachers
    group by dname };
while (iter.next()) {
    String dname = iter.dname();
    int avgSal = iter.avgSal();
    System.out.println(dame + " " + avgSal);
}
iter.close();
```

5) ODBC

与 JDBC 类似，开放数据库互连(ODBC)标准定义了一个 API，应用程序可用它来打开数据库连接、发送查询和更新，以及获取返回结果等。应用程序(如图形界面、统计程序包或者电子表格)可以使用相同的 ODBC API 来访问任何一个支持 ODBC 标准的数据库。与 JDBC 适用于 Java 语言不同，ODBC 适用于 C、C++、C# 和 Visual Basic 等语言。

2. 嵌入式 SQL

SQL 可嵌入到许多不同的语言中，如 C、C++、Python、Java 和 FORTRAN 等。SQL 查询所嵌入的语言称为宿主语言，宿主语言中使用的 SQL 结构称为嵌入式 SQL。使用宿主语言写出的程序可以通过嵌入式 SQL 访问和修改数据库中的数据。

嵌入式 SQL 与 JDBC 或 ODBC 的主要区别在于，使用嵌入式 SQL 的程序在编译前必须先由一个特殊的预处理器进行处理，嵌入的 SQL 请求被宿主语言的声明以及执行数据库访问的过程调用所代替。最后，所产生的程序由宿主语言编译器编译。

可使用 EXEC SQL 语句让预处理器识别嵌入式 SQL 请求，格式如下：

```
EXEC SQL ＜嵌入式 SQL 语句＞；
```

嵌入式 SQL 语句的具体格式因宿主语言而异，在实际使用中请参阅相关说明手册。

3.8.2 函数与存储过程

像常见的程序设计语言一样，开发者可以编写自己的函数和过程，将"业务逻辑"存储在数据库中并通过 SQL 语句调用执行。函数和过程可以由 SQL 的过程组件或外部编程语言(如 Java、C 或 C++)来定义。在这里介绍的语法是由 SQL 标准定义的，而大多数数据库都实现了它们自己的非标准版本的语法。

1. 函数

假定需要这样一个函数：在给定一个学院名称的情况下，返回该学院的教师数目。可以按以下代码定义函数：

```
create function dept_count (dname varchar(20))
        returns integer
begin
        declare dcount   integer;
            select count (*) into dcount
            from teachers
            where teachers.dname = dname
        return dcount;
end
```

dept_count 函数可用于查询拥有超过 20 名教师的学院的名称和预算：

```
select dname, budget
from departments
where dept_count (dname) ＞ 20
```

SQL 标准也支持返回关系的函数，这种函数称为表函数(table function)。以下代码中定义的函数返回一个包含某特定学院所有教师的表。注意，使用函数的参数时需要加上函数名作为前缀(如 teachers_of.dept_name)。

```
create function teachers_of (dname char(20))
        returns table(tid varchar(5), tname varchar(20), email varchar(20), dname varchar(20), salary numeric(8,2))
            return table
                (select tid, tname, email, dname, salary
                from teachers
                where teachers.dname = teachers_of.dname)
```

这种函数可如以下代码所示，在一个查询中使用：

```sql
select *
from table (teachers_of ('艺术'))
```

这个查询返回艺术学院的所有教师。

2. 存储过程

SQL 也支持存储过程，dept_count 函数也可以写成一个过程：

```sql
create procedure dept_count_proc (in dname varchar(20), out dcount integer)
    begin
        select count(*) into dcount
        from teachers
        where teachers.dname = dept_count_proc.dname
    end
```

这里的关键字 in 和 out 分别表示待赋值的输入参数和需要在过程中设置值并返回的输出参数。

在嵌入式 SQL 中可使用 call 语句调用已定义的过程：

```sql
declare dcount integer;
call dept_count_proc( '数学', dcount);
```

SQL 允许多个过程同名，只要同名过程的参数个数不同。名称和参数个数用于标识一个过程。SQL 也允许多个函数同名，只要这些同名函数的参数个数不同，或者对于那些有相同参数个数的函数，至少有一个参数的类型不同。

SQL 程序还支持异常处理，可发信号来通知异常条件(exception condition)，以及声明处理异常的相关句柄(handle)，代码形式如下：

```sql
declare out_of_classroom_seats    condition
declare exit handler for out_of_classroom_seats
begin
    …
    signal out_of_classroom_seats
    …
end
```

在 begin 和 end 之间的语句可以在某些情况下(如选课人数已超过教室座位实际容量)执行 signal out_of_classroom_seats 来引发一个异常，该异常会调用对应的处理句柄 exit，终止 begin 和 end 中的语句。

3.8.3 结构化 SQL 程序设计

SQL 支持的语法构造可实现通用程序设计语言大部分的功能。多数数据库系统都根据标准语法实现了自己的变体,在实际使用中应参考相关的说明手册。

一个复合语句有 begin…end 的形式,复合语句中可声明局部变量。SQL 中可使用 while 和 repeat 语句来实现循环结构,其语法如下:

```
while boolean expression do
      sequence of statements ;
end while
repeat
      sequence of statements ;
until boolean expression
end repeat
```

另外,也可以使用 for 循环,它允许对查询的所有结果重复执行。以下例子演示了利用 for 循环查找所有部门的预算:

```
declare n integer default 0;
for r as
      select budget from departments
do
      set n = n + r.budget
end for
```

上述程序每次获取查询结果的一行,并存入 for 循环变量 r 中。

SQL 支持的选择结构包括 if-then-else 语句,语法如下:

```
if boolean expression
      then statement or compound statement
else if boolean expression
      then statement or compound statement
      else statement or compound statement
end if
```

3.8.4 触发器

触发器(trigger)是完成特定任务的一条或一组语句,当对数据库进行修改时,它自动被系统执行。对触发器的设置必须满足两点:①指明触发器的执行条件。执行条件通常是很复杂的,为了降低开销,会被分解为一个简单的引起条件和确认真正触发的执行条件。例如,执行条件是广东人就执行,而直接检查广东人太耗时。那么引起条件可能是中国人,如果是中国人,再进一步检查是否为广东人。如果执行条件是很简单的,如性别为女就执行,这种就不需要分解了。但一般触发器不会设置这种太简单的条件,容易因经常触发而影响数据库的整体性能。②指明触发器执行时的动作。

触发器有很多应用场合,例如,有些完整性约束无法直接使用 SQL 约束机制来定义,但可使用触发器来实现。它用来当满足特定条件时对用户发警报或自动开始执行某项任务,触发器事件可以是插入(insert)、删除(delete)和更新(update)。例如,可以设计一个触发器，只要有相应的课程选课记录插入 choices 关系中，就更新 students_credits 视图中选课学生所对应的元组，把该课的学分加入这名学生的总学分中。

现在来看如何在 SQL 中实现触发器。关系 timetable 是课程安排表，关系 time_slot 记录上课时间段信息。它们的定义如下：

```
create table timetable (
    cid char(10) not null,
    tid char(10) not null,
    time_slot_id char(10),
    semester varchar(20),
    year int,
    primary key (cid, tid));

create table time_slot (
    time_slot_id char(10) not null,
    day varchar(20) not null,
    start_time time not null,
    finish_time time,
    primary key (time_slot_id, day, start_time));
```

timetable 中属性 time_slot_id 与 time_slot 中属性 time_slot_id 存在参照完整性约束，但由于 time_slot_id 不足以构成关系 time_slot 的主码，因此这个约束不能定义为外码约束。根据前面的分析，这类一般性的参照完整性需要检查参照关系(timetable)的插入和更新、被参照关系(time_slot)的删除和更新，因此该约束的维护需要采用相应的四个触发器。

这里只展示其中一个触发器的代码，用来确保关系 timetable 中属性 time_slot_id 的参照完整性。它在定义中指明该触发器需在任何一次对 timetable 的插入操作执行之后被启动。referencing new row as 语句建立了一个变量 nrow，用来在插入完成后存储所插入行的值。

```
create trigger timeslot_check1 after insert on timetable
referencing new row as nrow
for each row
when (nrow.time_slot_id not in (select time_slot_id from time_slot))
begin
    rollback
end;
```

when 语句指定一个条件，仅对于满足条件的元组系统才会执行触发器中的其余部分。begin atomic …end 语句可将多行 SQL 语句集成为一个复合语句，但以上的例子中只有一条语句，它对引起触发器被执行的事务进行回滚。这样，所有违背参照完整性约束的事务都将被回滚，从而确保数据库中的数据满足约束条件。

此外，为了保证参照完整性，也必须为处理 timetable 和 time_slot 的更新来创建触发器。对于更新来说，触发器可以指定哪个属性的更新使其执行；而其他属性的更新不会让它产生动作。例如，为了指定当更新关系 choices 的属性 score 时执行触发器，可以这样写：

after update of choices on score

触发器不仅可以在事件(insert、delete 或 update)之后触发，也可以在事件之前触发。在事件之前被执行的触发器可用来检查非法更新、插入或删除，并采取措施来纠正问题。

以上介绍的触发器都是对每个被影响的行执行一个动作，为了提高效率，也可以对相关 SQL 语句一次性执行所有动作。这需要用 for each statement 子句来替代 for each row 子句。因为 SQL 语句以关系形式返回结果，所以可用子句 referencing old table as 或 referencing new table as 来指向包含了所有被影响行的临时表。

本 章 小 结

结构化查询语言(SQL)包括数据定义语言(DDL)和数据操纵语言(DML)。DDL 用于创建具有特定模式的关系，可声明关系属性的名称和类型以及完整性约束。SQL 允许元组的某些属性为空值，在通用真值 true 和 false 以外增加真值 unknown 来处理对包含空值的关系的查询。SQL 中完整性约束机制可以保证用户对数据库所做的改变，不会破坏数据的一致性。

SQL 提供多种用于查询数据库的语言结构，包括 select、from 和 where 子句，并且支持在外层查询 select、from 和 where 子句中嵌套子查询。

SQL 支持基于关系的集合运算，包括并集、交集和差集运算；也支持聚合运算、分组聚合；同时支持自然连接、外连接等多种连接操作。

SQL 可以使用 update、insert、delete 语句进行数据的更新。SQL 中提供视图的定义，它包含查询结果的关系，可以隐藏敏感信息。通过 SQL 授权机制，可以为不同用户设置不同的允许访问的类型。

ODBC 和 JDBC 标准给 C、Java 等通用语言涉及的应用程序定义了接入 SQL 数据库的 API，对构建用数据库存取数据的应用有重要意义。

习　　题

1. 解释 SQL 中的连接操作，以及不同连接类型的区别。
2. 解释 SQL 中的聚合函数，并列举至少三个常用的聚合函数及其用途。
3. 描述什么是物化视图，它与普通视图有什么区别？
4. 考虑一个名为 students 的表，包含以下字段：

id (学生的唯一标识符)
name (学生的名字)
age (学生的年龄)
grade (学生的年级)

请根据以下要求编写 SQL 语句：
(1) 创建一个名为 students 的表，包含上述字段，其中 id 字段为主码。
(2) 向 students 表中插入以下数据：

ID: 1, Name: Alice, Age: 20, Grade: 3
ID: 2, Name: Bob, Age: 22, Grade: 4
ID: 3, Name: Carol, Age: 19, Grade: 3

(3) 查询 students 表中所有学生的信息。
(4) 查询 students 表中年龄大于 20 岁的学生信息。
(5) 更新 students 表中 ID 为 2 的学生的年龄为 23 岁。
(6) 删除 students 表中 ID 为 3 的学生记录。
5. 假设我们有 undergraduates 和 graduates 两个表，它们分别存储了某大学的本科生和研究生信息，具有相同的结构，包含以下字段：

student_id (学生的唯一标识符)
name (学生的名字)
major (学生的主修专业)
gpa (学生的平均成绩点)

请完成以下操作：
(1) 查询所有只在该大学读本科，没有读研究生的学生信息。
(2) 查询所有既在该大学读本科也读研究生的学生，并显示他们的名字及其平均成绩点。
(3) 查询所有在该大学读本科或研究生的学生，确保结果中不出现重复的学生 ID。
6. 请使用 SQL 的集合操作完成题目 5 的要求。
7. 考虑一个名为 students 的表，包含以下字段：

id (学生的唯一标识符)
name (学生的名字)
age (学生的年龄)
email (学生的电子邮件地址)

在这个表中，email 字段可能包含空值(NULL)，表示该学生没有提供电子邮件地址。请完成以下操作：
(1) 查询所有没有提供电子邮件地址的学生。
(2) 查询所有提供了电子邮件地址的学生，并显示他们的名字和电子邮件地址。
(3) 如果该学生之前没有电子邮件地址，则将 id 为 5 的学生的电子邮件地址更新为 example@email.com。
8. 考虑一个名为 employees 的表，其中包含员工的信息，字段如下：

employee_id (员工 ID)
first_name (名字)

last_name (姓氏)
department_id (部门 ID)
salary (薪水)

另有一个名为 departments 的表，其中包含部门的信息，字段如下：

department_id (部门 ID)
department_name (部门名称)

请完成以下查询：
(1) 查询薪水高于其所在部门平均薪水的员工信息。
(2) 查询每个部门的最高薪水，并显示部门名称和最高薪水。

9. 考虑一个名为 employees 的表，它包含以下字段：

id (员工的唯一标识符)
name (员工的名字)
department_id (员工所在部门的唯一标识符)
salary (员工的薪水)

要创建一个 SQL 视图，该视图将显示每个部门的平均工资。视图应包含以下字段：

department_id
average_salary

请用 SQL 来创建这个视图。

10. 考虑一个名为 students 的表，用于存储学生的信息。该表包含以下字段：

student_id (学生的唯一标识符，整型)
name (学生的名字，字符串类型)
age (学生的年龄，整型)
email (学生的电子邮箱，字符串类型)

我们需要为这个表添加以下完整性约束：
(1) student_id 必须是主键。
(2) name 字段不能为空，且长度不超过 100 个字符。
(3) age 字段必须是非负整数。
(4) email 字段必须是唯一的。

请写出相应的 SQL 语句来创建这个表，并添加上述完整性约束。

11. 假设我们有一个名为 CompanyDB 的数据库以及用户：Alice、Bob、Charlie，以及两个角色：Managers 和 Employees。Managers 角色应该有权限对 CompanyDB 中的 Departments 表进行增删改查操作，而 Employees 角色应该有权限查询 Departments 表。同时，我们希望 Alice 和 Bob 成为 Managers，而 Bob 和 Charlie 成为 Employees。另外，我们希望 Bob 可以将其拥有的权限(包括从角色继承的权限)授予其他用户，并且当从某个用户那里取消某个角色的权限时，这个用户失去的是从该角色继承的所有权限，而不是仅仅某个具体的权限。

请根据以上描述，编写 SQL 语句来完成以下任务：

(1) 创建 Managers 和 Employees 角色，并分配相应的权限。

(2) 将 Alice、Bob 添加到 Managers 角色，将 Bob、Charlie 添加到 Employees 角色。

(3) 授予 Bob 权限传递的能力。

第 4 章 基于 E-R 模型的数据库设计

4.1 数据库设计过程概述

数据库设计的过程可以划分为几个关键阶段，每个阶段都紧密地联系着数据库的最终效能和实用性。

在初始阶段，设计者需要充分描述潜在数据库用户的数据需求。这一步是至关重要的，因为它确保了数据库能够满足用户的实际需求，而不仅仅是理论上的假设。了解用户需求后，便可以进入设计过程的第二阶段。

第二阶段是概念设计阶段，涉及选择一个合适的数据模型来支撑后续的设计工作。数据模型的选择依赖于对所选的应用数据模型概念的理解，以及如何将用户的需求转化为数据库的概念模式。一个完全开发的概念模式不仅反映了企业的功能需求，还概述了数据库应如何组织数据，这对后续阶段至关重要。

随后进入功能需求分析阶段，设计者需要描述对数据将要执行的操作(或事务)类型。这一步确保数据库能够支持所有必要的数据操作，从而提升数据库的实用性和效率。

最后阶段涉及从抽象的数据模型转向数据库的实现。这一阶段可以进一步细分为逻辑设计和物理设计两个部分。逻辑设计阶段要求设计者决定数据库模式，这一步既要考虑前期所获得的业务需求，如数据库中应记录哪些属性，也要充分从计算机科学角度出发，决定应该有哪些关系模式以及属性在各种关系模式之间应如何分配。找到一个"好的"关系模式集合是这一步骤的目标，它直接影响到数据库的性能和维护成本，因此也是数据库设计至关重要的一步。在逻辑设计之后，物理设计阶段决定数据库的物理布局，这包括数据的存储方式和访问方法的选择，以确保数据库系统能够高效地运行。

整个设计过程如图 4-1 所示。通过这些阶段的紧密协作，可以确保数据库设计不仅满足当前的需求，还能够适应未来的变化，从而为用户提供长期的价值。

在设计数据库模式的过程中，确保数据的准确性、完整性和一致性是至关重要的。为此，设计师必须避免两个主要的陷阱：冗余和不完整性。

首先，冗余是指在数据库中不必要地重复信息的现象。这种糟糕的设计会导致多个信息副本之间的数据不一致问题。例如，如果同一数据在多个地方被独立更新，可能会导致信息不同步，从而使得数据库中的数据失去准确性。冗余不仅浪费存储空间，还增加数据维护的复杂度，因为任何数据的变更都需要在所有副本中同步更新，以保持数据的一致性。

其次，不完整性指的是数据库设计无法充分地表示企业运营的各个方面，从而使某些信息难以或无法被有效建模。这通常发生在设计过程中未能考虑到所有必要的数据元素或关系时，导致数据库无法存储某些关键信息，或者无法通过数据库现有结构查询到重要的数据。不完整性会严重影响数据库的实用性和用户满意度。

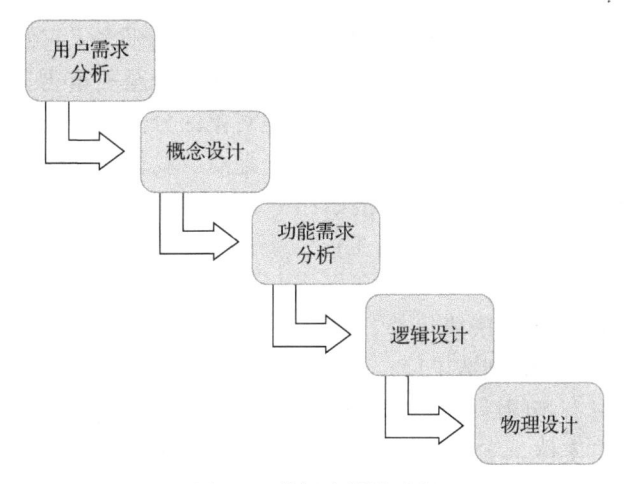

图 4-1 数据库设计过程

避免这两个陷阱的关键在于仔细规划和设计。这包括彻底分析业务需求，选择合适的数据模型，以及精心设计数据库架构，以确保数据的一致性、完整性和高效访问。然而，避免不良设计并不意味着只有一种"正确"的设计方式。实际上，可能有多种好的设计方案可以满足特定的业务需求和性能目标。在这些方案中进行选择时，设计者需要综合考虑多个因素，如系统的可扩展性、维护成本、用户操作的便捷性等。

在数据库设计和建模领域，E-R 模型是一种常用的方法论，用于概念化和结构化数据需求。这个模型通过实体、实体的属性以及实体之间的联系来描述信息环境，是理解数据库结构设计的基础。本章将探讨 E-R 模型的核心组成部分。在 E-R 模型中，实体代表了企业或业务环境中可以被明确区分的事物或对象。每个实体都是一个独立的单位，拥有一系列的属性来描述其特征。属性是实体的组成部分，它们描述了实体的特定特征。联系定义了实体之间的逻辑联系。联系可以是一对一(1:1)、一对多(1:N)或多对多(M:N)。E-R 图是一种图形化工具，用于表示实体之间的联系。这种图形化的表示方法有助于数据库设计者和用户理解数据的逻辑结构，从而更有效地构建和维护数据库。

规范化理论是数据库设计的另一个重要概念，它提供了一套系统的方法来评估和改进数据库设计的质量。在第 5 章中，将会详细介绍规范化理论，包括如何正式确定不良的设计以及如何对数据库设计进行测试和改进，以满足高效、一致和可扩展的数据库系统需求。

4.2 E-R 模型

E-R 模型的开发是数据库设计领域的一个重大进步，它极大地促进了数据库设计的过程。E-R 模型通过提供一种直观的方式来表示数据的逻辑结构，使得数据库设计者能够更容易地理解和规划数据库的结构。这种模型主要依赖于三个基本概念：实体集、联系集和属性，这些都是构建和理解数据库结构不可或缺的元素。

4.2.1 实体集

在数据库设计和数据建模领域，实体和实体集是基础概念，它们帮助我们组织和管理数据。理解这些概念对于构建有效且高效的数据库系统至关重要。

一个实体是指可以独立存在并且可以与其他对象区分开来的任何对象。实体代表了现实世界中的一个具体事物，它可以是一个人、地点、物体或任何可识别的项目。实体在数据库中通常对应于一行(或记录)。例如：

① 特定的人(如一个名叫张伟的员工)；
② 公司(如 OpenAI)；
③ 事件(如 2024 年新年庆典)；
④ 工厂(如位于深圳的制造工厂)。

实体集是一组具有相同属性的相同类型的实体。换句话说，它是一个集合，其中包含了某个类型的所有实体。实体集在数据库中通常对应于一个表。例如：

① 所有人员的集合；
② 所有公司的集合；
③ 所有树木的集合；
④ 所有假期的集合。

实体的属性是指描述实体特征的数据项。每个实体都有一组属性，这些属性提供了关于实体的详细信息。在数据库表中，属性通常对应于列。例如：

① 教师实体的属性包括工号、姓名、电子邮件、所属学院和年薪；
② 课程实体的属性包括课程编号、课程名、开课学院、学时和学分。

实体集的主码是一种特殊的属性(或属性组合)，它可以唯一地标识实体集中的每个实体。主码的选择至关重要，因为它确保了每个记录的唯一性，并允许数据的准确访问。在教师实体集中，工号可以作为主码，因为它能唯一标识每位教师。在课程实体集中，课程编号可以作为主码，因为它能唯一标识每门课程。

如图 4-2 所示，实体集用方框表示，其属性需全部列出并用下划线标出主码。通过定义清晰的实体、实体集及其属性，数据库设计者可以构建出结构化且易于管理的数据库模型，从而提高数据的准确性、访问效率和整体系统性能。

图 4-2 实体集 E-R 图

4.2.2 联系集

联系和联系集是构成数据库设计中实体之间互动的基础。理解这些概念有助于清晰地映射和组织数据之间的复杂联系,从而使得数据库不仅能够存储数据,也能够反映现实世界实体之间的相互作用。

联系是指两个或多个实体之间的联系或互动。在数据库中,这种联系通常是通过共有的属性或者键来实现的。联系可以反映实体之间的各种现实世界的连接,如归属、参与或者关联等。例如,学生(1,李彬)和教师(15565,王林)之间的指导联系可以表示为(1,15565)。这里,李彬作为学生实体与王林作为教师实体之间存在指导联系。

联系集是定义了两个或多个实体集之间联系的集合。每个联系集包含了所有可能的实体间的关联实例。指导联系集包含了所有可能的学生与教师之间的联系。例如,(1,15565)是其中的一个实例,表示特定的学生与教师之间存在指导联系。

联系集也可以有自己的属性,这些属性提供了关于联系本身的额外信息。在教师和学生之间的指导联系集中,可能会有一个"开始日期"属性,用来跟踪学生何时开始与导师建立联系。

联系集的度指参与联系的实体集的个数,二元联系是最常见的联系类型,涉及两个实体集。例如,一名学生和一位教师之间的联系。涉及三个实体集的联系较少见,但在某些情况下提供了更直接的数据表达。例如,一个联系课题指导可以表示教师、学生、课题之间的三元联系,这个联系集中的每个实例都涉及这三种实体。

如图4-3所示,在E-R图中,联系通过连接实体集的线来表示。这些线可能会标注有联系的名称,有时还会标注角色,尤其是在实体集在联系中扮演多个角色时。对于非二元联系,E-R图能够以视觉化的方式展示多个实体集之间的复杂互动,如通过一个连接三个实体集的三元联系。图4-4是带有属性的联系集E-R图示例;图4-5是标注了角色的联系集示例;图4-6是三元联系集示例。

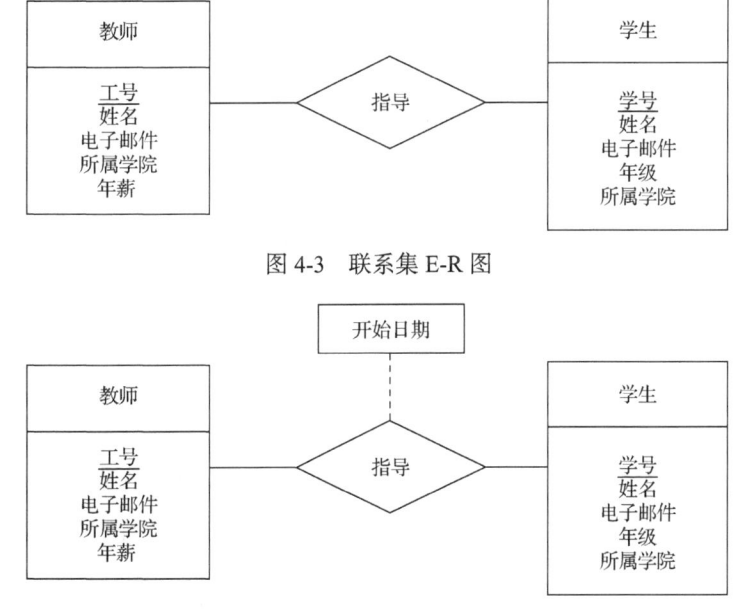

图 4-3 联系集 E-R 图

图 4-4 带有属性的联系集 E-R 图

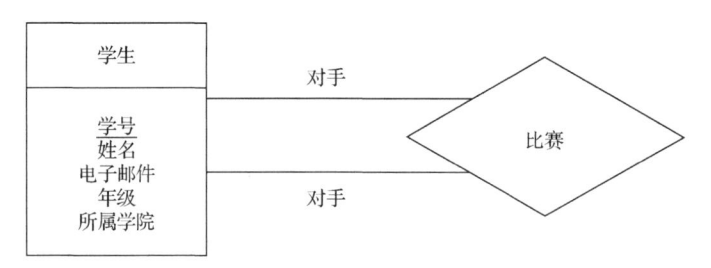

图 4-5　标注了角色的联系集

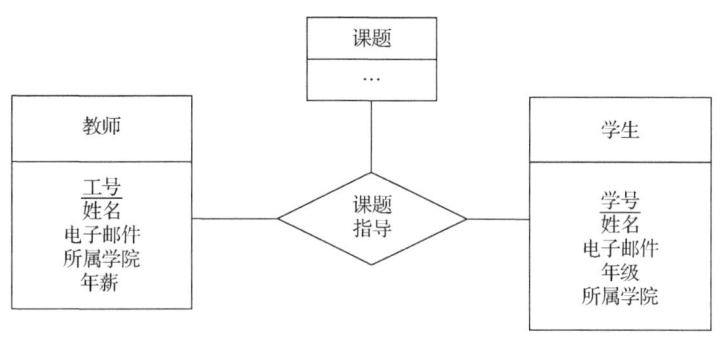

图 4-6　三元联系集

通过这些基础概念，数据库设计者可以准确地映射和组织数据，以反映实体之间的各种复杂联系，从而在设计高效、有组织的数据库方面迈出重要一步。

4.3　实体中的属性

在数据库设计中，对属性类型的理解对于准确地描述和存储实体信息至关重要。属性不仅定义了实体的特征，还决定了数据如何被组织和访问。以下是属性类型的详细说明，包括它们的分类和示例。

4.3.1　属性类型

属性主要可以分为以下几类。

(1) 简单属性：无法被进一步分解的基本属性。例如，如果我们将姓名视为一个不可分割的单元，那么一个人的姓名可以被视为简单属性。

(2) 复合属性：可以被分解为多个其他属性的属性。这些子属性可以是简单属性或进一步的复合属性。复合属性允许数据库设计者在更细的层次上描述实体。例如，图 4-7 中的"家庭住址"属性。

(3) 单值属性：每个实体或实体集的成员只能拥有一个该属性的值。

图 4-7　复杂属性 E-R 图

(4) 多值属性：一个实体或实体集的成员可以拥有多个该属性的值。例如，图 4-7 中的电话号码这一属性，一个人可能有多个电话号码，包括家庭电话、工作电话等。

(5) 派生属性：基于一个或多个其他属性值计算得出的属性。这意味着派生属性的值不需要直接存储，因为它可以从其他属性动态计算得出。年龄是一个常见的派生属性，它可以根据出生日期计算得出。在数据库中，只需存储出生日期，年龄就可以通过当前日期减去出生日期来计算。

在 E-R 模型中，正确地识别和使用这些不同类型的属性对于创建有效、易于维护和扩展的数据库架构至关重要。通过细致地规划实体的属性和它们之间的联系，数据库设计可以更好地服务于应用程序的需求，同时提供强大的数据分析和报告功能。

4.3.2 实体主码

实体主码(也常称为主键)是一个或多个属性的组合，这些属性用于在一个实体集中唯一地标识每个实体。选择主码时，需要考虑主码的唯一性、最小性、不变性以及非空性。

(1) 唯一性：主码的值必须能够唯一地识别实体集中的每个实体。没有两个实体可以拥有相同的主码值。

(2) 最小性：主码应该是尽可能简单的，只包含必要的属性来保证唯一性。这意味着如果从主码中移除任何属性都会导致失去唯一性的特性，则该主码就是最小的。

(3) 不变性：一旦为实体分配了主码，其值就不应该更改。主码的不变性是保证数据一致性和可靠性的关键。

(4) 非空性：主码字段不允许为空。每个实体在主码的所有属性上都必须有值，这保证了能够对每个实体进行唯一标识。

如果一个主码只由一个属性组成，那么它就是一个简单主码。例如，员工编号可以作为员工实体集的简单主码。当没有单一属性能够唯一标识实体时，可以将多个属性组合起来作为主码，这种主码称为复合主码。例如，在一个注册课程实体集中，课程编号和学生 ID 的组合可以作为复合主码，因为只有这两个属性的组合才能唯一标识每次注册。

在实际应用中，主码的选择需要经过认真考虑，以确保它能有效地服务于数据库的长期使用。有时，实体的自然属性(如身份证号、员工编号)可直接作为主码。但在没有明显自然主码的情况下，也可设计一个人工属性(如自增长的序列号或特定格式的编码)作为主码来确保唯一性和不变性。

4.3.3 冗余属性

冗余属性在数据库设计中指的是那些不必要重复存储的信息或属性，因为它们可以通过数据库中的其他数据计算出来，或者是因为相同的数据在多个地方被重复存储。虽然在某些情况下，适当的冗余可以提高数据检索的效率，但过多的冗余可能导致一系列问题，如数据不一致、存储空间的浪费和数据维护成本的增加等。因此，合理管理和减少冗余是数据库设计和优化的重要考虑因素。

4.3.4 弱实体集

弱实体集是数据库中的一个概念，它指的是无法仅通过其属性或属性集唯一标识其成员的实体集。这种实体集的存在依赖于另一个实体集，后者称为强实体集。弱实体集与强实体集之间的联系称为标识联系(identifying relationship)，通过称为"标识实体"或"父实体"的强实体集来定义，而弱实体集则作为"子"实体存在。

图 4-8 中，习题是一个弱实体集。如果习题以强实体集的方式存在，必须以(课程编号、题目编号)为主码，但该主码的含义与图中联系"课程习题"表达的含义重复了。这种情况在 E-R 图中的处理方式一般是保留联系、简化强实体主码，因为前者更符合 E-R 图的直观性原则。因此，习题与课程的关联用"选用教材"联系表示，而习题实体集中课程编号属性被删除，留下的题目编号属性称为分辨符(discriminator)或部分码(partial key)。在 E-R 图中，弱实体集通常用双线矩形表示，而它与强实体集之间的联系用双线菱形表示，分辨符属性则用分段下划线标记。

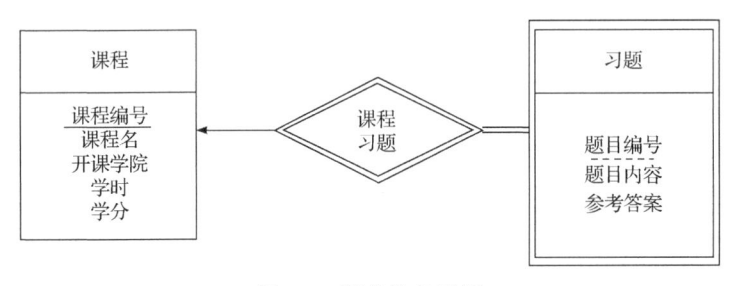

图 4-8 弱实体集示例

弱实体集的主要特征有依赖性、非唯一的主码、分辨符。弱实体集的概念对于数据库设计非常重要，它允许设计者在不同实体之间建立有意义的联系，特别是在存在层次或依赖联系时。正确识别和设计弱实体集有助于保持数据库的规范化，避免不必要的冗余，同时确保数据的完整性和准确性。

4.4 联系约束

联系约束是指定了实体间联系的数量和类型限制。这些约束对于确保数据库的数据完整性和反映现实世界实体间的准确联系至关重要。

4.4.1 映射基数

映射基数(cardinality)在 E-R 模型中是一个关键概念，它描述了实体集之间的数量联系。映射基数约束可分为一对一、一对多、多对一和多对多四种类型。在 E-R 图中，基数约束是通过在联系集和实体集之间绘制有向线(表示"一")或无向线(表示"多")来表达的。这种表达方式可以帮助我们理解不同实体之间的联系是如何受限于特定数量约束的。

1. 一对一(1:1)

在一对一联系中,实体集 A 中的每个实例最多只能与实体集 B 中的一个实例相关联,反之亦然。这意味着两个实体集之间的每个实例都是一一对应的,如图 4-9 所示。

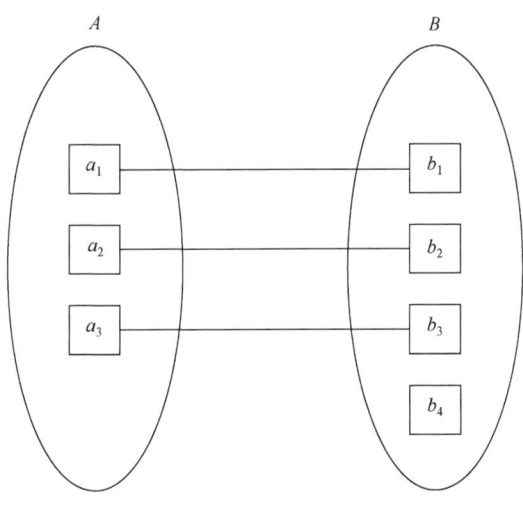

图 4-9 一对一映射图

一个典型的例子是教师和学生之间的联系。在一对一的联系中,一位教师(通过指导角色)最多只能关联一名学生,反之亦然。这表明,每名学生只能有一位导师,每位导师也只能指导一名学生。这种约束在 E-R 图中通过两个实体集之间的有向线来表示,如图 4-10 所示。

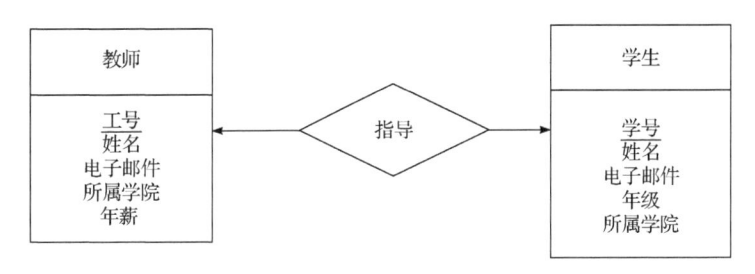

图 4-10 "一对一"基数约束 E-R 图

2. 一对多(1:M)

一对多联系指的是实体集 A 中的一个实例可以与实体集 B 中的多个实例相关联,但是实体集 B 中的每个实例只能与实体集 A 中的一个实例相关联,如图 4-11 所示。

相对于一对一联系,一对多联系描述了如教师和学生之间更为常见的场景,其中一位教师可以指导多名学生,但每名学生最多只能有一位教师作为导师。这种联系在 E-R 图中通过从教师到学生的无向线(表示"多")和从学生到教师的有向线(表示"一")来表示,如图 4-12 所示。

图 4-11 一对多映射图

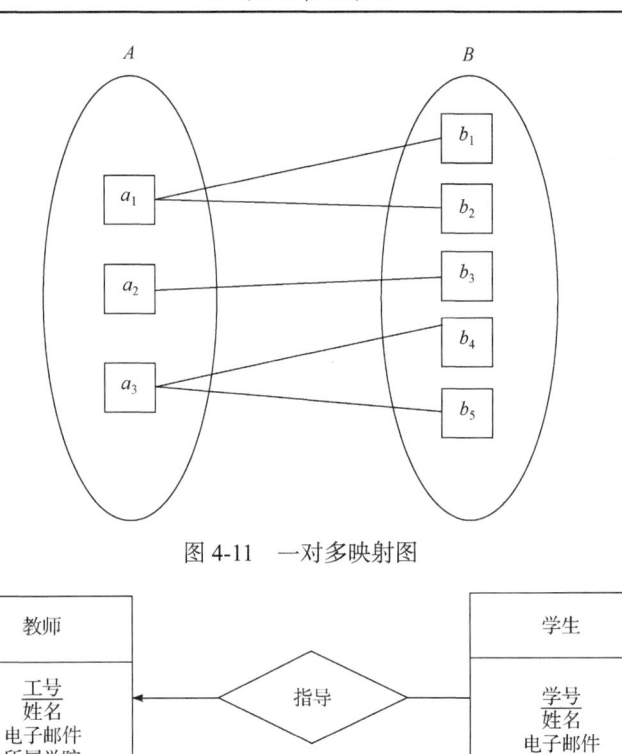

图 4-12 "一对多"基数约束 E-R 图

3. 多对一(M:1)

多对一联系实际上是一对多联系的反向表述，即实体集 B 中的一个实例可以与实体集 A 中的多个实例相关联，如图 4-13 所示。

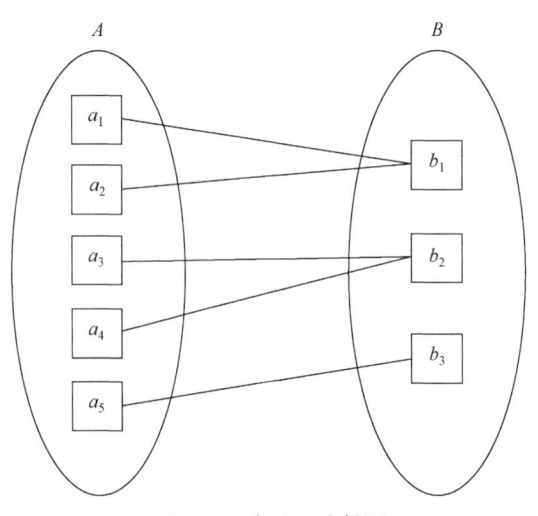

图 4-13 多对一映射图

多对一联系示例如图 4-14 所示，多位教师可以通过一个共同的指导与最多一名学生建立联系。

图 4-14 "多对一"基数约束 E-R 图

4. 多对多(M:N)

在多对多联系中，实体集 A 中的一个实例可以与实体集 B 中的多个实例相关联，同时，实体集 B 中的一个实例也可以与实体集 A 中的多个实例相关联，如图 4-15 所示。

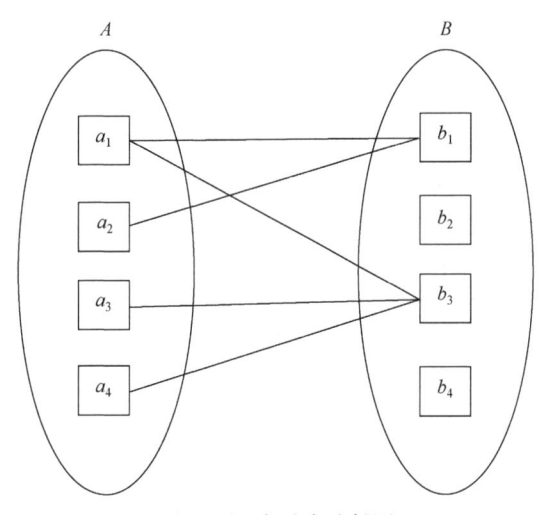

图 4-15 多对多映射图

多对多联系是最灵活的一种，它允许一个实体集的多个实体与另一个实体集的多个实体建立联系。这种模型没有数量上的限制，适用于更为复杂和动态的联系网络。这种联系在 E-R 图中从一个实体集到另一个实体集都用无向线表示即可，如图 4-3 所示。

在处理更复杂的约束时，如三元联系的基数约束，E-R 模型规定最多只允许一个箭头来指示基数约束，以避免概念的混淆。例如，一个课题指导与学生和教师之间的联系，箭头从课题指导指向教师可能表示每名学生在这个联系中最多只能有一位指导教师。如果存在多个箭头，则需通过不同的定义来明确它们的含义。为了避免混淆，最好是避免使用多个箭头表示基数约束。

总之，映射基数和基数约束在 E-R 图中是表达实体之间联系的核心元素，它们帮助设计者清晰地理解和规划数据库结构，确保数据的一致性和完整性。

4.4.2 参与度

在数据库设计中，联系的参与度描述了实体集中实体实例是否全部参与联系中，分为全部参与和部分参与两种。全部参与是指实体集中每个实体都至少参与联系集中的一个联系实例；如果有实体未参与任何联系，则为部分参与。全部参与在 E-R 图中用双横线表示，部分参与用单横线表示。在图 4-10 中，教师和学生都是部分参与指导联系。

参与度和映射基数在 E-R 图中一般共同使用，用于准确描述对联系的约束。图 4-16 中，教师实体集与学生实体集间的指导联系是一对多联系，教师实体集是部分参与该联系，而学生实体集是全部参与该联系。

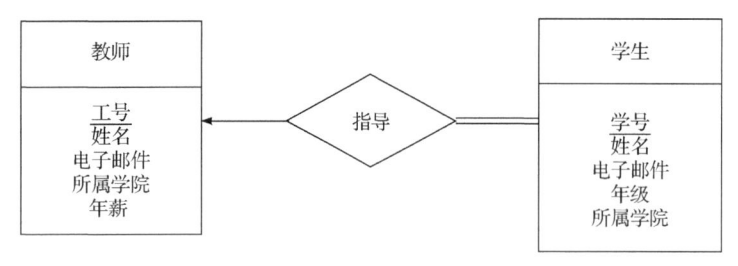

图 4-16 参与度约束示例

需要注意的是，弱实体集与其标识实体之间的联系约束必须是多对一，且弱实体集必须是全部参与的。如图 4-8 所示，这些约束来自弱实体集的标识需求，多对一的映射要求弱实体必须借助标识联系才能唯一标识自身，若不参与标识联系也无法标识自身。

正确理解和应用这些参与度约束对于数据库的设计和后续的数据完整性至关重要。它们不仅帮助设计者明确实体之间的联系和数据模型，还确保了数据的一致性和准确性，因为通过这些约束，数据库系统可以对数据进行有效的校验和管理。

4.5 E-R 模型转化为关系模式

在数据库设计中，将 E-R 图转换成关系模式是一个将概念模型转化为可以在关系数据库管理系统中实现的逻辑模型的关键步骤。实体集和联系集的统一表示为关系模式，不仅有助于标准化数据库设计过程，而且还确保了设计的准确性和可实施性。

1. 强实体集的转化

强实体集是指在不依赖于其他实体集的情况下可以独立存在的实体集。这种实体集的转化相对直接，它通常直接简化为具有相同属性的模式。例如，一名学生实体集包含学号、姓名、email、年级、所属学院等属性，可以直接转化为联系模式"学生(学号,姓名,email,年级,所属学院)"。在这种情况下，每个属性都对应于模式中的一个列，其中学号通常作为主码。强实体集的这种表示方法相对简单直接，易于理解和实施。

对于包含复合属性的强实体集，如员工实体集可能包含复合属性"家庭住址"，它又包含"省"、"市"和"区"等组件属性，转换时需要将复合属性展平，即将每个组件属性作为独立的属性表示。例如，"员工"实体集对应的模式可能包括"工号、姓名、省、市、区、街道名、路名、小区名、房间号、邮政编码、生日"等列。

如果实体集中存在多值属性，如员工的电话号码，通常需要通过创建一个单独的模式来表示。新模式的主码需要借助原实体集的主码，如多值属性电话号码可以转化为关系"员工电话 (工号,电话号码)"，这里的主码包括工号和电话号码两个属性。例如，工号 006 的员工有两个电话号码 13612341234 和 84111234,在新的关系中就需要两个记录，(006, 13612341234)和(006, 84111234)。

在某些特殊情况下，如果一个实体集除了主码属性外，只有一个属性且该属性是多值的，可以考虑不创建单独的关系模式，而是直接在原有的模式中添加多值属性。然而，这种做法需要谨慎，因为它可能会影响到外键的设置和整体数据库的规范性。

2. 弱实体集的转化

弱实体集指的是那些没有足够属性来唯一标识其实例，因而其存在依赖于某个强实体集的实体集。弱实体集在转化为关系模式时，除了包含自身的属性外，还需要包括其标识实体集的主码列，作为外键使用。例如，在图 4-8 中，习题实体集是依赖于课程实体集的弱实体集，可将其转化为关系"习题(课程编号, 题目编号, 题目内容, 参考答案)"，主码包括课程编号和题目号，其中课程编号作为外键，指向其依赖的课程实体集的主码。

3. 联系集的表示

在关系数据库设计中，联系集的表示是一个重要环节，它涉及如何在实体集之间建立联系并有效地表达这些联系的信息。联系集可以表示实体之间的各种联系，如一对一、一对多、多对一和多对多联系。在转换为关系模式时，这些联系集的表示方法各有不同。在一对多和多对一联系中，通常是将联系与多方一侧的实体集合并，共用一个模式，该联系对应的模式不再保留。一对一联系可任意选择一侧实体集进行合并，也不对联系单独保留模式。这是为了让关系模式设计更加简洁，节省存储空间。例如，在图 4-12 中，指导联系不再保留单独的模式，而是与学生模式合并，即在学生模式中添加其指导教师的工号属性。如果保留指导的模式，需要额外的磁盘空间来存储其记录，其中的两个外键约束(教师工号和学生学号)也都要耗费时间来维护。

多对多联系集的表示尤其值得注意，因为它涉及两个以上的实体集，并且每个实体集中的实体可以与另一个实体集中的多个实体相关联。这种情况不能与任何一侧实体集合并，只能表示为一个独立的模式，这个模式包含参与实体集的主码属性，这些主码属性在新模式中充当外键。此外，如果联系集本身具有描述性属性，那么这些属性也会被包含在内。

以图 4-3 的"指导"联系集为例，学生和教师两个实体集间存在多对多的指导联系。在这种情况下，指导联系集可以转换为一个名为"指导"的模式，其中包含学生实体集的主码属性(学号)和教师实体集的主码属性(工号)。这两个属性在"指导"模式中作为外键，联合起来唯一地标识每一对学生和教师之间的指导联系。如果这个指导联系本身还有一些描述性的属性(如开始时间、结束时间等)，那么这些属性也应该被包括在指导模式中。

这种多对多联系集的表示方法使得数据库设计者可以灵活地处理复杂的实体间联系，并且在实际应用中，通过联合查询两个外键，可以方便地检索出任意一个实体参与的所有联系实例。例如，可以轻松查询某个特定学生的所有指导教师，或者查询某位教师指导的所有学生。这样的表示不仅增加了数据库的规范性，也提高了查询的效率和灵活性。

本 章 小 结

数据库设计是构建高效、可靠数据库系统的关键过程，它涵盖了从概念设计到物理实现的各个阶段。本章主要聚焦在使用 E-R 模型进行概念设计，并将这些概念设计转换成联系模式，作为数据库设计过程中的一部分。

首先，探讨了 E-R 模型的基本组成部分，包括实体集和联系集。实体集代表现实世界中的对象集合，而联系集描述了实体集之间的联系。通过对实体集和联系集的定义，可以精确地模拟现实世界中的各种情形。

其次，深入了解了实体中的属性，包括属性的不同类型(如简单属性、复合属性和多值属性)、实体主码的选择、冗余属性的识别及处理，以及弱实体集的特殊性。这些概念帮助我们在设计数据库时，确保数据的完整性和准确性。

再次，讨论了联系的约束，主要是映射基数和参与度。这些约束说明了实体间联系的数量限制，如一对一、一对多、多对一或多对多联系，以及实体参与联系的程度(全参与或部分参与)。这有助于进一步明确实体之间的联系，确保数据库设计的逻辑严密。

最后，探讨了如何将 E-R 模型转换为关系模式。这一转换过程涉及将强实体集、弱实体集和联系集表示为关系模式，即表格。这是将概念模型转换成可以在数据库管理系统中实现的逻辑模型的关键步骤。

总之，数据库设计过程是将现实世界的复杂情况系统化、结构化的过程。通过 E-R 模型的创建和转换，我们能够以结构化的方式表示数据，并为构建有效、可靠的数据库系统打下坚实的基础。此过程不仅需要技术知识，还需要对数据及其在现实世界中的联系有深刻理解。

习 题

1. 举例说明什么是实体和联系。
2. 强实体集和弱实体集有什么不同？请举例说明。
3. 为一家公司构建一个 E-R 图。公司数据库需要存储关于员工(以工号标识，以及工资和电话为属性)、部门(以部门号标识，以及部门名称和预算为属性)和员工子女(以姓名和年龄为属性)的信息。员工在部门工作；每个部门由员工管理；知道家长(必须为员工，且假设只有一方为公司工作)时，必须按姓名唯一标识孩子。一旦父母离开公司，其子女的信息就不能存在。

4. 考虑一个包含学生(student)、课程(course)和班级(section)实体集的数据库,并额外记录学生在不同班级的不同考试中获得的成绩。

① 构建一个 E-R 图,将考试建模为实体,并使用三元联系作为设计的一部分。

② 构建一个替代的 E-R 图,只使用学生和班级之间的二元联系。确保在特定的学生和班级对之间只有一个联系,但仍然可以表示学生在不同考试中的成绩。

5. 设计一个 E-R 图来跟踪你最喜欢的体育队伍的得分统计情况。应存储比赛的情况、每场比赛的得分、每场比赛的球员以及每个球员的个人得分统计。总结统计信息应被建模为派生属性,并解释它们是如何计算的。

6. 考虑一个 E-R 图,其中同一实体集出现多次,并且其属性在多个出现处重复。为什么允许这种冗余是一种应该避免的不良做法?

7. E-R 图可以被视为一个图。以下内容在企业模式的结构方面意味着什么?

① 该图是不连通的。

② 该图有一个环。

第 5 章 规范化理论

数据库模式设计的关键是正确体现现实语义，并能以简洁高效的方式对这些语义信息进行存储和管理；如果处理不当则会在更新、插入、删除等各种操作中引起问题。本章将学习有关模式设计的规范化相关概念和理论。

5.1 数据依赖对关系模式的影响

一个关系上的完整性约束既体现在单个属性上的取值约束(如学生成绩必须在 0～100 分)，也体现在关系内属性间的相互关联，后者也称作数据依赖。数据依赖是现实语义的体现，也是数据库模式设计的关键。

例如，大学数据库中存在以下语义：

(1) 一个学院有若干学生，一名学生只属于一个学院；
(2) 一个学院只有一名院长；
(3) 一名学生可以选修多门课程，每门课程有若干学生选修；
(4) 每名学生所学的每门课程都有一个成绩。

基于以上要求，如果设计了关系模式"学生(学号，所在学院，院长，课程名，成绩)"，一个实例如表 5-1 所示，该关系模式存在以下问题。

表 5-1 "学生"关系实例

学号	所在学院	院长	课程名	成绩
001	计算机	王林	程序设计	92
002	计算机	王林	高等数学	88
003	电子	孙伟	数字电路	89
004	计算机	王林	程序设计	85

(1) 数据冗余太大，浪费大量的存储空间，例如，每一位院长的姓名会多次重复出现。

(2) 更新异常，因为数据有冗余，更新数据时，维护数据完整性代价较大。例如，某学院更换院长后，系统必须修改与该院学生有关的每一个元组。

(3) 插入异常，该插的数据插不进去。例如，如果一个学院刚成立，尚无学生，我们就无法把这个学院名称及其院长的信息存入数据库。

(4) 删除异常，不该删除的数据不得不删掉。例如，如果某个学院的学生全部毕业了，我们删除这些学生信息的同时，会把这个学院及院长的信息也删除了。

由此可见，上述学生模式不是一个好的模式。一个好的关系模式一般要求不会发生插入、删除和更新的异常，数据冗余也应尽可能少。发生这些问题主要是由存在于模式中的某些数据依赖引起的，如属性"学号"与"所在学院"之间的依赖、"所在学院"与"院长"之间的依赖。发生这些问题后的主要解决方法是通过关系模式分解，将原来的关系模式分解为几个小的关系模式，以此来消除原来模式中不合适的数据依赖。

常见的数据依赖有函数依赖、多值依赖等，基于这些依赖也产生了不同的关系模式规范性衡量标准。依赖的类型不同，分解的方法和要求也不同。如何根据依赖类型，将关系模式分解为规范的模式，是本章的学习重点。

5.2 函数依赖

5.2.1 函数依赖概念

如前所述，现实世界中数据之间通常存在各种各样的约束或依赖。例如，在大学数据库中需预期满足的一些约束包括：学生和教师通过他们的 ID 进行唯一标识；每名学生和教师只有一个名字；每位教师和学生只与一个学院相关联。满足所有这些现实世界约束的关系实例被称为关系的合法实例。数据库的合法实例是指其中所有关系实例都是合法实例。

上述例子中的约束都要求某个属性集的值唯一确定另一个属性集的值，这些都是函数依赖(functional dependency)的体现。函数依赖是对键概念的一种推广。下面给出函数依赖的定义。

设 R 为一个关系模式，有

$$\alpha \subseteq R \text{ 且 } \beta \subseteq R$$

当且仅当对于任何合法关系实例 $r(R)$，对于 r 中的任意两个元组 t_1 和 t_2，如果它们在属性 α 上相等，则它们在属性 β 上也相等，那么函数依赖 $\alpha \rightarrow \beta$ 在 R 上成立。即

$$t_1[\alpha]=t_2[\alpha] \Rightarrow t_1[\beta]=t_2[\beta]$$

符号"→"可以读作"确定"或"函数确定"。"⇒"(蕴含/逻辑蕴含)是命题逻辑中的连接词，表示"如果 A 为真，则 B 也为真"。$A \Rightarrow B$ 是 $\neg A \vee B$ 的缩写形式，其真值表如表 5-2 所示。

表 5-2 蕴含真值表

A	B	$A \Rightarrow B$
T	T	T
T	F	F
F	T	T
F	F	T

从定义中可以看出函数依赖与函数有紧密的联系，两者都是表示两个集合间存在一对一或多对一的映射关系。考虑具有如表 5-3 所示的 r 实例的 $r(A,B)$。

表 5-3　$r(A,B)$

A	B
1	4
1	2
1	5

在这个实例中，$B \to A$ 成立(即多对一映射)，但 $A \to B$ 不成立(即一对多映射)。

一个关系模式上所有函数依赖的集合可以形成闭包(closure)。闭包指的是在给定函数依赖集合 F 的基础上，通过推理和推导得到的所有逻辑上蕴含的函数依赖的集合。具体而言，对于函数依赖集合 F 中的每个函数依赖 $A \to B$，如果存在一系列推理规则使得可以推导出 $A \to C$，则后者也属于闭包中的函数依赖关系。这个过程会一直进行下去，直到无法再推导出新的函数依赖关系。

我们用 F^+ 表示 F 的闭包，F^+ 是包含了 F 中所有逻辑上蕴含的函数依赖集合。

前面已经得知，键是用于唯一标识关系中的元组的属性或属性组合，一个关系可以有一个或多个键。函数依赖和键之间存在紧密的联系。根据键的含义，一个键是一组决定属性集，它可以唯一确定关系中的所有其他属性。因此，键也是函数依赖的特例。

给定 K 是关系模式 R 的一个键，则有

(1) 当且仅当 $K \to R$，K 是关系 R 的超键；

(2) 当且仅当 $K \to R$，并且对于任何子集 $\alpha \subset K$，都不存在 $\alpha \subset K$，$\alpha \to R$，那么 K 是关系模式 R 的候选键。

使用函数依赖可以表达那些无法使用超键来表达的约束条件。考虑以下模式：

学生(学号, 所在学院, 院长, 课程名, 成绩)

我们期望以下函数依赖成立：

学号→所在学院

所在学院→院长

但我们不希望以下函数依赖成立：

所在学院→成绩

使用函数依赖可以达到以下目的：

(1) 检测关系是否在给定的函数依赖集合下合法。如果一个关系 r 在函数依赖集合 F 下是合法的，则称 r 满足 F。

(2) 指定对合法关系集合的约束条件。如果 R 上的所有合法关系实例都满足函数依赖集合 F，则称 F 在关系模式 R 上成立。

需要注意的是，一个函数依赖可能只在某个关系模式的特定实例上满足，但并不是在所有合法实例上都不成立。例如，如果一个班级里没有学生重名，学生关系模式就满足"姓名→学号"的函数依赖，但这个依赖在整个学校范围可能就不成立了。

如果一个函数依赖在关系的所有实例中都恒成立，那么它被称为平凡依赖(trivial dependency)。例如：

学号, 姓名→学号

姓名→姓名

一般来说，如果一个函数依赖的决定属性集(右侧)是依赖属性集(左侧)的子集，那么它是平凡的。也就是，如果 $\beta \subseteq \alpha$，那么 $\alpha \rightarrow \beta$ 是平凡的。

5.2.2 无损分解

如 5.1 节所述，关系模式"学生(学号, 所在学院, 院长, 课程名, 成绩)"存在较多问题，因此可以将其分解为两个子模式：学生(学号, 所在学院, 课程名, 成绩), 学院(所在学院, 院长)。这样跟学院信息有关的更新、插入、删除异常以及冗余存储问题都可以较好地解决。但需要注意的是，并不是所有的分解都是有益的。如图 5-1 所示，假设我们将"员工(工号, 姓名, 城市, 区)"分解成"员工 1(工号, 姓名)"和"员工 1(姓名, 城市, 区)"。这里会出现一个问题，如果此时我们雇用了两名同名的员工，那么原始的关系就被破坏了，这样的分解是一个有损的分解(即员工 1 和员工 2 两个表的正确对应关系丢失了)。

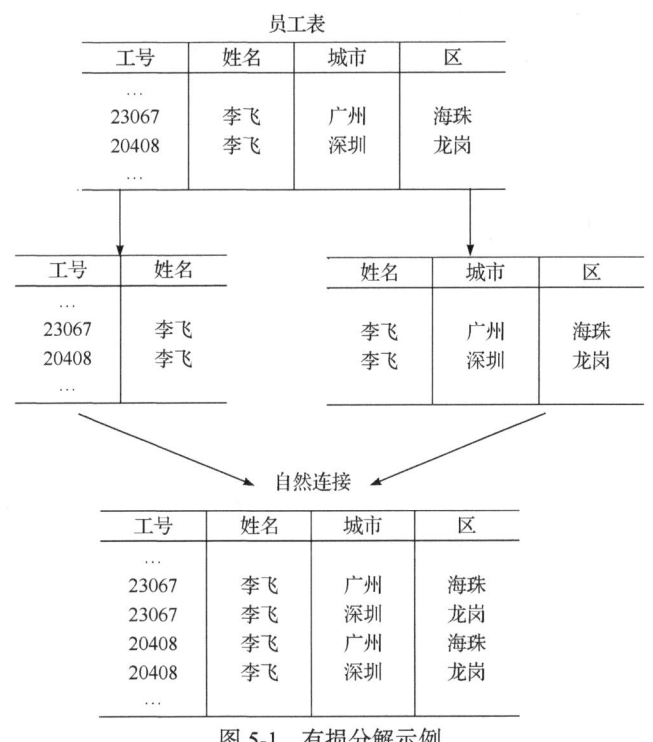

图 5-1 有损分解示例

我们可以使用函数依赖来展示某些分解是否是无损的(lossless)。对于关系 $R=(R_1,R_2)$ 的情况，要求对于模式 R 上的所有可能关系 r，满足以下条件：

$$r = \Pi_{R_1}(r) \bowtie \Pi_{R_2}(r)$$

如果函数依赖集合 F^+ 中至少存在以下依赖之一，那么将 R 分解为 R_1 和 R_2 是无损分解：

$$R_1 \cap R_2 \rightarrow R_1$$

$$R_1 \cap R_2 \rightarrow R_2$$

上述函数依赖是无损连接分解的充分条件；只有当所有约束都是函数依赖关系时，这些依赖才是必要条件。我们将在后面看到其他类型的约束(如多值依赖关系)，它们也可以确保分解是无损失的。

给定关系模式 $R=(A,B,C,D)$，以及函数依赖集合 $F=\{A \rightarrow B, B \rightarrow D\}$，那么 $R_1=(A,B,C), R_2=(B,D)$ 是无损分解，因为 $R_1 \cap R_2=\{B\}$ 并且 $B \rightarrow BD$，即 B 是 R_2 的超码。注意 $B \rightarrow BD$ 是 $B \rightarrow \{B,D\}$ 的缩写。而 $R_1=(A,B,C), R_2=(C,D)$ 则是有损分解，因为 $R_1 \cap R_2=\{C\}$ 并且 C 不是 R_1 或 R_2 的超码。

5.2.3 依赖保持

函数依赖作为关系模式上的约束必须在更新、插入等操作中得到维护。现有的 SQL 标准并没有为函数依赖的定义和维护提供直接的语法支持，因此数据库设计者必须使用已有的 SQL 功能，自行设计相关方案，如使用函数或触发器。考虑到每次验证这些约束可能导致高昂的成本，设计一个能够高效检验约束的数据库架构是至关重要的。

数据库中会构建多个关系来存储数据。理想情况下，如果验证函数依赖性仅需考虑单个关系，那么这种约束的检验成本就会相对较低。在实际执行中，单个关系上的函数依赖集合可能会随着原关系模式的分解也被分解到多个子模式上。保留在子模式上的函数依赖必须简化，因为只能与该子模式内属性有关；所有子模式上的函数依赖集合也并不一定等价于原模式上的依赖集。在子表上进行插入、更新等操作，仅在该子模式内部检验依赖是不够的，必须保证原模式上的所有依赖约束都得到了维持，因为后者才是现实语义的真正体现。

如何才能通过这些子模式高效检验原关系上的依赖集合呢？很显然，如果不需要把这些子模式重新"组合"(通过笛卡儿积恢复出原关系)，仅在每个子模式内部检验其保留的函数依赖，就能依此推断出原关系模式上的依赖集合是否得到遵守，这就是高效的方法。反之，如果分解后的关系无法在不执行笛卡儿积的前提下进行有效的依赖性检验，就需要花费大量的时间和系统资源对多个关系进行笛卡儿积运算。可见，是否有高效的检验方法与分解密切相关。我们将前者称为依赖保持的(dependency preserving)分解，后者称为非依赖保持的分解。

这里要注意的是，非依赖保持的分解并不是指该分解不能保留原关系的依赖集，而是指没有高效的检测方法，必须使用子模式重组才能检测。不管非依赖保持的分解是否能真正保留原关系的依赖集，我们在数据库设计中都应当避免其出现，即应当确保分解既能优化性能，又能保持依赖的完整性。

让我们考虑一个具体的"学生课题(学号, 教师工号, 课题编号)"模式。在这个模式中，有以下函数依赖：

$$教师工号 \rightarrow 课题编号$$

$$学号, 课题编号 \rightarrow 教师工号$$

根据当前的设计，可能会有大量的教师工号和课题编号重复出现。为了解决这个问题，需要对"学生课题"表进行分解。然而，我们面临一个挑战：任何分解都不会同时包含学号、教师工号和课题编号这三个属性。我们考虑的分解方案有以下三种：

(1) (学号, 课题编号), (学号, 教师工号);
(2) (学号, 课题编号), (教师工号, 课题编号);
(3) (学号, 教师工号), (教师工号, 课题编号)。

我们会发现，这三种分解都不能保留原有的依赖性。这是因为在任一分解中，我们都无法直接验证"学号, 课题编号→教师工号"这个依赖，除非重新组合分解后的表，但这可能会导致效率低下。

5.3 范　　式

范式是关系数据库理论的基础，数据库范式理论为我们提供了关系模式的设计规范，也为关系模式分解提供了指导原则。范式(normal form)是符合某一种级别的关系模式的集合。关系数据库中的关系必须满足一定的要求，不同范式有不同程度的要求。目前，关系数据库有六种主要范式：第一范式(first normal form, 1NF)、第二范式(second normal form, 2NF)、第三范式(third normal form, 3NF)、巴斯-科德范式(Boyce-Codd normal form, BCNF)、第四范式(fourth normal form, 4NF)和第五范式(fifth normal form, 5NF)(也称完美范式)。最低要求的范式是第一范式(1NF)。在满足 1NF 的基础上，进一步满足更多规范要求的就是第二范式(2NF)，以此类推。通常情况下，数据库只需满足第三范式(3NF)即可。常见关系数据库的各种范式之间的联系为

$$1\text{NF} \supset 2\text{NF} \supset 3\text{NF} \supset \text{BCNF} \supset 4\text{NF} \supset 5\text{NF}$$

在表达形式上，如果某一关系模式 R 为第 N 范式，可简单记为 $R \in n\text{NF}$。

5.3.1 第一范式

第一范式(1NF)的定义：一个关系数据库表格中的所有字段都必须是原子的，即每个字段都应包含不可再分的数据单元。第一范式要求每个表格的每一列必须是不可分割的单一值。每一列中的值必须是相同类型的数据。

举一个简单的例子，如果一个表中的一列"地址"包含多个信息(如街道、城市、邮编)，则这个表不符合 1NF。需要将地址分成多个列，如"街道"、"城市"和"邮编"。

第一范式确保数据库表中的数据具有结构化和一致性。1NF 要求每个字段都包含原子值，即不可再分的最小数据单元。这使得数据更易于查询和操作，并避免了复杂的多值字段。

1NF 通过确保每个字段只包含单一类型的数据，可以防止数据类型不一致的问题。同时，也维持了数据的完整性，减少了冗余和重复数据的出现。

5.3.2 巴斯-科德范式

我们可以获得的更理想的范式之一是巴斯-科德范式(BCNF)。它消除了基于函数依

赖可以发现的所有冗余，不过可能还存在其他类型的冗余。

BCNF 的定义：如果一个关系模式 R 对于一组函数依赖 F 是 BCNF 的，那么对于 F^+ 中所有形式为 $\alpha \rightarrow \beta$ 的函数依赖，其中 $\alpha \subseteq R$ 且 $\beta \subseteq R$，至少应满足以下条件中的一个：

$\alpha \rightarrow \beta$ 是平凡的

α 是 R 的超键

例如，以下关系模式示例，它并不满足 BCNF。这个关系模式如下：

学生(学号, 学院, 院长, 课程名, 成绩)

该关系中存在函数依赖"学院→院长"，但是"学院"不是超键。那如何分解学生关系，使得分解得到的关系模式都满足 BCNF 范式？

假设 R 是一个不满足 BCNF 的模式，设 $\alpha \rightarrow \beta$ 是导致 BCNF 违例的函数依赖，我们可将 R 分解为

$(\alpha \cup \beta)$

$(R-(\beta-\alpha))$

在上面的例子中，令 $\alpha =$ 学院，$\beta =$ 院长，然后学生关系被分解为

$(\alpha \cup \beta) =$ (学院, 院长)

$(R-(\beta-\alpha)) =$ (学号, 学院, 课程名, 成绩)

当分解一个不在 BCNF 中的模式时，分解结果可能还是会不在 BCNF 中，这就需要进一步分解，直至所有结果都满足 BCNF 要求。例如，由于函数依赖"课程名→成绩"的存在，上述分解的第二个子模式需进一步分解为(课程名, 成绩)和(学号, 学院, 课程名)。

如前所述，在依赖保持的分解上检测函数依赖会比较高效。但在某些情况下，按照 BCNF 要求进行的分解可能不是依赖保持的，会妨碍对某些函数依赖的有效测试。例如，以下的关系模式：

学生课题(学号,教师工号,课题编号)

有如下函数依赖：

教师工号→课题编号

学号, 课题编号→教师工号

该关系模式是不符合 BCNF 的，因为教师工号不是一个超键，"教师工号→课题编号"违反了 BCNF 要求。对该关系的任何分解都不会包含"学号, 课题编号→教师工号"中的所有属性。因此，这种分解不具备依赖保持性。

需要注意的是，BCNF 对于减少函数依赖带来的冗余至关重要。以上关系模式如果不分解，"教师工号"和"课题编号"就会有大量重复值出现。因此如果按照 BCNF 的要求来设计数据库，仍然可以进行分解，如分解为(教师工号,课题编号)和(学号,教师工号)。在这种情况下，"学号, 课题编号→教师工号"只能通过计算分解关系的连接来检查。

可见，依赖保持所带来的高效性，与 BCNF 带来的低冗余度有时候不可兼得。数据库系统设计者需要根据实际情况来确定设计要求。如果系统存储允许有适量的冗余，就可以考虑依赖保持的设计，从中获取系统运行的高效性。这就需要考虑另一种比 BCNF 弱的范式，它允许保留部分 BCNF 所不允许出现的依赖关系。该范式称为第三范式。

5.3.3 第三范式

BCNF 要求所有非平凡依赖关系均采用 $\alpha \rightarrow \beta$ 的形式，其中 α 是超键。第三范式(3NF)稍微放宽了这个约束，允许某些左侧不是超键的重要函数依赖关系。我们也已经知道，候选键是关系上的最小超键，即没有真子集能成为超键。

第三范式的定义：一个关系模式 R 和它的函数依赖集 F，如果任意依赖：

$$\alpha \rightarrow \beta \in F^+$$

至少满足以下一个条件，那么 R 满足(3NF)：

(1) $\alpha \rightarrow \beta$ 是平凡的；

(2) α 是 R 的超键；

(3) 在 $\beta - \alpha$ 中每一个属性 A 都包含在 R 的一个候选键中。

这里要注意，第三个条件要求属性 A 包含在 R 的候选键中，而不是超键中；如果 $\beta - \alpha$ 不止一个属性，则要求它们都必须包含在某个候选键中，但不一定是同一个候选键(一个关系可能有多个候选键)。

从定义可以看出，如果一个关系模式符合 BCNF，则它必定也符合 3NF(因为 BCNF 要求前两个条件之一必须成立)。根据前面的讨论，为了确保分解是依赖保持的，需要对 BCNF 进行适度放宽，放宽即允许一些不符合 BCNF 要求的依赖存在，这样就会带来存储冗余度。范式理论已经证明，上述定义中的第三个条件是为了确保依赖保持而对 BCNF 的最小放宽。限于篇幅，本书不再讨论这个理论证明。

前面使用的关系模式"学生课题(学号,教师工号,课题编号)"就是满足第三范式的。它有如下函数依赖：

教师工号→课题编号

学号,课题编号→教师工号

有两个候选键：{学号,课题编号}，{学号,教师工号}。在 5.3.2 节中已经分析了它不满足 BCNF，但是它满足第三范式，因为：

(1) {学号,课题编号}是一个超键，因此"学号,课题编号→教师工号"符合要求；

(2) "教师工号→课题编号"中"教师工号"不是一个超键，但是{课题编号}−{教师工号}={课题编号}并且课题编号包含在一个候选键中。

在理论上，3NF 设计有助于减少冗余数据的可能性，但不一定会完全消除所有的冗余。例如，"学生课题"的实例表(表 5-4)存在信息重复和需要使用 null 值的问题。

表 5-4 "学生课题"实例表

学号	教师工号	课题编号
001	23711	010
002	23711	010
003	23711	010
null	22821	009

将 3NF 和 BCNF 做一个对比,可以发现,3NF 相较于 BCNF 的优势是可以确保依赖保持。范式理论也指出,总是可以在不牺牲无损性和依赖保持的情况下获得一个 3NF 的设计,本章后面部分也会讨论如何进行 3NF 的设计。3NF 的劣势是可能需要使用空值,即在某些情况下,可能需要使用空值来表示某些有意义的数据项;并且它也存在信息重复的问题。

5.3.4 多值依赖与第四范式

有些关系中不存在函数依赖,如"员工(工号,子女姓名,电话号码)"。如果一个员工有多名子女,也有多个电话号码,如 001 号员工有两个子女李菲菲、李乐乐,也有两个电话号码 15812341234 和 020-84111234,那么它们在表中的存在方式如表 5-5 所示,即以 4 个元组的方式出现。该关系中不存在函数依赖,是否就此认为它不需要分解呢?很显然这个关系是有冗余的。

表 5-5 多值依赖关系实例

工号	子女姓名	电话号码
001	李菲菲	15812341234
001	李菲菲	020-84111234
001	李乐乐	020-84111234
001	李乐乐	15812341234
...	...	...

这里就需要用到多值依赖了。如前所述,如果存在函数依赖 $A \to B$,那么我们不能有两个 A 值相同但 B 值不同的元组,即 A 到 B 的映射应是一对一或多对一的。多值依赖则允许一对多映射的存在。以下给出多值依赖(multivalued dependency)的定义。

设 R 是一个关系模式并且令 $\alpha \subseteq R$,$\beta \subseteq R$。在任何合法关系实例 $r(R)$ 中,对于 r 中任何元组对 t_1 和 t_2,如果 $t_1[\alpha]=t_2[\alpha]$,那么 r 中也必存在元组 t_3 和 t_4 使得

$$t_1[\alpha]=t_2[\alpha]=t_3[\alpha]=t_4[\alpha]$$
$$t_3[\beta]=t_1[\beta]$$
$$t_3[R-\beta]=t_2[R-\beta]$$
$$t_4[\beta]=t_2[\beta]$$
$$t_4[R-\beta]=t_1[R-\beta]$$

那么多值依赖:

$$\alpha \rightarrow\rightarrow \beta$$

在 R 上是成立的。

这个定义并不像看上去那么复杂。图 5-2 给出了 t_1、t_2、t_3 和 t_4 表格图。可以看出多值依赖的成立其实有两个要求：首先要求 α 和 β 之间、α 和 $R-\alpha-\beta$ 之间都是一对多的映射；其次要求 α 和 β 之间的关系独立于 α 和 $R-\beta$ 之间的关系，即 β 和 $R-\alpha-\beta$ 两个集合的取值从统计学角度看是相互独立的，这也造成了 β 和 $R-\alpha-\beta$ 之间的多对多映射。

	α	β	$R-\alpha-\beta$
t_1	$a_1\cdots a_i$	$a_{i+1}\cdots a_j$	$a_{j+1}\cdots a_n$
t_2	$a_1\cdots a_i$	$b_{i+1}\cdots b_j$	$b_{j+1}\cdots b_n$
t_3	$a_1\cdots a_i$	$a_{i+1}\cdots a_j$	$b_{j+1}\cdots b_n$
t_4	$a_1\cdots a_i$	$b_{i+1}\cdots b_j$	$a_{j+1}\cdots a_n$

图 5-2 多值依赖示意图

该定义可以推广到一般的情况，即如果 β 有 n 个值，$R-\alpha-\beta$ 有 m 个值，那么多值依赖 $\alpha\rightarrow\rightarrow\beta$ 将会在关系中造成 $m*n$ 个元组，它们在 α 上取值全部相同，β 和 $R-\alpha-\beta$ 上的取值对应于这两组属性值的笛卡儿积。如表 5-5 中的员工关系表，如果某员工有 2 个子女、3 个电话号码，那么关系表中需要 6 个元组来表示员工的情况，即每个子女都要与 3 个电话号码连接；如果少于 6 个元组，就会造成某个子女与某些电话号码之间的特殊关联，而这是违背现实规律的。

如果模式 R 上的所有关系都满足多值依赖 $\alpha\rightarrow\rightarrow\beta$，则 $\alpha\rightarrow\rightarrow\beta$ 是模式 R 上的平凡多值依赖。因此，如果 $\beta\subseteq\alpha$ 或 $\beta\cup\alpha=R$，则 $\alpha\rightarrow\rightarrow\beta$ 是平凡的。

与函数依赖类似，我们通过两种方式使用多值依赖。

第一种：测试关系以确定它们在给定的一组多值依赖项下是否合法。

第二种：明确合法关系集的约束。我们只关心满足一组给定的多值依赖的关系。

如果关系 r 无法满足给定的多值依赖性，可以通过向 r 中添加元组来构造满足多值依赖性的关系 r。

令 D 表示一组函数和多值依赖项。D 的闭包 D^+ 是 D 逻辑上蕴含的所有函数和多值依赖的集合。

我们可以使用函数依赖和多值依赖的形式定义从 D 计算 D^+。

对于复杂的依赖关系，最好使用推理规则系统来推理依赖集。

根据多值依赖的定义，可以推导出以下规则。

(1) 如果 $\alpha\rightarrow\beta$，则 $\alpha\rightarrow\rightarrow\beta$。换句话说，每个函数依赖也是多值依赖。

(2) 如果 $\alpha\rightarrow\rightarrow\beta$，则 $\alpha\rightarrow\rightarrow R-\alpha-\beta$。

以下给出第四范式(4NF)的定义。一个关系模式 R 在满足一组函数依赖和多值依赖 D 的情况下，如果对于 D^+ 所有形式为 $\alpha\rightarrow\rightarrow\beta$ 的多值依赖，其中 $\alpha\subseteq R$ 且 $\beta\subseteq R$，满足以下

至少一个条件,则 R 满足 4NF:

(1) $\alpha \rightarrow \rightarrow \beta$ 是平凡的(即 $\beta \subseteq \alpha$ 或 $\alpha \cup \beta = R$);

(2) α 是关系模式 R 的一个超键。

请注意,4NF 与 BCNF 定义的不同之处仅在于多值依赖的使用。如果一个关系模式符合 4NF,则它也符合 BCNF。反之不一定成立。为了了解这一事实,我们注意到,如果模式 R 不在 BCNF 中,则存在 R 上的非平凡函数依赖 $\alpha \rightarrow \beta$,其中 α 不是超键。由于 $\alpha \rightarrow \beta$ 意味着 $\alpha \rightarrow \rightarrow \beta$,所以 R 也不能在 4NF 中。如果模式 R 在 BCNF 中,BCNF 对多值依赖不作要求,因此 R 上的多值依赖不一定符合 4NF 要求。例如,表 5-5 的员工关系,它符合 BCNF 要求,但不符合 4NF 要求。

令 R 为关系模式,并令 $R_1, R_2, \cdots, R_n$ 为 R 的分解。为了检查分解中的每个关系模式 R_i 是否在 4NF 中,我们需要找到每个 R_i 上成立的多值依赖。回想一下,对于一组函数依赖 F,F 对 R_i 的限制 F_i 是 F^+ 中仅包含 R_i 属性的所有函数依赖关系。现在考虑函数依赖和多值依赖的集合 D。D 对 R_i 的限制是由以下组成的集合 D_i:

(1) D^+ 中仅包含 R_i 属性的所有函数依赖;

(2) 形式为 $\alpha \rightarrow \rightarrow (\beta \cap R_i)$ 的所有多值依赖,其中 $\alpha \subseteq R_i$ 且在 D^+ 中 $\alpha \rightarrow \rightarrow \beta$。

5.4 函数依赖相关理论

5.4.1 函数依赖闭包

给定关系模式上的一组函数依赖 F,可以证明某些其他函数依赖也保留在该模式上。因此可以说这些函数依赖都是 F "逻辑上蕴含的"。当测试范式时,仅仅考虑给定的函数依赖集是不够的;相反,需要考虑模式上的所有函数依赖。更正式地,给定一个关系模式 R,如果满足 F 的每个关系实例 r(R) 也满足 f,则 r 上的函数依赖 f 在逻辑上是由 R 上的一组函数依赖 F 蕴含的。

令 F 为函数依赖集。F 的闭包(用 F^+ 表示)是 F 逻辑蕴含的所有函数依赖关系的集合。给定 F,我们可以直接根据函数依赖的形式定义来计算 F^+,但如果 F 很大,计算将会十分困难和耗时。公理或推理规则提供了一种简单的技术来推理函数依赖。在接下来的规则中,使用希腊字母($\alpha, \beta, \gamma, \cdots$)表示属性集,使用字母表中的大写字母表示单个属性,用 $\alpha\beta$ 来表示 $\alpha \cup \beta$。我们可以使用以下三个规则来查找逻辑蕴含的函数依赖,并通过重复应用这些规则,在给定的 F 上找到 F^+。这套规则称为阿姆斯特朗公理(Armstrong axioms)。

(1) 自反规则:如果 α 是一组属性且 $\beta \subseteq \alpha$,则 $\alpha \rightarrow \beta$ 成立;

(2) 增强规则:如果 $\alpha \rightarrow \beta$ 成立且 γ 是一组属性,则 $\gamma\alpha \rightarrow \gamma\beta$ 成立;

(3) 传递规则:如果 $\alpha \rightarrow \beta$ 成立且 $\beta \rightarrow \gamma$ 成立,则 $\alpha \rightarrow \gamma$ 成立。

依据函数依赖定义,上述规则的正确性很容易证明,因此阿姆斯特朗公理具备合理性,它们不会产生任何不正确的函数依赖。阿姆斯特朗公理也具备完整性,即对于给定的函数依赖集 F,该公理可生成所有 F^+ 中所有依赖。

考虑到 F^+ 一般是一个比较庞大的集合，完全依靠阿姆斯特朗公理来直接计算 F^+ 还是比较烦琐的。为了进一步简化问题，还可以使用一些附加规则。以下规则都可基于阿姆斯特朗公理来证明其合理性。

(1) 合并规则：如果 $\alpha \to \beta$ 成立且 $\alpha \to \gamma$ 成立，则 $\alpha \to \beta\gamma$ 成立；

(2) 分解规则：如果 $\alpha \to \beta\gamma$ 成立，则 $\alpha \to \beta$ 成立且 $\alpha \to \gamma$ 成立；

(3) 伪传递规则：如果 $\alpha \to \beta$ 成立且 $\gamma\beta \to \delta$ 成立，则 $\alpha\gamma \to \delta$ 成立。

例如，关系模式 $R=(A,B,C,D,E,F)$ 和函数依赖集 $F\{A\to B, A\to C, CD\to E, CD\to F, B\to D\}$，从中可以推导出 F^+ 的几位成员。

(1) $A\to D$。由于 $A\to B$ 和 $B\to D$ 成立，根据传递规则即可得出。可以看出使用阿姆斯特朗公理相关规则来证明 $A\to D$ 比直接从定义证明要容易得多。

(2) $A\to BC$。由于 $A\to B$ 和 $A\to C$，根据合并规则意味着 $A\to BC$。

(3) $AD\to F$。由于 $A\to C$ 且 $CD\to F$，根据伪传递规则意味着 $AD\to F$ 成立。

图 5-3 给出了使用阿姆斯特朗公理计算 F^+ 的伪代码算法。该算法的基本思想是反复使用阿姆斯特朗公理中的自反规则、增强规则和传递规则生成新的依赖，直至 F^+ 不再发生任何改变。

```
输入：函数依赖集合 F
输出：F 的闭包 F⁺
算法步骤：
    初始化 F⁺ 为 F；
    重复以下操作直至 F⁺ 中的函数依赖不再增加：
        对于 F⁺ 中的每个函数依赖：
            使用自反规则和增强规则生成所有相关函数依赖；
            将上述生成的新依赖加入 F⁺ 中；
        检查 F⁺ 中每一对函数依赖 F₁ 和 F₂：
            如果它们可以使用传递规则，
            将上述生成的新依赖加入 F⁺ 中。
```

图 5-3 F^+ 的求解算法

该算法的复杂度较高。使用自反规则和增强规则都需要在已有依赖的左右两侧穷尽 R 的子集来生成新的依赖。对于 n 个元素的集合，其子集数为 2^n 个子集，因此初步估算总共有 $2^n \times 2^n = 2^{2n}$ 种可能的函数依赖，其中 n 是 R 中属性的个数。因此该算法的复杂度为 $O(2^{2n})$。

5.4.2 属性闭包

我们说，如果关系 R 上有 $\alpha \to \beta$，则属性 β 由 α 函数确定。为了测试 α 是否为超键，即 $\alpha \to R$ 是否成立，必须设计一种算法来计算由 α 函数确定的属性集。一种方法是计算 F^+，对所有以 α 为左侧的函数依赖使用合并规则，取所有此类依赖的右侧并集，检测其是否为关系模式所有属性集。然而，这样做的成本可能很高，因为 F^+ 可能很大。用于计算由 α 函数确定的属性集的有效算法不仅对测试 α 是否为超键有用，而且对于其他的一些任务也很有用。以下介绍一种更高效的算法。

令 α 为一组属性。我们将函数依赖集 F 下由 α 函数确定的所有属性集合称为 F 下 α 的闭包(closure)，用 α^+ 表示。下面是用伪代码编写的计算 α^+ 的算法。

给定关系模式 $R=(A,B,C,D,E,F)$ 和函数依赖集 $F\{A{\to}B,A{\to}C,CD{\to}E,CD{\to}F,B{\to}D\}$，使用上述算法来计算 $(AD)^+$。从 result=AD 开始，依次检查 F 中的每个函数依赖。可以发现以下结论。

(1) 因为有 $A{\to}B$，可将 B 包含在 result 中。为了理解这一点，我们注意到 $A{\to}B$ 在 F 中，$A{\subseteq}$result(即 AD)，所以 result:= result$\cup B$。

(2) 因为有 $A{\to}C$，result 变为 $ABCD$；

(3) 因为有 $CD{\to}E$，result 变为 $ABCDE$；

(4) 因为有 $CD{\to}F$，result 变为 $ABCDEF$；

(5) 检查 $B{\to}D$，发现 D 已经包含在 result 中了。

第二次执行重复循环时，没有新属性添加到结果中，算法终止。因为 $(AD)^+$ 包含了 R 的全部属性，所以 AD 是 R 的一个超键。

我们首先分析为什么上述算法是正确的？第一步是正确的，因为 $\alpha{\to}\alpha$ 总是成立(根据自反规则)。由于以 $\alpha{\to}$result 为真开始重复循环，只有当 $\beta{\subseteq}$result 且 $\beta{\to}\gamma$ 时，才能将 γ 添加到 result 中。根据自反规则，result$\to\beta$；根据传递规则，$\alpha{\to}\beta$，以及 $\alpha{\to}\gamma$。合并规则意味着 $\alpha{\to}$result$\cup\gamma$，因此 α 函数依赖地决定了重复循环中生成的任何新结果。因此，算法返回的任何属性都在 α^+ 中。

图5-4所示算法的复杂度与函数依赖集合 F 的大小有关。在最坏的情况下，该算法可能花费 F 大小的二次方的时间。图5-3中 F^+ 的求解算法是指数级复杂度，相较而言属性闭包算法是非常高效的。

```
输入：函数依赖集 F 和属性集 α
输出：α 的闭包，存储在变量 result 中
算法步骤：
    将结果集 result 初始化为 α；
    重复以下步骤，直至 result 不再发生变化：
        检查 F 中的每一个函数依赖 β→γ：
            如果 β 已在 result 中，则将 γ 也并入 result 中。
```

图 5-4　属性闭包求解算法

属性闭包算法有多种用途。

(1) 为了测试 α 是否是超键，我们计算 α^+ 并检查 α^+ 是否包含 R 中的所有属性。

(2) 我们可以通过检查 $\beta{\subseteq}\alpha^+$ 是否成立来检查函数依赖 $\alpha{\to}\beta$ 是否成立(或者换句话说，是否在 F^+ 中)。即我们使用属性闭包计算 α^+，然后检查它是否包含 β。

(3) 它提供了图5-3以外的计算 F^+ 的另一种方法：对于每个 $\gamma{\subseteq}R$，找到闭包 γ^+，然后对于每个 $S{\subseteq}\gamma^+$，输出函数依赖 $\gamma{\to}S$。

5.4.3　正则覆盖

如果在关系模式上有一组函数依赖 F，那么每次用户对关系执行更新，数据库系统

都必须确保更新不违反任何函数依赖,即在新的数据库状态下满足 F 中的所有函数依赖。如果更新违反了集合 F 中的任何函数依赖,系统必须将更新回滚撤销。显然对函数依赖的检测会给数据库更新带来较大负担。

我们可以通过测试一组与给定集合具有相同闭包的简化函数依赖项,来减少检查非法行为所花费的时间。任何满足简化的函数依赖集的数据库也满足原始集,反之亦然,因为这两个集具有相同的闭包。然而,简化的集合更容易测试。下面将探讨如何构造简化集。首先需要一些基本定义,包括多余属性和正则覆盖。

如果可以在不改变函数依赖集的闭包的情况下删除函数依赖的属性,则该属性被认为是多余的。对于一个函数依赖,不管在左侧还是右侧删除属性,都会改变其本身的含义;其含义可能增加,也可能减少,如果增加或减少的含义能够被依赖集合 F 中的其他依赖提供或补足,那么该依赖简化后就不会改变 F^+,该属性的删除就是安全的。以下分别从函数依赖的左右两侧来分析属性的多余性。

(1) 从函数依赖的左侧删除属性可以使其成为更强的约束。

例如,如果有 $AB{\rightarrow}C$ 并删除 B,会得到可能更强的结果 $A{\rightarrow}C$。因为 $A{\rightarrow}C$ 可逻辑蕴含 $AB{\rightarrow}C$,但 $AB{\rightarrow}C$ 本身并不逻辑蕴含 $A{\rightarrow}C$。因此在左侧删除属性会增加其含义,如果增加的含义来自函数依赖集 F 中的其他依赖(例如,其他函数依赖能够提供支持,蕴含出 $A{\rightarrow}C$),那么这个含义增加是安全的。例如,假设集合 $F=\{AB{\rightarrow}C, A{\rightarrow}D, D{\rightarrow}C\}$。很显然 F 在逻辑上是蕴含 $A{\rightarrow}C$ 的,因而 B 在 $AB{\rightarrow}C$ 中无关。

(2) 从函数依赖的右侧删除属性可能会使其成为较弱的约束。

例如,如果有 $AB{\rightarrow}CD$ 并删除 C,会得到可能较弱的结果 $AB{\rightarrow}D$,而失去了另一个含义 $AB{\rightarrow}C$。如果依赖集合 F 的其他依赖能够提供 $AB{\rightarrow}C$,我们就可以保留 $AB{\rightarrow}D$。例如,假设 $F=\{AB{\rightarrow}CD, A{\rightarrow}C\}$。那么可以证明,即使用 $AB{\rightarrow}D$ 替换 $AB{\rightarrow}CD$ 后,仍然可以推断出 $AB{\rightarrow}C$,从而推断出 $AB{\rightarrow}CD$。

多余属性的正式定义如下(考虑函数依赖集 F 和 F 中的函数依赖 $\alpha{\rightarrow}\beta$)。

(1) 从左侧删除:如果 $A\in\alpha$ 且 F 逻辑蕴含 $(F-\{\alpha{\rightarrow}\beta\})\cup\{(\alpha-A){\rightarrow}\beta\}$,则属性 A 在 α 中是多余的。

(2) 从右侧删除:如果 $A\in\beta$ 并且函数依赖集 $(F-\{\alpha{\rightarrow}\beta\})\cup\{\alpha{\rightarrow}(\beta-A)\}$ 逻辑蕴含 F,则属性 A 在 β 中是多余的。

使用多余属性的定义时要注意蕴含的方向,如果反转陈述,蕴含是无条件成立的。也就是说,$(F-\{\alpha{\rightarrow}\beta\})\cup\{(\alpha-A){\rightarrow}\beta\}$ 始终可逻辑蕴含 F,F 也可始终逻辑蕴含 $(F-\{\alpha{\rightarrow}\beta\})\cup\{\alpha{\rightarrow}(\beta-A)\}$。这里也可以看出多余属性的基本性质,即它删除后形成的新依赖集合 F' 与原依赖集合是相互蕴含的($F'\Leftrightarrow F$)。

以下是测试属性是否多余的方法 (给定关系模式 R 及 R 上的函数依赖集 F,考虑依赖关系 $\alpha{\rightarrow}\beta$ 中的属性 A)。

(1) 如果 $A\in\beta$,要检查 A 是否多余,必须考虑集合 $F'=(F-\{\alpha{\rightarrow}\beta\})\cup\{\alpha{\rightarrow}(\beta-A)\}$ 并检查是否可以从 F' 推断出 $\alpha{\rightarrow}A$。为此,计算 F' 下的 α^+;如果 α^+ 包含 A,则 A 在 β 中是多余的。

(2) 如果 $A\in\alpha$,为了检查 A 是否多余,令 $\gamma=\alpha-\{A\}$,并检查是否可以从 F 推断出 $\gamma{\rightarrow}\beta$。

为此，计算 F 下的 γ^+；如果 γ^+ 包含 β 中的所有属性，则 A 在 α 中是多余的。

例如，假设 F 包含 $AB{\rightarrow}CD$、$A{\rightarrow}E$ 和 $E{\rightarrow}C$。为了检查 C 在 $AB{\rightarrow}CD$ 中是否多余，根据 $F'=\{AB{\rightarrow}D, A{\rightarrow}E, E{\rightarrow}C\}$ 计算 $(AB)^+$。这个闭包是 $\{ABCDE\}$，其中包含 C，因此可判断 C 是多余的。

定义了多余属性的概念后，下面进一步探讨如何构造与给定的函数依赖集等效的简化函数依赖集。

F 的正则覆盖(canonical cover) F_c 是一组依赖项，F 可逻辑蕴含 F_c 中的所有依赖项，F_c 也可逻辑蕴含 F 中的所有依赖项。此外，F_c 还必须具有以下性质。

(1) F_c 中的函数依赖没有多余属性。

(2) F_c 中每个函数依赖的左侧都是唯一的。也就是说，F_c 中不存在两个依赖关系 $\alpha_1{\rightarrow}\beta_1$ 和 $\alpha_2{\rightarrow}\beta_2$ 使得 $\alpha_1=\alpha_2$。

正则覆盖的计算可以使用如图 5-5 所示的算法。需要注意的是，在检查属性是否多余时，检查使用 F_c 当前值中的依赖关系，而不是 F 中的依赖关系。如果函数依赖项的右侧仅包含一个属性(如 $A{\rightarrow}C$)，并且发现该属性是多余的，则将得到右侧为空的函数依赖项。因此应删除此类函数依赖性。

```
输入：关系模式 R 和函数依赖集 F
输出：正则覆盖 F_c
算法步骤：
    将 F_c 初始化为 F；
    重复以下步骤，直至 F_c 不再改变；
        如果存在依赖 α_1→β_1 和 α_1→β_2，使用合并规则得到 α_1→β_1β_2；
        检查 F_c 中每一个依赖 α→β 的左侧和右侧；
            如果有多余属性则将其删除。
```

图 5-5　正则覆盖求解算法

由于该算法允许选择任何多余属性，因此对于给定的 F 可能有几种不同的正则覆盖。任何这样的 F_c 都是可接受的，都可以被证明具有与 F 相同的闭包；因此，测试 F_c 是否满足相当于测试 F 是否满足。然而，F_c 在某种意义上是最小的——它不包含多余的属性，并且它结合了具有相同左侧的函数依赖关系。测试 F_c 比测试 F 本身更简单且成本更低。

这里考虑一个例子。假设对模式(A, B, C)给定了以下的函数依赖集 F：

$$A{\rightarrow}BC$$

$$B{\rightarrow}C$$

$$A{\rightarrow}B$$

$$AB{\rightarrow}C$$

让我们计算 F 的正则覆盖。

(1) 箭头左侧有两个具有相同属性集的函数依赖关系：

$$A{\rightarrow}BC$$

$$A{\rightarrow}B$$

我们将这两个函数依赖合并成 $A \rightarrow BC$、$B \rightarrow C$、$AB \rightarrow C$。

(2) C 在 $A \rightarrow BC$ 中是多余的。我们将新的依赖集合 $(F-\{A \rightarrow BC\}) \cup \{A \rightarrow B\}$ 记为 F_1，$F_1=\{B \rightarrow C, AB \rightarrow C, A \rightarrow B\}$，显然它可以逻辑蕴含 F。

(3) A 在 $AB \rightarrow C$ 中是多余的。我们将新的依赖集合 $(F_1-\{AB \rightarrow C\}) \cup \{B \rightarrow C\}$ 记为 F_2，$F_2=\{B \rightarrow C, A \rightarrow B\}$。显然 F_1 可逻辑蕴含 F_2。

因此，我们的正则覆盖是

$$B \rightarrow C$$

$$A \rightarrow B$$

给定一组函数依赖 F，函数依赖中的某些属性可能是多余的，甚至整个函数依赖都可能是多余的，删除它不会改变 F 的闭包。可以证明 F 的正则覆盖 F_c 不包含这种多余的函数依赖。假设 F_c 中存在这种多余的函数依赖，那么依赖项的右侧属性将是多余的，根据正则覆盖的定义这是不可能的。

正如我们之前提到的，正则覆盖可能不是唯一的。例如，考虑函数依赖集 $F=\{X \rightarrow YZ$，$Y \rightarrow XZ$ 和 $Z \rightarrow XY\}$。将多余属性的测试应用于 $X \rightarrow YZ$，会发现 Y 和 Z 在 F 下都是多余的。正则覆盖的求解算法会选择两者之一并将其删除。

(1) 如果删除 Z，得到集合 $\{X \rightarrow Y, Y \rightarrow XZ, Z \rightarrow XY\}$。继续算法：

① 如果优先检查 $Y \rightarrow XZ$，我们发现 X 在 $Y \rightarrow XZ$ 的右侧都是多余的。删除 X 后得到集合 $\{X \rightarrow Y, Y \rightarrow Z, Z \rightarrow XY\}$。这里的 $Z \rightarrow XY$ 中 Y 也是多余属性，导致正则覆盖为

$$F_{c1}=\{X \rightarrow Y, Y \rightarrow Z, Z \rightarrow X\}$$

② 如果优先检查 $Z \rightarrow XY$，我们发现 X 和 Y 在 $Z \rightarrow XY$ 的右侧都是多余的。

a. 如果删除 X，导致正则覆盖为 $F_{c2}=\{X \rightarrow Y, Y \rightarrow XZ, Z \rightarrow Y\}$。

b. 如果删除 Y，得到集合 $\{X \rightarrow Y, Y \rightarrow XZ, Z \rightarrow X\}$。发现这里的 $Y \rightarrow XZ$ 中 X 也是多余属性，导致正则覆盖为 $\{X \rightarrow Y, Y \rightarrow Z, Z \rightarrow X\}$，该结果与 F_{c1} 重合。

(2) 如果删除 Y，得到集合 $\{X \rightarrow Z, Y \rightarrow XZ, Z \rightarrow XY\}$。使用相同的算法，可以得到另外两个正则覆盖：

$$F_{c3}=\{X \rightarrow Z, Y \rightarrow X, Z \rightarrow Y\}$$

$$F_{c4}=\{X \rightarrow Z, Y \rightarrow Z, Z \rightarrow XY\}$$

这个例子中如果一开始简化的不是 $X \rightarrow YZ$，而是 $Y \rightarrow XZ$ 或者 $Z \rightarrow XY$，那么可以发现另外一个正则覆盖：

$$F_{c5}=\{Y \rightarrow X, Z \rightarrow X, X \rightarrow YZ\}$$

以上例子基于算法运行中的不同选择得出了五个正则覆盖，虽然它们的表达形式不同，但闭包都是相同的。

5.4.4 依赖保持测试

设 F 为模式 R 上的一组函数依赖，并令 R_1, R_2, $\cdots$, R_n 为 R 的分解。只与子模式 R_i 有关的函数依赖集称为 F 对 R_i 的限定，记为 F_i。它是 F^+ 中只有 R_i 属性的所有函数依赖集合。由于限定中的所有函数依赖仅涉及一个关系模式的属性，因此可以通过仅检查一

个关系来测试这种依赖是否满足。

请注意，限定的定义使用 F^+ 中的所有依赖项，而不仅仅是 F 中的依赖项。例如，假设 $F=\{A\rightarrow B, B\rightarrow C\}$，可以分解为 AC 和 BC。F 对 AC 的限定包括 $A\rightarrow C$，因为 $A\rightarrow C$ 在 F^+ 中，尽管它不在 F 中。

限定集 $F_1, F_2, \cdots, F_n$ 是可以有效检查的依赖集合。我们现在必须问，仅测试限定是否就足够了。令 $F'=F_1\cup F_2\cup\cdots\cup F_n$。$F'$ 是模式 R 上的一组函数依赖，但一般来说，$F'\neq F$。然而即使 $F'\neq F$，也有可能 $(F')^+=F^+$。如果后者为真，则 F 中的每个依赖项在逻辑上都由 F' 隐含，并且，如果验证 F' 满足，就验证了 F 满足。因此，可以说具有属性 $(F')^+=F^+$ 的分解是依赖保持的分解。

从依赖保持的定义可以看出，当 R 被分解为多个子模式后，测试该分解是否依赖保持的计算复杂度还是比较高的，因为要计算函数依赖的闭包。在实际情况中，我们并不需要直接使用该定义来判断分解的依赖保持性质，而是从原模式 R 的依赖集合出发，逐项检测每个函数依赖是否保持。图 5-6 给出单个函数依赖 $\alpha\rightarrow\beta$ 是否在分解中保持的算法。

```
输入：函数依赖 α→β，分解 R₁, R₂, ···, Rₙ
输出：α→β 在分解上是否保持
算法步骤：
将结果集 result 初始化为 α；
重复以下步骤直至 result 不再发生改变：
    对分解中的每个子模式 Rᵢ，
        计算 t=(result∩Rᵢ)⁺∩Rᵢ；
        将 t 并入 result。
```

图 5-6 函数依赖在分解中是否保持的测试算法

这里的属性闭包位于函数依赖集 F 下。如果结果集包含 β 中的所有属性，则说明函数依赖 $\alpha\rightarrow\beta$ 在分解中得到保持。当且仅当使用该算法证明 F 中的所有函数依赖都被保持时，分解才是依赖保持的。该过程需要多项式时间的复杂度，而不是指数时间复杂度。

5.5 关系模式的规范化

5.5.1 关系模式规范化的步骤

关系模式的规范化是一个系统化的过程，旨在减少数据冗余和消除数据异常，以提高数据库的效率和一致性。规范化通常通过一系列范式来实现。下面是关系模式规范化的详细步骤。

(1) 非规范化(unnormalized form, UNF)表。在这个阶段，表格中可能包含重复组和多值属性。通常，这是从现实世界的业务需求或数据收集到的初始状态。此时，表格中的数据可能非常冗余，导致数据维护复杂，容易引起数据不一致和异常。

(2) 转换到 1NF。要求消除重复组，使每列只包含原子值(单一值)，且每个表中的每一行和列的交叉点应当只有一个值。通过转换到 1NF，我们确保每个表格中的所有数据都是原子的，这样可以避免多值属性带来的数据复杂性和冗余。

(3) 转换到 2NF。2NF 要求每个表必须有主键，这样每个元组都由主键唯一标识，确保每个非主属性都完全依赖于主键，以进一步减少数据冗余，提高数据的一致性。

(4) 转换到 3NF。要求满足 2NF，并消除传递依赖性，即非主属性不能依赖于其他非主属性。即所有非主属性不但要能唯一地被主关键字所标识，而且它们之间还必须相互独立，不存在其他的函数关系。通过 3NF，我们消除了传递依赖性，确保每个非主属性只依赖于主键。这进一步减少了冗余，避免了更新异常。

(5) 转换到 BCNF。要求满足 3NF，对于每个函数依赖 $X \rightarrow Y$，X 应该是超键。3NF 允许存在一类比较特殊的函数依赖，即 $X \rightarrow Y$，其中 X 是非主属性，而 Y 是主属性或主属性的一部分。BCNF 则是 3NF 的强化版，进一步严格了对依赖的要求，确保任何非平凡函数依赖的左侧都是超键。这使得数据库更加规范，消除了更多的异常情况。

低一级范式的关系模式通过分解可以转换为若干个高一级范式的关系模式集合化，其目标通常是达到 3NF 或 BCNF，以确保数据模型的有效性和高效性。如果模式中存在多值依赖，那么还需要按照 4NF 的要求，进一步减少冗余。

5.5.2 关系模式的分解

在本节中，将介绍 BCNF、3NF 和 4NF 的分解算法。

1. BCNF 分解算法

BCNF 分解算法给出一组分解子模式，以满足 BCNF 的定义要求。图 5-7 给出了该算法的伪代码。如果 R 不在 BCNF 中，可以通过算法将 R 分解为 BCNF 模式 $R_1, R_2, \cdots, R_n$ 的集合。该算法的基本思想是使用那些违反 BCNF 的依赖来执行分解。

```
输入：关系模式 R，R 上定义的一组函数依赖 F
输出：一组符合 BCNF 的子模式 R₁, R₂, ⋯, Rₙ
算法步骤：
    将结果集 result 初始化为 {R}；
    计算 F⁺；
    重复以下步骤：
        检查 result 中的每一个子模式 Rᵢ，
        如果 Rᵢ 不符合 BCNF 要求，
            假定 α→β 是 Rᵢ 中违反 BCNF 的依赖，将结果集更新如下：
            result:=(result−Rᵢ)∪(Rᵢ−β)∪(α,β);
        直至 result 中所有子模式都符合 BCNF 要求。
```

图 5-7 BCNF 分解算法

该算法生成的分解不仅是 BCNF，而且是无损分解。当我们用 $(R_i-\beta)$ 和 (α,β) 替换模式 R_i 时，依赖关系 $\alpha \rightarrow R_i$ 成立，并且 $(R_i-\beta) \cap (\alpha,\beta)=\alpha$。

BCNF 分解算法所花费的时间与初始模式的大小成指数关系，因为检查分解中的关系是否满足 BCNF 算法可能需要指数级时间复杂度。该算法有些步骤可以简化，具体如下。

(1) 在原模式 R 上的 BCNF 检测不需要计算 F^+，使用 F 即可，因为如果 F 中所有依赖都符合 BCNF 要求，F^+ 中的依赖也都是符合的。

(2) 在 R_i 上也可以不直接计算 F^+，但要针对 R_i 中的每一个属性子集 α，根据 F 计算 α^+，并检测该闭包是否只包含 α，或者包含 R_i 中的全部属性。如果有 $\beta=(\alpha^+-\alpha)\cap R_i$ 且 $\beta\neq R_i-\alpha$，那么 $\alpha\rightarrow\beta$ 是 R_i 中违反 BCNF 的依赖。

上述简化思路在实际执行中仍然是指数级时间复杂度，因为 R_i 中的每一个属性子集都需要检测。

以下给出 BCNF 分解算法的执行示例。假设有一个关系模式如下：

$$R(A,B,C,D,E,F,G,H,I,J,K)$$

我们需要在此模式上保留的函数依赖集为

$$A\rightarrow B,C,D$$

$$H,I\rightarrow J$$

$$A,E,F,G\rightarrow H,I,K$$

此模式的候选键是 $\{A,E,F,G\}$。

我们可以将 BCNF 分解算法应用到以上示例中，如下所示。

函数依赖 $A\rightarrow B,C,D$ 中 A 不是超键，因此 R 不满足 BCNF。我们用以下两个关系替换 R：

$$R_1(A,B,C,D)$$

$$R_1'(A,E,F,G,H,I,J,K)$$

唯一与 R_1 相关的重要函数依赖是 $A\rightarrow B,C,D$，由于 A 是 R_1 的超键，因此 R_1 满足 BCNF。R_1' 的候选键是 $\{A,E,F,G\}$。函数依赖 $H,I\rightarrow J$ 保留在 R_1' 上，但 $\{H,I\}$ 不是 R_1' 的超键。我们用以下模式替换 R_1'：

$$R_2(H,I,J)$$

$$R_3(A,E,F,G,H,I,K)$$

这两个模式都符合 BCNF。这样，R 的分解就产生了三个关系模式 R_1、R_2 和 R_3，每个关系模式都满足 BCNF。

2. 3NF 分解算法

图 5-8 给出了一种依赖保持、无损分解的 3NF 分解算法。算法中使用的依赖集 F_c 是 F 的正则覆盖。请注意，该算法考虑模式集 $R_j (j=1, 2, \cdots, i)$；最初 $i=0$，在这种情况下集合为空。

输入：关系模式 R，R 上定义的一组函数依赖 F
输出：一组符合 3NF 的子模式
算法步骤：
  初始化子模式集为空集；
  求解 F 的正则覆盖 F_c；
  对 F_c 中的每一个函数依赖 $\alpha\rightarrow\beta$，
    如果现有子模式都不包含 $\alpha\beta$，则将 $\alpha\beta$ 作为子模式加入子模式集；
  如果现有子模式都不包含 R 的候选键，则将 R 的任一候选键作为子模式加入子模式集；
  如果子模式集中有子模式包含于另一个子模式，则将前者删除。

图 5-8 3NF 分解算法

3NF 分解算法通过为正则覆盖中的每个依赖项显式构建模式来确保各依赖项的保持。它通过保证至少一个子模式包含被分解模式的候选键来进行无损分解。

该算法也称为 3NF 综合算法,因为它需要一组依赖项并一次添加一个模式,而不是重复分解初始模式。它的结果也不是唯一的,因为一组函数依赖可能有多个正则覆盖。即使关系已经是 3NF,该算法也可以分解关系;然而,分解仍然保证满足 3NF。

为了验证算法是否生成了 3NF 设计,我们考虑分解中的某个模式 R_i。当我们测试 3NF 时,只需考虑其右侧由单个属性组成的函数依赖。因此,要看 R_i 是否处于 3NF 中,需要确认在 R_i 上成立的函数依赖 $\gamma \to B$ 都满足 3NF 的定义。假设合成算法中生成 R_i 的依赖关系为 $\alpha \to \beta$。B 必须在 α 或 β 中,因为 B 在 R_i 中并且 $\alpha \to \beta$ 生成 R_i。让我们考虑以下三种可能的情况。

(1) B 同时存在于 α 和 β 中。这种情况下,依赖 $\alpha \to \beta$ 不会出现在 F_c 中,因为 B 在 β 中是多余的。因此,本情况不能成立。

(2) B 在 β 中,但不在 α 中。考虑以下两种情况。

① γ 是一个超键,那么 3NF 的第二个条件得到满足。

② γ 不是超键,那么 α 必须包含一些不在 γ 中的属性。现在,由于 $\gamma \to B$ 在 F^+ 中,因此它必须可以通过使用 γ 上的属性闭包算法从 F_c 中导出。推导不能使用 $\alpha \to \beta$,因为如果使用它,则 α 必然包含在 γ 的属性闭包中,这是不可能的,因为我们假设 γ 不是超键。现在,使用 $\alpha \to (\beta - \{B\})$ 和 $\gamma \to B$,可以推导出 $\alpha \to B$(因为 $\gamma \subseteq \alpha\beta$,并且 γ 不能包含 B,$\gamma \to B$ 是非平凡的)。这意味着 B 在 $\alpha \to \beta$ 的右侧是多余的,这是不可能的,因为 $\alpha \to \beta$ 位于正则覆盖 F_c 中。

因此,如果 B 在 β 中,则 γ 一定是超键,并且必须满足 3NF 的第二个条件。

(3) B 在 α 中,但不在 β 中。由于 α 是候选键,因此满足 3NF 定义中的第三个条件。

从上文可以看出,尽管测试给定模式是否满足 3NF 是 NP 困难的,我们给出的 3NF 分解算法却可以在多项式时间内实现。

3. 4NF 分解算法

3NF 和 BCNF 之间的相似性也适用于 4NF 分解算法。下面给出了 4NF 分解算法,它与 BCNF 分解算法相同,只是它使用多值依赖以及 D^+ 对 R_i 的限定。

如图 5-9 所示,算法运行结束后,每个 R_i 都在 4NF 中,分解也是无损的。

```
输入:关系模式 R,R 上定义的一组函数依赖 F
输出:一组符合 4NF 的子模式 R₁, R₂, ⋯, Rₙ
算法步骤:
    将结果集 result 初始化为 {R};
    计算 D⁺;
    重复以下步骤:
        计算 D⁺ 在 result 中每个子模式 Rᵢ 上的限定 Dᵢ;
        检查每个子模式 Rᵢ,
        如果 Rᵢ 不符合 4NF 要求,
            假定 α→β 是 Rᵢ 中违反 4NF 的依赖,将结果集更新如下:
            result:=(result–Rᵢ)∪(Rᵢ–β)∪(α,β)
    直至 result 中所有子模式都符合 4NF 要求。
```

图 5-9 4NF 分解算法

本 章 小 结

在本章中，我们考虑了关系数据库设计问题。一般来说，关系数据库设计的目标是生成一组关系模式，使我们能够存储信息而没有不必要的冗余，同时也使我们能够轻松检索信息。这可以通过设计适当范式的模式来实现。本章介绍了一种基于函数依赖概念的关系数据库设计的形式化方法。根据函数依赖和其他类型的数据依赖定义范式，下面给出了一些总结。

(1) 展示了数据库设计中的常见陷阱以及如何系统地设计数据库模式以避免这些陷阱，包括冗余信息和异常更新等。

(2) 函数依赖是一致性约束，用于定义两种广泛使用的范式：BCNF 和 3NF。

(3) 如果分解是依赖保持的，则仅需考虑适用于一种关系的那些依赖来逻辑地推断出所有函数依赖。这样会提升测试更新的有效性，而无须在分解中计算关系的连接。

(4) 正则覆盖是一组与给定的函数依赖集等效的函数依赖集，它以特定方式消除多余属性，以最小化函数依赖集。

(5) 将关系分解为 BCNF 的算法确保了无损分解。有些关系模式具有一组给定的函数依赖，但没有依赖保持的 BCNF 分解。

(6) 正则覆盖用于将关系模式分解为 3NF，这是 BCNF 要求的一个最小放松。该算法产生的设计既无损又能依赖保持。3NF 中的关系可能有一些冗余，但在没有依赖保持的 BCNF 分解的情况下，通常被认为是可接受的折中方案。

(7) 多值依赖项指定了某些无法单独使用函数依赖指定的约束。4NF 是使用多值依赖概念定义的。

(8) 另外，还存在其他范式，如 5NF、域键范式等，它们消除了更微妙的冗余形式。然而这些方法在实际中很少使用。2NF 仅具有历史意义，在消除冗余方面不如 3NF。

(9) 关系设计通常基于每个属性的简单原子域，这称为 1NF。

习 题

1. 假设我们将模式 $R=(A,B,C,D,E)$ 分解为 (A,B,C)，(A,D,E)。证明如果以下函数依赖集 F 成立，则该分解是无损分解：$A \to BC$，$CD \to E$，$B \to D$，$E \to A$。

2. 列出表 5-6 中所有不平凡的函数依赖关系。

表 5-6　函数依赖

A	B	C
a_1	b_1	c_1
a_1	b_1	c_2
a_2	b_1	c_1
a_2	b_1	c_3

3. 解释如何使用函数依赖关系来解释以下内容：

(1) 实体集学生和教师之间存在一对一的关系集；

(2) 实体集学生和教师之间存在多对一的关系集。

4. 使用阿姆斯特朗公理来证明合并规则的合理性。(提示：使用增广规则表明，如果 α→β，则 α→αβ。再次应用增广规则，使用 α→γ，然后应用传递规则。)

5. 计算关系模式 $R=(A,B,C,D,E)$ 的以下函数依赖集 F 的闭包：

$$A{\rightarrow}BC, CD{\rightarrow}E, B{\rightarrow}D, E{\rightarrow}A$$

列出 R 的候选键。

6. 我们对无损分解的讨论假设函数依赖项左侧的属性不能采用空值。如果违反此性质，分解时会出现什么问题？

7. 在 BCNF 分解算法中，假设使用函数依赖 α→β 将关系模式 $r(α,β,γ)$ 分解为 $r_1(α,β)$ 和 $r_2(α,γ)$。

(1) 对分解的关系保持什么主键和外键约束？

(2) 举例说明，如果未对上述分解关系强制执行外键约束，则可能会因错误更新而出现不一致情况。

(3) 当将关系模式分解为 3NF 时，你希望在分解后的模式上保留哪些主键和外键依赖关系？

8. 令 $R_1,R_2,\cdots,R_n$ 为模式 U 的分解。令 $u(U)$ 为关系，令 $r_i=\Pi\, R_i(u)$。证明 $u \subseteq r_1 \bowtie r_2 \bowtie \cdots \bowtie r_n$。

9. 使用以下一组依赖关系表明，对于给定的一组函数依赖关系可以有多个正则覆盖：$X{\rightarrow}YZ$、$Y{\rightarrow}XZ$ 和 $Z{\rightarrow}XY$。

10. 表明通过保证至少一个模式包含正在分解的模式的候选键，可以确保 3NF 的保留依赖性分解是一种无损分解。(提示：表明分解模式上所有投影的连接不能具有比原始关系更多的元组。)

11. 给出一个关系模式 R' 和函数依赖集 F' 的示例，使得 R' 至少有 3 个不同的无损分解为 BCNF。

12. 给出一个关系模式 R 和一组依赖关系的示例，使得 R 属于 BCNF 但不属于 4NF。

13. 将习题 1 的模式 R 无损分解为 BCNF。

14. 将习题 1 的模式 R 进行无损、依赖保持的 3NF 分解。

15. 为什么某些函数依赖称为平凡函数依赖？

16. 考虑以下关系模式的函数依赖集 $F(A, B, C, D, E, G)$：

$$A{\rightarrow}BCD, BC{\rightarrow}DE, B{\rightarrow}D, D{\rightarrow}A$$

(1) 计算 B^+；

(2) 证明 AG 是超键；

(3) 计算这组函数依赖项 F 的正则覆盖，给出推导的每一步并附上解释；

(4) 基于正则覆盖给出给定模式的 3NF 分解；

(5) 使用原始函数依赖集 F 给出给定模式的 BCNF 分解。

17. 考虑模式 $R=(A,B,C,D,E,G)$ 和函数依赖集 F：

$$AB \to CD, B \to D, DE \to B, DEG \to AB, AC \to DE$$

R 不满足 BCNF 的原因有很多，其中之一是由函数依赖 $AB \to CD$ 引起的。解释为什么 $AB \to CD$ 显示 R 不在 BCNF 中，然后使用从 $AB \to CD$ 开始的 BCNF 分解算法生成 R 的 BCNF 分解。完成后，确定结果是否保留依赖关系，并解释你的推理。

18. 考虑模式 $R=(A,B,C,D,E,G)$ 和函数依赖集 F：

$$A \to BC, BD \to E, CD \to AB$$

(1) 找到一个不平凡的函数依赖，不包含上述三个依赖在逻辑上暗示的无关属性，并解释你是如何找到它的；

(2) 使用 BCNF 分解算法求 R 的 BCNF 分解，从 $A \to BC$ 开始，解释一下你的步骤；

(3) 对于你的分解，请说明它是否无损并解释原因；

(4) 对于你的分解，请说明它是否保留依赖项并解释原因。

19. 在给定的约束下，将以下模式标准化为 4NF：

books(accessionno,isbn,title,author,publisher)
users(userid,name,deptid,deptname)
accessionno→isbn
isbn→title
isbn→publisher
isbn→→author
userid→name
userid→deptid
deptid→deptname

20. 考虑模式 $R=(A,B,C,D,E,G,H)$ 和函数依赖集 F：

$$AB \to CD, D \to C, DE \to B, DEH \to AB, AC \to DC$$

使用 3NF 分解算法生成 R 的 3NF 分解：

(1) 所有候选键的列表；

(2) F 的正则覆盖；

(3) 算法步骤及解释；

(4) 最终分解。

第 6 章 索　　引

索引是对数据库表中一列或多列的值进行单独排序的一种结构,使用索引可快速访问数据库表中的特定信息。作为辅助查询的工具,合理设计索引能减轻数据库的查询负担,而数据库通常是项目中最重要也是最薄弱的地方,如果负担过重很容易产生故障,造成难以预计的影响。

索引机制有利于加速对所需数据的访问,我们经常希望为一个数据文件建立多个索引,例如,我们可能希望按课程名、授课教师姓名、授课时间等来查找课程。用于在文件中查找记录的属性称为搜索键(search key),例如,前面提到的课程名、授课教师姓名或授课时间就是一个个搜索键。如果一个文件上有多个索引,就会有多个搜索键。搜索键中可以不止一个属性,包含多个属性的搜索键称为组合搜索键(composite search key)。在大规模数据上,组合搜索键通常能提供更好的效率。

索引文件由记录(又称索引条目)组成,记录的数据结构由搜索键和指针组成,索引文件通常比原始文件要小得多。按照排序方法分类,常见的索引有两类,分别是基于搜索键值排序的有序索引(ordered index)和基于哈希函数处理的哈希索引(Hash index)。其中哈希函数的输入为搜索键值,得到的索引能够在多个桶中分配。按照结构分类,数据库索引可以分为聚集索引(clustered index)和非聚集索引(non-clustered index)。它们通常与B+树的构建相关联,前者的存储顺序就是数据的物理排序,叶子节点就是数据节点;后者的存储顺序则与物理排序无关,它的叶子节点仍是一个索引节点。

索引评估指标通常包括有效的访问类型(例如,访问指定属性值的记录,或指定属性值范围的记录)、访问时间、插入时间、删除时间和空间开销等。

6.1　有　序　索　引

在有序索引中,索引条目按照搜索键值的排序方式进行存储,采样方式和排序方法都能影响有序索引的性能。本节中,我们假设所有文件都是按搜索键值顺序排序的,这种在搜索键上具有聚集索引的文件称为索引顺序文件。本节将介绍有序索引的几种变式。

6.1.1　稀疏索引和稠密索引

在小规模的数据中,我们通常希望能够直接地读取到想要的数据,但在大规模的数据中,这样做会造成索引文件太大,所以要改变对搜索键的采样方式,以得到更好的性能。

在稠密索引中,索引条目包含全部搜索键以及搜索键值的第一条数据记录的指针,根据文件的有序性,我们可以快速找到所需数据。

例如，图 6-1 中，当使用 'tid'(第一列) 作为搜索键时，由于每个搜索键不同，索引条目与数据会一一对应。而当使用 'dname' 这个属性(第三列)作为搜索键时，索引条目仅指向该搜索键值出现在表中的第一条数据。

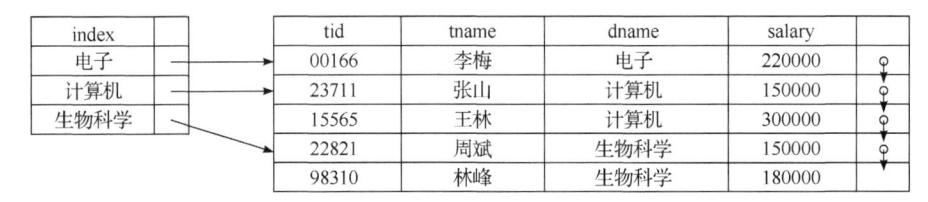

index		tid	tname	dname	salary
电子	→	00166	李梅	电子	220000
计算机	→	23711	张山	计算机	150000
生物科学	→	15565	王林	计算机	300000
		22821	周斌	生物科学	150000
		98310	林峰	生物科学	180000

图 6-1 稠密索引示例

稀疏索引仅包含某些搜索键以及指向搜索键值的第一条数据记录的指针。为了定位搜索键为 K 的记录，我们首先查找搜索键值最大且小于 K 的索引记录，然后从该索引记录所指向的记录开始按顺序搜索文件。

例如，图 6-2 中，索引文件仅有三个搜索键，当我们要读取 'tid' 为 23711 的数据时，根据大小关系在 22821 开始按顺序遍历。

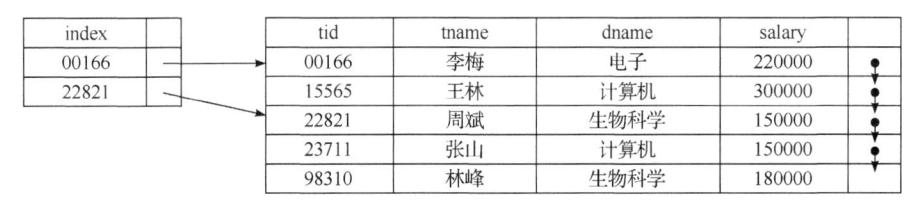

index		tid	tname	dname	salary
00166	→	00166	李梅	电子	220000
22821	→	15565	王林	计算机	300000
		22821	周斌	生物科学	150000
		23711	张山	计算机	150000
		98310	林峰	生物科学	180000

图 6-2 稀疏索引示例

与稠密索引相比，稀疏索引在插入和删除时所需的开销较少，但在定位记录时速度较慢。在具有聚集索引的文件中，使用稀疏索引通常是一个很好的权衡方案，因为在处理数据库请求时的主要开销是将一个块从磁盘带入主存的时间。使用稀疏索引，可以定位到包含我们所需数据记录的块。因此，除非数据位于溢出块上，我们可以在尽可能保持索引文件尽可能小的同时，最小化块访问开销。另外，在具有非聚集索引的文件中，可以将稀疏索引加在稠密索引的上层来提升性能。

6.1.2 辅助索引

聚集索引又称主索引(primary index)，索引文件中搜索键的顺序与数据排序一致，或者说索引文件搜索键是数据的主键。

非聚集索引也称辅助索引或次要索引(secondary index)，它区别于聚集索引，例如，图 6-3 以 'salary'(第四列)为辅助搜索键的索引条目，而原文件是以 'tid' 排序的顺序表，索引条目指向一个辅助搜索键，这个辅助搜索键包含指向具有特定 'salary' 值的所有记录的指针。

辅助索引是一种与物理存储顺序无关的索引方式，辅助搜索键可能指向文件中的任何位置，所以辅助搜索键必须是稠密的。

index		tid	tname	dname	salary
150000		00166	李梅	电子	220000
180000		15565	王林	计算机	300000
220000		22821	周斌	生物科学	150000
300000		23711	张山	计算机	150000
		98310	林峰	生物科学	180000

图 6-3 辅助索引示例

主索引或辅助索引(聚集索引或非聚集索引)在搜索记录时提供了显著的好处。然而，索引在数据库修改时会带来额外的开销。例如，当插入或删除数据记录时，关系中的每个索引都必须更新；又如，当数据记录被更新时，任何更新了的属性的索引都必须被更新。

使用聚集索引进行顺序扫描是高效的，但使用辅助索引进行顺序扫描的代价可能是高昂的；极端情况下，每次记录访问都可能需要从磁盘读取一个新的块，而在磁盘上每个块的读取大约需要 5～10 ms。

6.1.3 多级索引

当一个索引的条目太多时，我们可以对索引再建立索引，这种索引方式称为多级索引(multilevel index)。多级索引通常会构建成一个二叉树，即我们前面提到的在索引顺序文件上添加稀疏索引，其中的叶子节点是原来的聚集索引条目，也称为内部索引(inner index)；而非叶子节点则是一层或多层稀疏索引，称为外部索引(outer index)。如图 6-4 所示，要注意的是索引条目必须是按顺序排序的，从数据文件中插入或删除时，必须对所有层级的索引进行更新。

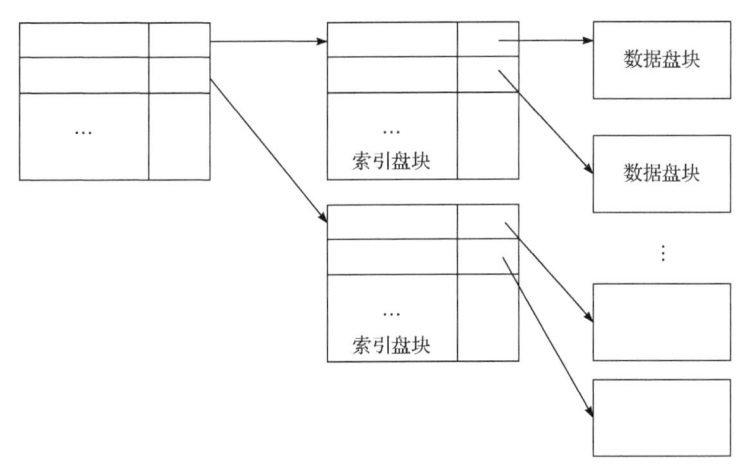

图 6-4 多级索引

下面我们考虑多级索引的更新策略，首先考虑单级索引的删除和插入，而多级索引就是单级索引的简单扩展。

如果单级索引是稠密的结构，那么直接删除索引文件中的索引条目；如果这个单级索引是稀疏的，则判断索引中是否存在要删除的搜索键的条目，如果有则将索引中的条目替换为数据块中的下一个搜索键值(按照搜索键顺序)；如果下一个搜索键值已有索引条目，则直接删除当前条目。

在插入操作中，首先使用待插入索引条目的搜索键进行查找。对于稠密索引，若索引中不存在搜索键值，则按顺序直接执行插入操作；因为需要为新条目创建空间，可能会导致块溢出。对于稀疏索引，如果索引中存储了文件的每个盘块的条目，则除非创建了新的盘块，否则无须对索引进行更改；如果创建了新的盘块，则将新块中出现的第一个搜索键值按顺序排序插入索引中。

6.2 B+树索引

索引顺序文件组织的主要缺点是随着文件的增长，性能会有所下降。B+树索引结构是几种索引结构中最常用的一种，它可以在插入和删除数据的情况下保持效率。B+树索引采用"平衡多叉"树的结构，树的根到所有叶子的路径长度相同。相比于平衡二叉树(balanced binary tree)，B+树具备更小的高度，使得搜索更加高效。

对于一棵 B+树，设置节点最大容量为 n，它的各类需要满足以下属性：

(1) 树中的每个非叶子节点(除根节点外)有 $[n/2] \sim n$ 个值；
(2) 根节点有 $2 \sim n$ 个值；
(3) 叶子节点有 $[(n-1)/2] \sim n-1$ 个值。

B+树结构给数据库的插入和删除带来了额外的开销。但由于避免了文件重新组织的成本，这种开销也是可接受的。此外，由于节点可能有一半为空(如果它们具有最小数量的子节点)，因此会有一些空间浪费，但鉴于 B+树结构提供的扩展性，这种空间开销也是可以接受的。

本节中我们将介绍 B+树在索引上的应用，包括它的结构、查询以及更新。

6.2.1 B+树结构

B+树索引是一个多级索引，但它的结构不同于多级索引顺序文件。我们这里假设没有重复的搜索键值，每个搜索键都是唯一的，最多出现在一个索引条目中。

B+树包含叶子节点和非叶子节点两种节点，它们的存储满足同一个范式，如图 6-5 所示，节点中包含 $n-1$ 个搜索键 K_1、K_2、$\cdots$、K_{n-1}，以及 n 个指针 P_1、P_2、$\cdots$、P_n，搜索键的排序遵循 $K_1<K_2<\cdots<K_{n-1}$，而这些指针可能指向某个数据记录(叶子节点)，也可能指向某个索引条目或某个索引条目块(非叶子节点)。

| P_1 | K_1 | P_2 | ... | P_{n-1} | K_{n-1} | K_n |

图 6-5 B+树节点存储格式

叶子节点是索引的终点，叶子层所有键值也是有序的。图 6-6 描述了 B+树索引中的叶子节点满足的一些属性：

(1) 对于 $i=1,2,\cdots,n-1$，指针 P_i 指向搜索键值为 K_i 的数据；
(2) 如果 L_i,L_j 是满足 $i<j$ 的两个叶子节点，那么 L_i 的搜索键值小于等于 L_j 的搜索键值；

(3) 叶子节点的指针 P_n 依照搜索键排序的顺序指向下一个叶子节点。

图 6-6　B+树索引中的叶子节点

B+树的非叶子节点在叶子节点上形成一个多级(稀疏)索引，如图 6-7 所示。它的存储结构和叶子节点一样，对于一个有 n 个指针的非叶子节点，它有以下属性：

(1) 指针 P_1 指向的子树中，所有搜索键的值都小于 K_1；

(2) 对于 $2<i<n-1$，指针 P_i 指向的子树中所有搜索键的值都大于或等于 K_{i-1} 且小于 K_i；

(3) 指针 P_n 指向的子树的所有搜索键的值都大于 K_{n-1}。

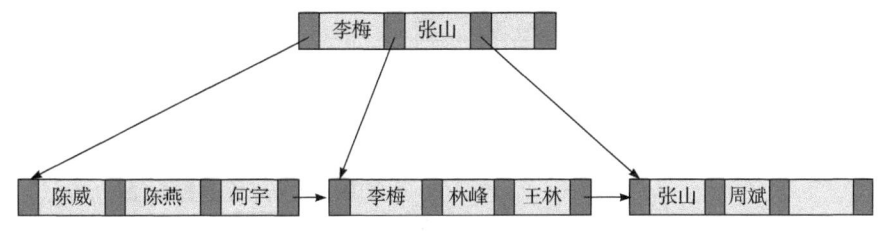

图 6-7　B+树索引中的非叶子节点

同层节点之间的连接是通过指针完成的，因此即使在逻辑上相邻的块在物理上不一定是相邻的。可以观测到，B+树的非叶子层形成了一种稀疏索引的层次结构，而且该树具有相对较少的层级。根节点下方的层级至少包含 $2*\lceil n/2 \rceil$ 值，而下一层级至少包含 $2*\lceil n/2 \rceil*\lceil n/2 \rceil$ 个值。

如果文件中有 K 个搜索键值，那么树的高度不会超过 $\lceil \log_{\lceil n/2 \rceil}(K) \rceil$，因此搜索操作可以高效地进行。此外，对于主文件的插入和删除操作也能够在对数的时间复杂度内进行重构。

6.2.2　B+树查询

让我们考虑如何在 B+树上处理查询(query)。假设我们希望找到具有给定值 v 的索引条目，其搜索键为 v。图 6-8 给出了一个函数 find(v) 的伪代码，用于执行此任务，假设没有重复项，即具有特定搜索键的索引条目最多只有一条。

该函数从树的根开始，并沿着树向下遍历，直到到达包含指定值的叶子节点。从根节点作为当前节点开始，首先检查当前节点，寻找最小的 i，使得搜索键值 K_i 大于或等于 v。假设找到了这样的值，如果 K_i 等于 v，则将当前节点设置为指向的节点 P_{i+1}，否则如果 $K_i > v$，则将当前节点设置为指向的节点 P_i。如果找不到这样的值 K_i，则 $v > K_{m-1}$，

其中 P_m 是节点中最后一个非空指针。在这种情况下，将当前节点设置为指向的节点 P_m。重复上述过程，沿着树向下遍历，直到到达叶子节点。

```
function find(v)
  1. C= root
  2. while ( C 不是叶节点)
       1. 在 C 上找到第一个大于或等于 v 的键值 K_i
       2. if 没有这样的键值
       3.        C = 当前节点的最右子节点
       4. else if ( v = C.K_i )C = P_{i+1}    /*选择 K_i 的右子节点*/
       5. else  C = C.P_i      /*选择 K_i 的左子节点*/
  3. if 找到 K_i = v then 返回 C.P_i  /*此处 P_i 是 v 对应数据记录的指针*/
  4. else 返回空值 /*数据库中没有 v 对应的数据记*/
```

图 6-8　B+树查询函数

例如，我们希望在图 6-9 所示的索引中找到"何宇"，从根节点开始，显然"李梅"是大于"何宇"的，所以当前节点更新为根节点的左孩子，进而我们能找到"何宇"这个值。

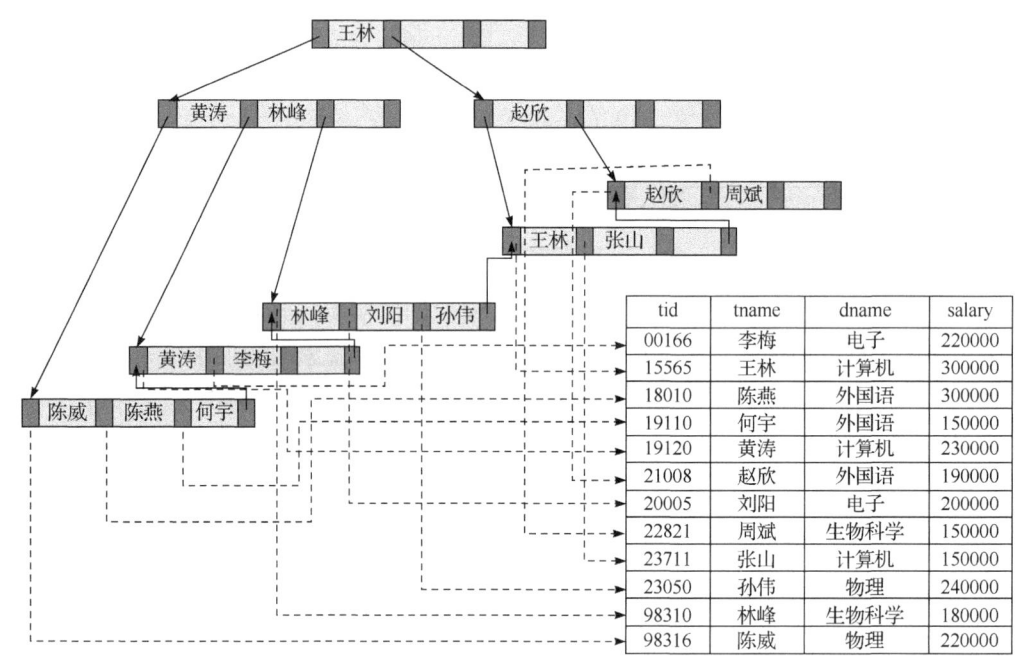

图 6-9　B+树示例

此外，我们还能扩展出找到某个范围内的搜索键 findRange(lb,ub)，它的实现通常用到迭代器接口，使用 next 函数来逐个获取匹配的索引条目。范围搜索的实际应用非常广泛，这个函数的实现将留给读者来思考。

如果文件中有 K 个搜索键值，则树的高度不超过 $\lceil \log_{\lceil n/2 \rceil}(K) \rceil$。一个节点通常与一个磁盘块大小相同，在常见的操作系统中一般为 4000 字节。这里简单假设每个索引项为 40 字节，那么一个节点容纳的指针数 n 最大为 100。对于有 200 万个搜索键值且 $n = 100$

的情况，B+树从根到叶子的查找遍历最多访问了 $\log_{50}(2000000)=4$ 个节点。这里可以与平衡二叉树做个对比。如果在 200 万个搜索键值上建立平衡二叉树的索引，它的查询大约需要访问 21 个节点。考虑到每次节点访问可能需要磁盘 I/O(大约耗时 20ms)，这个差异是非常显著的。

如果搜索键 a_i 不是唯一的，则创建一个复合键(a_i, A_p)的索引，使得该索引是唯一的。A_p 可以是主键或任何其他保证唯一性的属性。通过复合键进行 $a_i = v$ 的搜索可以通过范围搜索来实现，范围为$(v,-\infty) \sim (v,+\infty)$。但这显然需要更多的 I/O 操作来获取实际索引条目。如果索引是聚集的，则所有访问都是顺序的。如果索引是非聚集的，则每个索引条目访问可能需要一个 I/O 操作。

6.2.3 B+树更新

将索引条目插入关系或从关系中删除时，必须相应地更新关系上的索引。对索引条目的更新可以看作先删除旧索引条目，然后插入新的索引条目。因此，这里我们只考虑插入和删除。

插入和删除比查找更复杂，因为可能需要拆分因插入而变得太大的节点，或者如果节点变得太小，则需要合并节点。此外，当一个节点被拆分或两个节点被组合时，必须始终保持平衡。我们先暂时假设节点不会变得太大或太小，即插入和删除不会涉及节点分割与合并。在这种假设下，简化的插入和删除可按照下面的定义执行。

(1) 插入：首先找到搜索键值将出现的叶子节点。然后，在叶子节点中插入一个条目，将其定位在搜索键仍然有序的位置。

(2) 删除：通过对删除索引条目的搜索键值执行查找来找到包含要删除的条目的叶子节点；如果有多个具有相同搜索键值的条目，那么将在具有相同搜索键值的所有条目中进行搜索，直到找到指向要删除的索引条目。然后，从叶子节点中移除该条目。叶子节点中位于被删除条目右侧的所有条目都向左移动一个位置，以便在删除条目后不会留下空隙。

现在考虑插入和删除的一般情况，处理节点分割和节点合并。

1. 插入

现在我们来考虑一个插入示例，其中必须拆分一个节点。假设在 teachers 关系中插入了一个索引条目，其值为"陈虹"。然后，我们需要将"陈虹"的条目插入图 6-9 中的 B+树中。

使用查找算法，我们发现陈虹应该出现在包含陈威、陈燕和何宇的叶子节点中，但这个叶子节点中没有足够的空间来插入搜索键值陈虹。因此，该节点必须被拆分为两个节点。图 6-10 展示了插入陈虹时叶子节点拆分产生的两个叶子节点。搜索键值陈虹和陈威位于一个叶子节点中，陈燕和何宇位于另一个叶子节点中。我们通常取 n 个搜索键值(叶子节点中的 $n-1$ 个值加上要插入的值)，将前$\lceil n/2 \rceil$个放入现有节点，将剩余的值放入新创建的节点中。

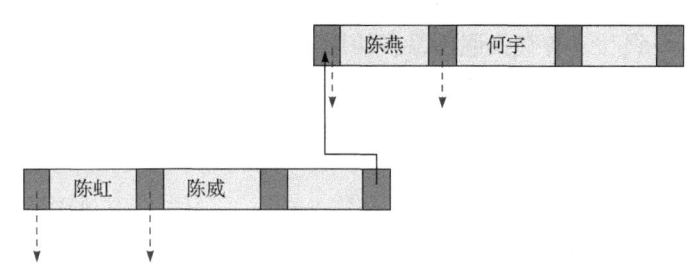

图 6-10 叶子节点的拆分

在拆分叶子节点后，我们必须将新的叶子节点插入 B+树结构中。在我们的示例(图 6-10)中，新节点的最小搜索键值为陈燕。我们需要将带有此搜索键值和指向新节点的指针的条目插入被拆分的叶子节点的父节点中。如果父节点中有空间来存放新条目，可以在没有进一步拆分节点的情况下执行此插入。图 6-11 中的 B+树显示了插入的结果。如果没有空间，则必须拆分父节点，从而需要向父节点的父节点添加一个新条目。在最坏的情况下，沿着路径到根节点的所有节点都必须拆分。如果根节点本身被拆分，则整个树就会变得更深。

非叶子节点的拆分与叶子节点的拆分有些不同。例如，将具有搜索键谭浩的索引条目插入图 6-11 所示的树中。要插入谭浩的叶子节点 L_1 已经包含了条目林峰、刘阳和孙伟，因此必须拆分叶子节点。拆分后产生的新右侧节点 L_2 包含了搜索键值孙伟和谭浩。然后，必须向父节点 N_1 添加条目(孙伟, l_1)，其中 l_1 是指向新节点的指针，然而，N_1 中没有空间来添加新条目，因此必须拆分 N_1。为此，父节点在概念上被临时扩展，添加条目，然后立即拆分过满的节点。

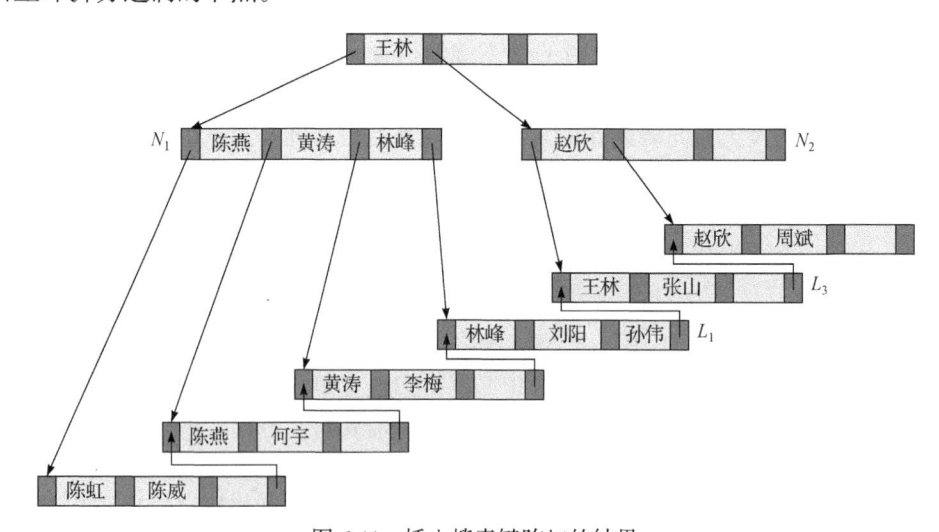

图 6-11 插入搜索键陈虹的结果

图 6-12 展示了插入搜索键谭浩的结果。过满的非叶子节点 N_1 被拆分时，子指针被分配给原始节点和新创建的节点 N_3；在插入搜索键谭浩的例子中，N_1 保留了前三个指针，N_3 得到了剩余的两个指针。然而，搜索键值的处理稍有不同。位于保留在左侧的指针之间的搜索键值(陈燕和黄涛)保持不变；位于移动到右侧节点的指针之间的搜索键值(值为林峰)与指针一起上移(以顺时针方式)。

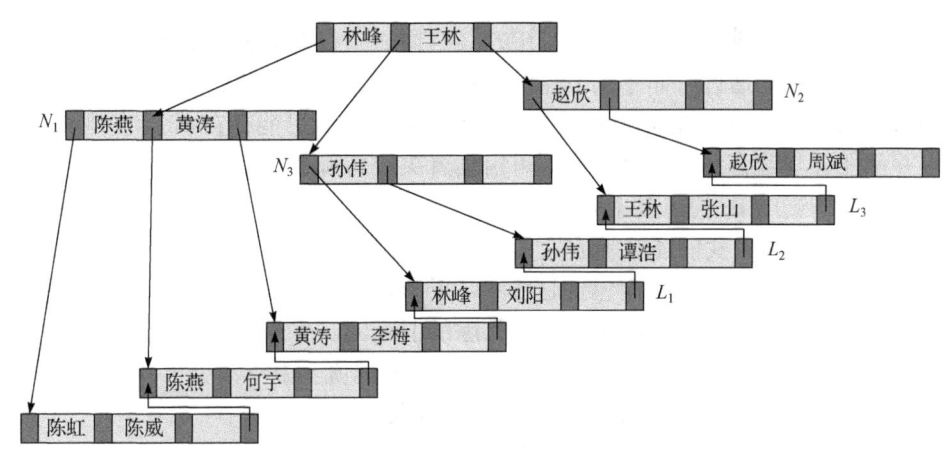

图 6-12 插入搜索键谭浩的结果

例子中，搜索键值林峰位于前往 N_1 的三个指针和前往 N_3 的两个指针之间。值林峰不会添加到任何一个拆分的节点中。相反，将会向父节点添加一个条目(林峰, n_3)，其中 n_3 是指向新建节点 N_3 的指针。在这种情况下，父节点是根节点，并且它有足够的空间来存放新条目。

向 B+树中插入的一般技术是确定必须发生插入的叶子节点 L。如果发生了拆分，则将新节点插入节点 L 的父节点中。如果此插入导致拆分，则递归地沿树向上进行，直到插入不再导致拆分或创建了一个新的根节点。

2. 删除

现在我们考虑删除导致树节点包含过少指针的情况。

首先，从图 6-11 所示的 B+树中删除赵欣，结果的 B+树显示在图 6-13 中。

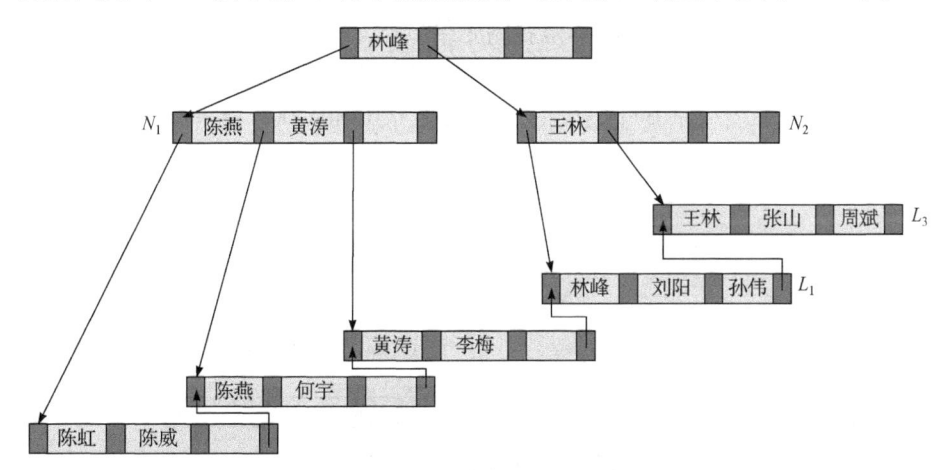

图 6-13 删除搜索键赵欣的结果

现在我们考虑如何执行删除。首先使用查找算法定位赵欣的条目。当我们从其叶子节点中删除赵欣的条目时，该节点只剩下一个条目——周斌。由于在删除赵欣的例子中，$n=4$ 并且 $1<[(n-1)/2]$，我们必须将节点与兄弟节点合并或在节点之间重新分配条目，以

确保每个节点至少半满。在我们的例子中，具有周斌条目的非半满节点可以与其左侧兄弟节点 L_3 合并。我们通过将非半满节点的条目移动到左侧兄弟节点并删除现在为空的右侧兄弟节点来合并节点。在实际运行中，非半满节点也有可能存在两个(左侧和右侧)兄弟节点并都能够与其合并，这种情况下可由读者决定与哪个兄弟节点合并，但要注意不同的选择最终构造的 B+树也是不同的。

一旦节点被删除，我们还必须删除其父节点 N_2 中的条目。在这个例子中，要删除的条目是(赵欣, l_2)，其中 l_2 是指向包含赵欣的叶子节点的指针。在这种情况下，要从非叶子节点中删除的条目恰好与从叶子节点中删除的值相同。在删除上述条目后，父节点 N_2 现在只剩下一个指针(节点中最左边的指针)且无搜索键值。由于对于 $n=4$，有 $1<\lceil n/2 \rceil$，所以 N_2 中的指针是不够的，进而来查看其兄弟节点。

在删除赵欣的例子中，唯一的兄弟节点是包含搜索键陈燕、黄涛和林峰的非叶子节点 N_1。如果可能，我们尝试将节点 N_2 与其兄弟节点 N_1 合并。由于合并后总共有五个指针，超过了最大值四个，因此无法合并。这种情况需要在节点和其兄弟节点之间重新分配指针，以确保每个节点至少有$\lceil n/2 \rceil=2$ 个指针。在某些特殊情况下，如果节点 N_2 既有兄弟节点能与其合并，又有兄弟节点可与其分配指针，为了节省存储空间，此时应优先考虑合并。

为了重新分配指针，我们将 N_1 的最右侧指针(指向包含林峰的叶子节点)移动到非半满的右侧兄弟节点 N_2。然而，N_2 现在会有两个指针，即它的最左侧指针和新移动的指针，并且之间没有值分隔它们。事实上，分隔它们的值在任一节点中都不存在，而是存在于它们的父节点中，具体位于从父节点到 N_1 及 N_2 的指针之间。在本例中，值王林分隔了这两个指针，并且在重新分配后出现在 N_2 中。重新分配指针还意味着父节点中的值王林不再正确地分隔两个兄弟节点中的搜索键值。事实上，现在正确分隔两个兄弟节点中搜索键值的值是在重新分配之前在左侧兄弟节点中的值林峰。

因此，正如结果图 6-13 所示，在兄弟节点之间重新分配指针后，值林峰已经移至父节点，而先前在那里的值王林已经移至右侧兄弟节点。可见在非叶节点间重新分配指针，需要其父节点的参与，并在三个节点间将键值顺时针旋转一次。

接下来，我们继续从原 B+树中删除搜索键值张山和周斌，结果如图 6-14 所示。

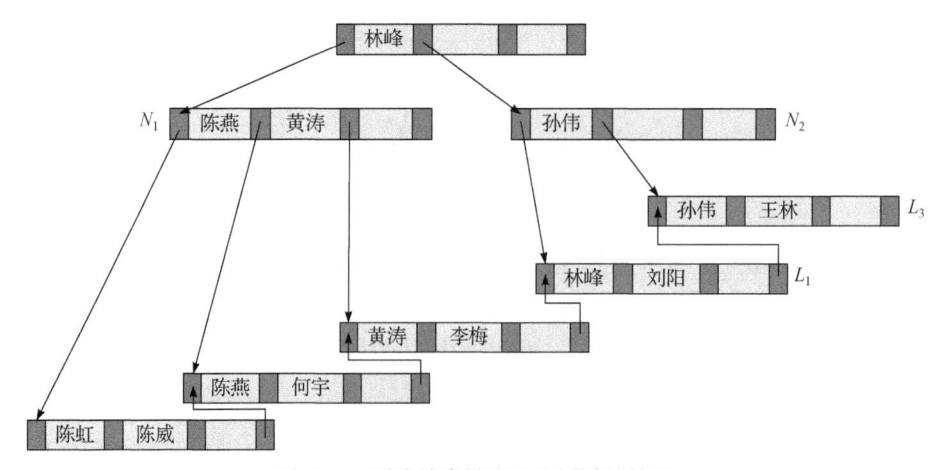

图 6-14 删除搜索键张山和周斌的结果

第一个值的删除并不会使叶子节点 L_3 至非半满状态,但第二个值的删除却会导致其非半满。因 L_3 的兄弟节点 L_1 已满,无法将它们合并,所以需进行值的重新分配,将搜索键值孙伟移动到 L_3 中。分隔两个兄弟节点的值在父节点 N_2 中已经更新,从王林更改为孙伟。

现在从上述树中删除林峰,结果如图 6-15 所示。

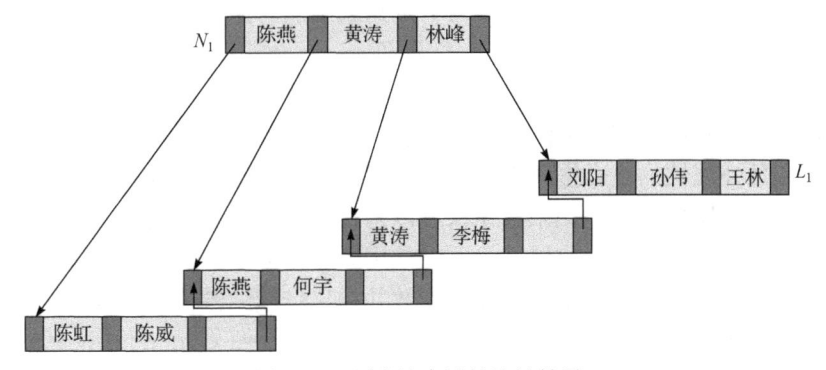

图 6-15 删除搜索键林峰的结果

这导致 L_1 出现非半满状态,现在可以与其兄弟节点 L_3 合并。从父节点 N_2 中删除一个条目(值孙伟)导致了 N_2 非半满(仅剩下一个指针)。这一次,N_2 可以与 N_1 合并。这个合并导致搜索键值林峰从两者的父节点(根节点)移动到合并后的节点中。由于这个合并,从根节点中删除了一个条目,根节点仅剩下一个指针,没有搜索键值,违反了根节点必须至少有两个子节点的条件。因此,根节点被删除,其唯一的子节点 N_1 成为根,B+树的深度减少了 1。值得注意的是,由于删除的结果,B+树的非叶子节点中存在的键值可能不会存在于树的任何叶子中。例如,在图 6-15 中,林峰值已从叶子层中删除,但仍存在于非叶子节点中。

综上所述,要从 B+树中删除一个值,通常先查找该值,然后将其删除。如果节点太小,我们就会将其从其父节点中删除。这种删除会导致递归应用删除算法,直到到达根节点,父节点在删除后保持足够满,或者应用重新分配。

3. 复杂度

从 I/O 操作的角度来看,插入和删除操作的成本与 B+树的高度成正比,因此较低。在最坏的情况下,插入所需的 I/O 操作数量与树深 $\log_{\lceil n/2 \rceil}(K)$ 成正比,其中 n 是节点中指针的最大数量,K 是正在索引的文件中索引条目的数量。对数复杂度的高效操作使得 B+树成为数据库中经常使用的索引结构。

假设分支数 n=1000,并假设对叶子节点的访问是均匀分布的,则叶子节点的父节点被访问的可能性比叶子节点高 1000 倍,因此较频繁访问的非叶子层节点一般存放于内存中。考虑到当今常见的几吉字节(gigabyte)大小的内存,对于频繁使用的 B+树,即使关系非常庞大,访问时大多数非叶子节点很可能已经在数据库缓冲区中。因此,通常只需要执行一到两次 I/O 操作就可以执行查找。

对于更新操作,节点分裂发生的概率相应地非常小。尽管 B+树只保证节点至少半满,但如果条目是随机插入的,则节点平均上会超过三分之二地填满。当条目是随机插入时,新的条目可能会分布在各个节点上,导致节点平均上会更加填满。因为插入是随机的,节点的填充情况会更加均匀,使得节点容纳的条目数量更多。另外,如果条目按排序顺序插入,则节点将只填满一半。这是因为新的条目会逐渐填满节点中的空位。由于每个新条目都要插入已有条目的后面,但最终节点只会填满一半,而不是更多。

4. 非唯一搜索键

到目前为止,我们都假设搜索键是唯一的。我们之前描述了如何通过创建一个包含原始搜索键和额外属性的复合搜索键来使得搜索键唯一,这些属性在所有索引条目中都是唯一的。额外的属性可以是记录标识,可以是指向索引条目的指针,也可以是主键。这个额外的属性称为唯一标识符属性。可以使用原始搜索键属性进行范围搜索,或者我们可以创建一个只接受原始搜索键值作为参数并在比较搜索键值时忽略唯一标识符属性值的 findRange 函数的变体。

另外,还可以修改 B+树结构以支持重复的搜索键。插入、删除和查找方法都必须相应地进行修改。一种替代方案是仅在树中存储每个键值一次,并保持一个存储搜索键值的索引条目指针桶(或列表),以处理非唯一的搜索键。这种方法在空间上是有效的,因为它仅存储了键值一次;然而,在实现 B+树时会引发一些复杂性。如果桶保留在叶子节点中,则需要额外的代码来处理可变大小的桶,并处理比叶子节点大小更大的桶。如果桶存储在单独的块中,则可能需要额外的 I/O 操作来获取记录。

这种方法的主要问题在于记录删除的效率问题(这两种方法的查找和插入复杂度与唯一搜索键方法相同)。假设一个特定的搜索键值出现了大量次数,并且其中一个具有该搜索键的记录要被删除。删除可能需要在具有相同搜索键值的多个条目中进行搜索,可能跨越多个叶子节点,以找到与要删除的特定记录对应的条目。因此,删除的最坏情况复杂度可能是与记录数量成线性关系的。

相比之下,使用唯一搜索键方法可以高效地进行记录删除。当要删除记录时,可以从记录中计算复合搜索键值,然后用它来查找索引。由于值是唯一的,可以通过从根到叶的单次遍历找到相应的叶级条目,而不需要在叶子层进行进一步的访问。删除的最坏情况成本与我们之前提到的记录数量成对数关系。

考虑到删除的低效性,以及由于重复搜索键可能引起的其他复杂问题,大多数数据库系统构建的 B+树只处理唯一的搜索键;针对非唯一搜索键,它们会自动添加记录标识或其他属性,使其变得唯一。

6.3 B+树文件组织

索引顺序文件组织的主要缺点是随着文件的增长,性能会下降,因为索引项和实际记录的百分比会出现无序状态,并存储在溢出块中。我们可以通过在文件上使用 B+树索引来解决索引查找的问题。

B+树结构不仅可用作索引，还可用作文件中记录的组织方式。在 B+树文件组织中，树的叶子节点存储记录，而不是存储指向记录的指针。图 6-16 展示了 B+树文件组织的示例，其叶子层中(A,2)、(B,4)等都是实际记录，而不是指针。由于记录通常比指针大，所以可以存储在叶子节点中的记录的最大数量小于非叶子节点中指针的数量，同时叶子节点仍然需要至少半满。

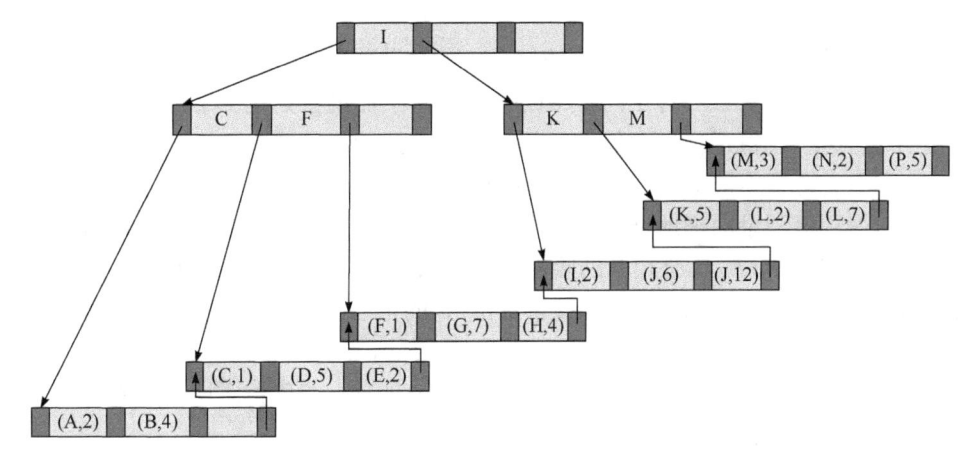

图 6-16 B+树文件组织的示例

B+树文件组织中插入和删除记录的处理方式与 B+树索引相同。当插入具有给定键值的记录时，系统通过搜索 B+树来定位该记录应插入的块。如果定位的块有足够的可用空间，系统将记录存储在该块中。否则系统将块一分为二，并重新分配其中的记录，为新记录创建空间。分裂以正常的方式向上传播。当我们删除记录时，系统首先将其从包含它的块中删除。如果一个块 B 因此少于半满，则 B 中的记录将与相邻块中的记录一起重新分配。假设固定大小的记录，每个块保存的记录数量至少是最大记录数量的一半。系统以通常的方式更新 B+树的非叶子节点。

在 B+树索引或文件组织中，树中相邻的叶子节点可能位于磁盘上不同的位置。在一组记录上新创建文件组织时，应尽量将大部分连续的磁盘块分配给树中连续的叶子节点，这样对叶子节点的顺序扫描将更加高效，因为其对应于在磁盘上的顺序扫描。随着树上的插入和删除的发生，顺序性逐渐丢失，顺序访问就会越来越频繁地等待磁盘搜索。当搜索效率因而变得低效时，可以重建索引以恢复顺序性。

B+树文件组织也可以用于存储大对象，如 SQL clob 和 blob，它们可能比磁盘块更大，甚至可以达到千兆字节。这样的大对象可以通过将它们分割为一系列较小的记录并将其组织在 B+树中来存储。记录可以按顺序编号，或者按照大对象内记录的字节偏移量编号，并且记录编号可以用作搜索键。

6.4 哈希索引

哈希(hash)也是主存储器中广泛使用的构建索引的应用技术；这些索引可能会被临

时创建来处理连接操作，也可能是主存储器数据库中的永久结构。哈希索引也曾被用作组织文件中记录的一种方式。本节我们考虑内存中以及磁盘上的两种哈希索引。

在哈希索引构建过程中，我们使用"桶"(bucket)来表示一个可以存储一个或多个记录的存储单元。对于内存中的哈希索引，一个桶可以是索引条目或记录的链表。对于基于磁盘的索引，一个桶将是磁盘块的链表。在哈希文件组织中，桶存储实际的记录而不是记录指针。

形式上，设 K 表示所有搜索键值的集合，A 表示所有桶地址的集合，一个哈希函数 h 是一个从 K 到 A 的函数。对于内存中的哈希索引，桶集合只是一个指针数组，其中第 i 个桶位于偏移量 i。每个指针存储着一个链表的头指针，该链表包含该桶中的条目。

哈希索引支持搜索键上的等式查询。要插入一个搜索键为 K_i 的记录，我们需要计算 $h(K_i)$，从而得到该记录的桶地址。我们将记录的索引条目添加到偏移量 i 处的列表中。假设两个搜索键 K_1 和 K_2 具有相同的哈希值，即 $h(K_1)=h(K_2)$。如果我们在 K_1 上执行查找，那么桶 $h(K_1)$ 包含具有搜索键值 K_1 和搜索键值 K_2 的记录。因此，我们必须继续检查桶中每条记录的搜索键值，以验证记录是否是我们想要的记录。

与 B+树索引不同，哈希索引不支持范围查询；例如，希望检索所有搜索键值 v 使得 $l \leqslant v \leqslant u$ 的查询不能使用哈希索引有效地回答。

如果要删除的记录的搜索键值是 K_i，我们计算 $h(K_i)$，然后在相应的桶中搜索该记录并将其从桶中删除。

在基于磁盘的哈希索引中，当插入一条记录时，我们使用搜索键上的哈希值来定位桶。如果桶中有足够的空间，可将记录存储在该桶中。如果桶没有足够的空间，就会发生桶溢出。我们通过使用溢出桶来处理桶溢出。如果必须将记录插入桶 b 中，并且 b 已经满了，系统会为 b 提供一个溢出桶，并将记录插入溢出桶中。如果溢出桶也已满，系统会提供另一个溢出桶，依此类推。给定桶的所有溢出桶都被链接在一个链表中，如图 6-17 所示。使用溢出链时，给定搜索键 k，查找算法不仅必须搜索桶 $h(k)$，还必须搜索从桶 $h(k)$ 开始的链接的溢出桶。

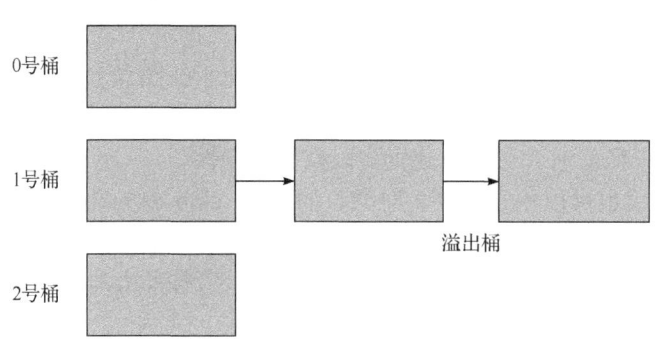

图 6-17 哈希索引示例

如果多个记录具有相同的搜索键，则记录分布可能会发生偏斜(skewness)，即记录过度集中于某一个或几个桶内。即使每个搜索键只有一个记录，如果选择的哈希函数不当，也仍可能发生偏斜。通过谨慎选择哈希函数，确保键在桶之间的分布是均匀和随机的，可以最小化这个问题的可能性。

为了减小桶溢出的概率，可选择的桶数为$(n_r/f_r)*(1+d)$，其中 n_r 表示记录数量，f_r 表示每个桶的记录数量，d 是调整因子，通常取 0.2 左右。使用 0.2 的调整因子会有大约 20%的桶空间为空，但有助于降低溢出的概率。

上述描述的哈希索引，其中在创建索引时桶的数量是固定的，称为静态哈希。静态哈希的一个问题是我们需要预先知道索引中将存储多少记录。如果随着时间的推移添加了大量记录，导致记录数量远远超过桶的数量，查找将不得不搜索存储在单个桶中或多个溢出桶中的大量记录，从而变得低效。

为了解决这个问题，可以通过增加桶的数量来重新构建哈希索引。例如，如果记录的数量是桶数量的两倍，那么索引可以重新建立，增加桶的数量至两倍。重新构建索引的缺点是如果记录很多，可能需要较长时间，导致正常处理受到干扰。目前已经提出了几种允许以增量的方式增加桶数量的方案，这些方案称为动态哈希技术，如线性哈希技术和可扩展哈希技术。

6.5　SQL 中的索引创建

尽管 SQL 标准没有为索引的创建指定任何具体的语法，但大多数数据库支持使用 SQL 命令来创建和删除索引。索引可以使用以下语法创建：

create index <index-name> on <relation-name>(<attribute-list>);

其中，relation-name 是构建索引的关系名；attribute-list 是构成索引的搜索键的属性列表。可以使用表单中的命令来删除索引。

drop index <index-name>;

例如，在 teachers 关系上定义一个以学院名为搜索键的索引：

create index dept_index on teachers(dname);

支持多种类型索引的数据库还允许在索引创建命令中指定索引的类型。例如，为了声明一个属性或一组属性是候选键，我们可以使用"create unique index"的语法，而不是上面的"create index"。

索引对于有选择或连接操作的查询非常有用，因为它们可以显著降低查询的成本。例如，给定学生 ID 125，检索他的选课记录（在关系代数中表示为$\sigma_{ID=125}$ (choices)）。如果 choices 表的 tid 属性上有一个索引，那么只需要进行少量的 I/O 操作就可以获取到所需记录的指针。由于学生通常选修几十门课程，即使获取所有记录也只需要进行几十次 I/O 操作。相比之下，如果没有这个索引，数据库系统将被迫读取所有 choices 记录，并选择可匹配 tid 值的记录。如果学生数量很大，读取整个关系就会非常低效。

然而，我们也必须注意到，索引也有成本。每当底层关系更新时，它们都必须更新。创建过多的索引会减慢更新处理速度，因为每次更新都必须更新所有受影响的索引。因此，在构建应用程序时，必须弄清楚哪些索引对性能很重要，并在应用程序投入运行之前创建它们。

如果一个关系被声明为具有主键，大多数数据库系统会自动在主键上创建一个索引。每当插入一个元组到关系中时，可以使用索引来检查主键约束是否被违反(即主键值上没有重复)。如果没有主键上的索引，每当插入一个元组时，都必须扫描整个关系以确保满足主键约束。

许多数据库系统提供工具，帮助数据库管理员跟踪系统上执行的查询和更新，并根据查询和更新的频率推荐索引的创建。这样的工具称为索引调优向导或顾问。

一些最近的基于云的数据库系统还支持完全自动创建索引，每当系统发现这样做可以避免重复的关系扫描时就会自动执行索引创建，无须数据库管理员的干预。

本 章 小 结

很多查询只涉及文件中一小部分记录，为了减少搜索这些记录的开销，我们可以为存储数据库的文件构建索引。我们可以使用两种类型的索引：稠密索引和稀疏索引。稠密索引包含每个搜索键值的条目，而稀疏索引仅包含一些搜索键值的条目。如果搜索键的排序顺序与关系的排序顺序匹配，则搜索键上的索引称为聚集索引。一个关系只能有一个聚集索引。其他索引称为非聚集索引或次要索引。次要索引提高了使用聚集索引之外的搜索键进行查询的性能，但是，它们会给数据库的修改带来额外开销。

索引顺序文件是数据库系统中比较古老的索引方案之一，为了快速检索，文件中记录按搜索键顺序排列和存储。索引顺序文件组织的主要缺点是随着文件的增长，性能会大大降低。

为了提高检索效率，我们可以使用 B+树索引。B+树索引采用"平衡多叉树"的结构，其中从树的根到树的叶的每条路径长度相同。B+树的查找是简单而有效的，然而，插入和删除略微复杂，但仍然有效，我们可以使用 B+树来为包含记录的文件创建索引，也可以用来组织记录到文件中。

B+树索引可用于基于单个属性的等值条件的选择；当选择条件涉及多个属性时，我们可以从多个索引中检索记录标识符并进行交集操作。基本的 B+树结构对于需要每秒大量随机写入/插入的应用程序并不理想，目前已经提出了几种替代索引结构来处理具有高写入/插入速率的工作负载，如日志结构合并树和缓冲树。

习　　题

1. 使用键值组(2,3,5,7,11,17,19,23,29,31)来构建节点容量 n=4 的 B+树，并请详细说明构建过程的每个插入操作。

2. 对于习题 1 构建的 B+树索引，请进行以下操作：
(1) 插入 9；

(2) 插入 10；

(3) 插入 8；

(4) 删除 23；

(5) 删除 19。

3. 假设有一个关系 $r(A,B,C)$，有一个 B+树索引，树的每个节点的最大子节点数量为 m(B+树的阶数)，搜索键为 (A,B)。(成本指 B+树索引中遍历的节点个数。)

(1) 在使用这个索引的情况下，找到满足 $10<A<50$ 的记录的最坏情况成本是什么？请用满足条件的记录数量 n_1 和树的高度 h 来表示。

(2) 在使用这个索引的情况下，找到满足 $10<A<50 \wedge 5<B<10$ 的记录的最坏情况成本是什么？请用满足这个选择条件的记录数量 n_2 以及在(A)定义的 n_1 和 h 来表示。

(3) 在什么条件下，于 n_1 和 n_2 的情况，该索引会成为查找满足 $10<A<50 \wedge 5<B<10$ 的记录的有效方式？

4. 聚集索引和非聚集索引的区别是什么？

5. 哈希文件组织中桶溢出的原因是什么？如何减少桶溢出的发生？

6. 假设数据库中的某个关系的数据通过 B+树文件进行存储，同时还创建了非聚集索引，用于存储指向磁盘上记录的指针，以提高数据检索的效率。

(1) 如果文件中发生了节点分裂，对非聚集索引会有什么影响？

(2) 更新所有受影响记录在非聚集索引中的成本如何？(非聚集索引是否便于更新。)

(3) 在非聚集索引中使用文件的搜索键作为记录的逻辑标识符为何能降低成本？

(4) 使用这种逻辑记录标识符产生的额外成本是多少？(简述找到相应记录的过程。)

7. 在 6.2.3 节中提出的处理非唯一搜索键的解决方案是向搜索键添加额外的属性。这种改变可能对 B+树的高度产生什么影响？

8. 解释闭散列和开散列之间的区别。讨论在数据库应用中每种技术的相对优点(考虑增删查改操作)。

9. 假设你管理着一个学生信息数据库，其中包含以下两个表：

① students-包含学生的信息，字段包括 student_id(学生 ID),name(姓名),age(年龄),gender(性别),department_id(院系 ID)；

② courses-包含课程信息，字段包括 course_id(课程 ID),course_name(课程名称),credit_hours(学分),department_id(院系 ID)。

请设计索引来优化以下查询的性能，并根据索引搜索某个记录。

(1) 创建索引，使得查询特定院系中所有年龄在 20~25 岁的女生的信息更加高效。

(2) 根据上述索引，搜索 Computer Science 院系中年龄为 22 岁的女生信息。请设计一个或多个索引来优化这个查询，并提供搜索特定学生信息的 SQL 查询。

10. 为什么哈希结构不是处理可能存在范围查询的搜索键的最佳选择？

第 7 章　查询处理与优化

7.1　查询代价的测量

查询处理(query processing)指数据库执行查询语句并将查询结果返回用户的一系列处理过程,包括查询分析和翻译、查询优化、查询执行和结果返回等。

下面通过以下查询例子,说明查询处理主要过程:

```
select sid
from students
where grade = 2000;
```

首先,对查询语句进行词法和语法分析。从查询语句中识别出 SQL 关键字(select、from、where)、关系名(students)、属性名(sid,grade)等,再判断查询语句是否符合 SQL 语法规则。

然后,将查询语句翻译成内部表示形式,即等价的关系代数表达式。例子查询可以翻译成如下关系代数表达式:

$$\prod_{sid}\left(\sigma_{grade=2000}(students)\right)$$

给定查询通常有多种执行策略,查询优化就是系统选择一个高效执行的查询处理策略,在 7.5 节将对查询优化进行详细说明。根据优化器得到的执行策略,在关系代数表达式上加上不同的注释来说明如何执行这个操作,并生成执行的步骤序列,称为查询执行计划(query execution plan)。例如,如果属性 grade 上存在索引,在执行计划中可以使用它来快速定位元组。

给定查询的不同执行计划会有不同的代价,因此需要评估它们的代价,然后选择代价最小的方案。为此,需要估计单个操作的成本,进而得到查询执行计划的总开销。

查询处理的代价可以通过该查询对各种资源的使用情况进行测量,这些资源包括磁盘存取(I/O 代价)、处理机时间(CPU 代价)以及内存开销,还有在并行/分布式数据库系统中的通信代价等。

数据库系统通常关注磁盘上存取数据的代价,这是因为磁盘存取需要的时间比内存操作高几个量级。一般用传送磁盘块数以及搜索磁盘次数来衡量查询执行计划的代价。假设磁盘系统访问一个磁盘块平均消耗 t_S 秒(磁盘搜索时间加上旋转延迟),一个磁盘块的平均传输时间为 t_T 秒,则一个执行 s 次磁盘搜索以及传输 b 个块的操作将消耗 $s \times t_S + b \times t_T$ 秒。t_S 和 t_T 必须针对所使用的磁盘系统进行计算。

代价计算依赖于缓冲区的大小,最好的情形是所有数据可以读入缓冲区中,不必再访问磁盘。最坏的情形是假定缓冲区只能容纳数目不多的数据块——大约每个关系一块。

7.2 选择操作的处理

选择运算是查询处理中常见的运算，它的关键问题之一是如何选择关系扫描算法来高效地定位、检索满足选择条件的记录。根据是否使用索引，关系扫描分为线性扫描和索引扫描两类。本节将围绕以下查询说明线性扫描(linear scanning)、索引扫描(index scanning)及代价评估。

```
select *
from students
where <条件表达式>;
```

考虑<条件表达式>的几种简单选择情况：

C1：sid = 100；
C2：sid > 100；
C3：sid < 100；
C4：grade = 2000；
C5：grade > 2000；
C6：grade < 2000；

考虑<条件表达式>的几种复杂选择情况：

C7：sid > 100 and grade = 2000；
C8：sid > 100 or grade = 2000；

其中，sid 为码属性，grade 为非码属性。假定关系 students 的块数量 b_r 为 20。由于 C1 选择条件只会匹配到一条记录，因此涉及的块数量 b=1。为简单起见，假设符合 C2～C8 选择条件的记录数 n=200，涉及的块数量 b=5。

7.2.1 线性扫描

若关系中的所有元组都保存在单个文件中，执行一个选择操作最简单的方式是对关系进行线性扫描。在线性扫描中，系统扫描每一个文件块，对所有记录逐一比对，看它们是否满足选择条件，直到找到目标记录或遍历完所有记录。在上述示例中，对于非码属性 grade 的选择条件 C4～C6，需要一次磁盘搜索找到关系 students 的起始磁盘块，并需要 20 次块传输将关系的所有磁盘块传输到内存中，以扫描整个关系，总代价估计为 $t_S + 20 \times t_T$ 秒。对于码属性 sid，只有一条记录满足等值选择条件 C1，所以只要找到所需记录，即可终止扫描，平均代价估计为 $t_S + (20/2) \times t_T = t_S + 10 \times t_T$ 秒。但是，对于范围选择条件 C5 和 C6，仍然可能有多条记录满足条件，所以仍需要扫描整个关系，代价估

计同样为 $t_S + 20 \times t_T$ 秒。因为线性扫描需要完整扫描关系的所有记录，所以相比其他实现算法要慢，但是它的优点是可以用于任何文件，不用考虑文件的顺序和索引的可用性。

7.2.2 索引扫描

回顾第 6 章，聚簇索引也称为主索引，允许系统按照文件中记录的物理顺序进行记录读取。非聚簇索引也称为辅助索引，指定的记录顺序则与文件中的物理顺序不同。使用索引的扫描算法称为索引扫描。在查询处理中，根据选择谓词来确定使用哪个索引。

考虑上述例子，使用索引的扫描算法有以下四种。

1. 使用主索引的码属性选择

当选择条件是码属性 sid 的等值比较 C1 时，可以利用相应的索引检索到满足相应等值条件的唯一一条记录。假设 h_i 表示 B+树的高度。在 B+树索引上搜索需要 h_i+1 次 I/O 操作，每次 I/O 操作需要一次磁盘搜索和一次磁盘块传输，代价估计为 $(h_i + 1) \times (t_S + t_T)$ 秒。当选择条件是码属性 sid 的范围比较时，可能有多条记录满足相应条件。对于比较条件 C2，使用索引检索满足条件 sid > 100 的首条记录，然后从该条记录开始到文件末尾进行一次文件扫描，就能获得所有满足该条件的记录，与等值比较的不同之处在于最后一次块搜索之后需要多次块传输。前面假设符合条件的记录涉及 5 个磁盘块，因此代价估计为 $h_i \times (t_S + t_T) + t_S + 5 \times t_T$ 秒。对于比较条件 C3，则没有必要使用索引，只需要从文件头开始文件扫描，直到遇上(但不包含)首条不满足条件的记录，代价估计为 $t_S + 5 \times t_T$ 秒。

2. 使用主索引的非码属性选择

假设非码属性 grade 上存在主索引，可以使用索引检索到满足相应选择条件的多条记录。对于等值比较条件 C4 和范围比较条件 C5，都需要在检索到第一条符合条件的记录后进行多次块传输，代价估计为 $h_i \times (t_S + t_T) + t_S + 5 \times t_T$ 秒。对于范围比较条件 C6，则和 C3 的情况相同，代价估计为 $t_S + 5 \times t_T$ 秒。

3. 使用辅助索引的码属性选择

辅助索引中索引和记录分开存储，逻辑连续的记录可能存储在不同的块上。但是，对于码属性 sid 的等值比较条件 C1，只能检索到唯一的记录，所以时间代价与主索引的情况一样。若条件为范围比较 C2 和 C3，则有多条记录符合条件，且这些记录可能存储在不同的块上。前面已假设符合条件的记录数 $n = 200$，最坏情况下，每一条记录都存储在不同的块上，则需要 200 次 I/O 操作，总代价估计为 $(h_i + 200) \times (t_S + t_T)$ 秒。

4. 使用辅助索引的非码属性选择

对于非码属性 grade，则无论是等值比较还是范围比较，都可能检索到多条记录，且这些记录可能存在于不同的磁盘块中。因此，对于条件 C4～C6，最坏情况下，总代价估计为 $(h_i + 200) \times (t_S + t_T)$ 秒。如果检索得到的记录数 n 很大，使用辅助索引的代价甚至比线性搜索还大。因此辅助索引应该仅在选择得到的记录数很小时使用。

7.2.3 复杂选择的实现

前面讨论了简单选择条件，接下来考虑更复杂的选择谓词。

(1) 合取。合取选择(conjunction selection)形式如下：

$$\sigma_{\theta_1 \wedge \theta_2 \wedge \cdots \wedge \theta_n}(r)$$

所有满足单个简单条件的记录的交集满足该合取条件。

(2) 析取。析取选择(disjunction selection)形式如下：

$$\sigma_{\theta_1 \vee \theta_2 \vee \cdots \vee \theta_n}(r)$$

所有满足单个简单条件的记录的并集满足该析取条件。

可以用下列算法实现上述复杂的选择操作。

1. 使用单列索引的合取选择

首先，需要判断是否某个简单条件中的属性存在索引。若存在，则用简单选择的索引扫描算法来检索满足该条件的记录。然后在内存缓冲区中，通过测试每条检索到的记录是否满足其余的条件，来完成最终的选择操作。例如，假设复杂选择条件 C7 中，属性 sid 上存在主索引，那么先使用索引检索出所有符合简单条件 sid > 100 的记录，再从这些记录中选择符合简单条件 grade = 2000 的记录，代价由所选的简单选择算法的代价给出，即 $h_i \times (t_S + t_T) + t_S + 5 \times t_T$ 秒。

2. 使用组合索引的合取选择

某些合取选择可能可以使用合适的组合索引(composite index)，即在多个属性上建立的一个索引。如果选择指定的多个属性上存在组合索引，则可以直接搜索索引。例如，假设复杂选择条件 C7 中，在属性 sid 和 grade 上存在组合索引，且是主索引，那么可以通过索引检索首条符合条件 sid > 100 and grade = 2000 的记录，然后顺序读取记录，直至遇到不符合条件的记录。假设符合条件的记录涉及 5 个磁盘块，那么代价估计为 $h_i \times (t_S + t_T) + t_S + 5 \times t_T$ 秒。

3. 析取选择

如果在析取选择中所有简单条件上均有相应的索引，则分别进行索引扫描获取满足单个简单条件的元组集合，再通过并操作来获得析取选择的结果。这种情况下，总的代价估计为所有索引扫描的代价之和。然而，即使其中只有一个简单条件不存在索引，也不得不对这个关系进行一次线性扫描以找出那些满足该条件的元组。因此，只要析取选择中有一个这样的条件，最有效的存取方法就是线性扫描，扫描的同时对每个元组进行析取条件检查。这种情况下，总的代价为一次线性扫描的代价。

7.3 外部排序

排序在数据库系统中具有重要作用，主要有两方面的原因：①查询结果要排序显示；

②关系已经排序时,可以提升关系运算(如连接运算)效率。由于数据规模往往较大,无法一次全部加载到内存中进行排序,因此需要外部排序(external sort)。

外部归并排序(external merge sort)是常见的外部排序算法。下面以图 7-1 的关系 students 按属性 sid 排序为例对算法过程进行说明。假设磁盘块只容纳一个元组,即关系 students 的磁盘块数 b_r=8;内存缓冲区中用于排序的块数 M=3,其中 2 块用于输入,1 块用于输出。

sid	sname	grade
8	小刘	2001
1	小陈	2000
6	小李	2001
5	小杨	2001
4	小赵	2000
2	小周	2000
7	小吴	2001
3	小徐	2000

图 7-1　待排序的关系 students

(1) 生成初始归并段(run)。如图 7-2 所示,读取关系 students 的 2 块数据进内存中,使用内部排序算法进行排序,生成一个归并段,然后重复读入数据,直至处理完所有元组。

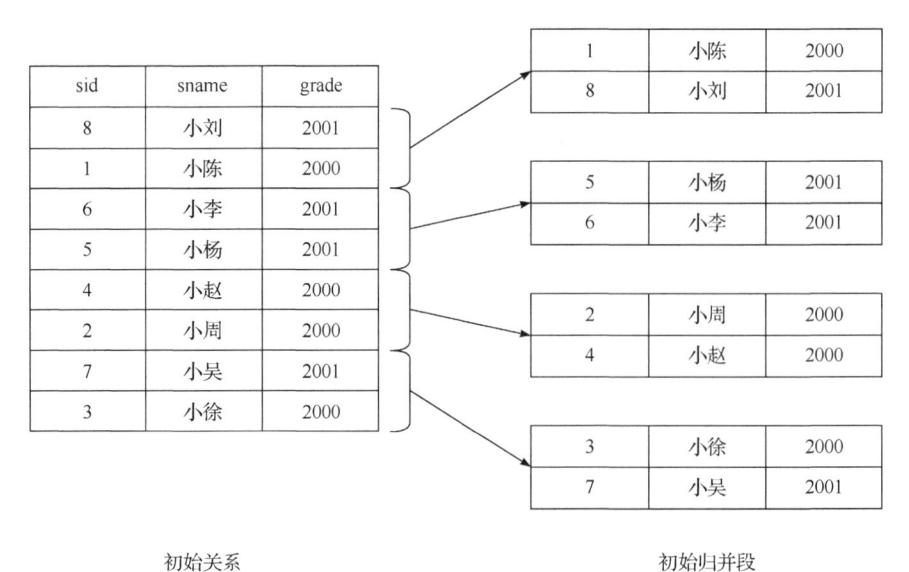

图 7-2　生成初始归并段

(2) 对归并段进行归并。这个过程通常使用多路归并的方法,即同时合并多个归并段。如图 7-3 所示,为每个归并段分配一个内存缓冲块,则每趟归并可以用 2 个归并段作为输入,剩余 1 个内存缓冲块用作输出。

1	小陈	2000
8	小刘	2001

5	小杨	2001
6	小李	2001

2	小周	2000
4	小赵	2000

3	小徐	2000
7	小吴	2001

1	小陈	2000
5	小杨	2001
6	小李	2001
8	小刘	2001

2	小周	2000
3	小徐	2000
4	小赵	2000
7	小吴	2001

初始归并段　　　　　　　　　　　新归并段

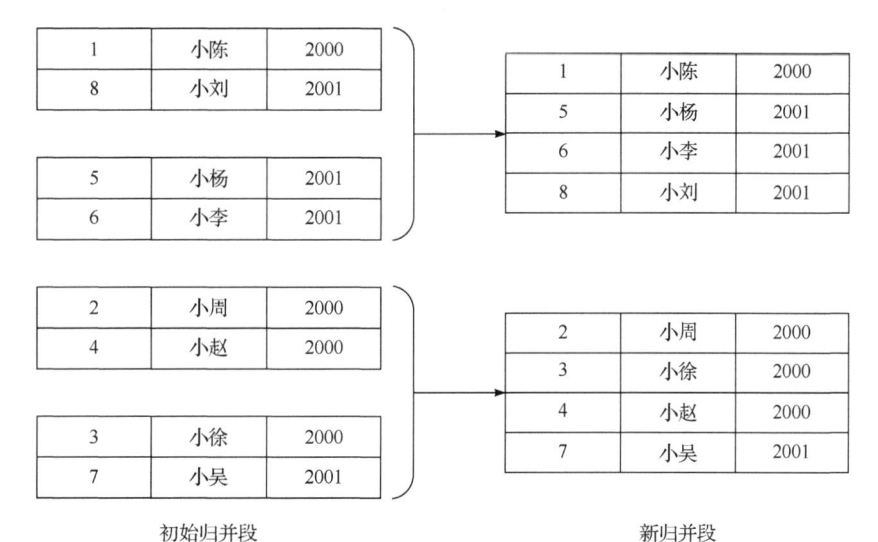

图 7-3　对归并段进行归并

每对 2 个归并段完成归并后,生成一个新的归并段,并作为下一趟归并的输入,直至处理完所有归并段。图 7-4 展示了通过最后一趟归并,完成外部归并排序。

1	小陈	2000
5	小杨	2001
6	小李	2001
8	小刘	2001

2	小周	2000
3	小徐	2000
4	小赵	2000
7	小吴	2001

1	小陈	2000
2	小周	2000
3	小徐	2000
4	小赵	2000
5	小杨	2001
6	小李	2001
7	小吴	2001
8	小刘	2001

归并段　　　　　　　　　　　排序后的关系

图 7-4　最后一趟归并

外部归并排序的完整过程如图 7-5 所示。

接下来,评估外部归并排序的磁盘存取代价。在生成归并段阶段,要读入关系的每一个数据块并写出,共需 $2b_r=16$ 次磁盘块传输。初始归并段数为 $\left\lceil \dfrac{b_r}{M-1} \right\rceil = 4$。由于每一趟归并是 $M-1=2$ 路归并,因此总共需要归并 $\left\lceil \log_{M-1}\left(\dfrac{b_r}{M-1}\right) \right\rceil = 2$ 趟。对于每一趟归并,关系的每一个数据块都需要读写一次。因此,磁盘块传输的总数为

$$2b_r\left(\left\lceil\log_{M-1}\left(\frac{b_r}{M-1}\right)\right\rceil+1\right)=48$$

```
/* 生成初始归并段 */
sortedSegments := {};
i = 0;
repeat
读入关系的 M 块数据或剩下的不足 M 块的数据;
在内存中对这部分数据进行排序;
将排好序的数据写到归并段文件 R_i 中;
sortedSegments := sortedSegments ∪ R_i;
i = i + 1;
until 到达关系末尾
/* 对归并段进行归并 */
repeat
mergedSegments := {};
j = 0;
repeat
    从 sortedSegments 中选择 M−1 或剩下的不足 M−1 个输入归并段 R_i, 分别读入一个数据块;
    repeat
        在所有缓冲块中按序挑选第一个元组;
        把该元组写入输出归并段 R_j, 并从相应输入缓冲中删除;
            if 任何一个归并段文件 R_i 的缓冲块为空并且没有到达 R_i 末尾 then 读入 R_i 的下一块数据;
    until 所有缓冲块为空
    mergedSegments := mergedSegments ∪ R_j;
    j = j + 1;
until sortedSegments 的归并段全部处理完
    sortedSegments := mergedSegments;
until len(sortedSegments) == 1
```

图 7-5 外部归并排序

此外，还要评估磁盘搜索的代价。在生成归并段阶段，要为读取和写回每个归并段的数据做磁盘搜索。在归并阶段，假设给每个归并段分配一个内存缓冲块，则每一趟归并都需要为每一块数据的读取和写回做一次磁盘搜索，则磁盘搜索的总次数为

$$2\left\lceil\frac{b_r}{M-1}\right\rceil+2b_r\left\lceil\log_{M-1}\left(\frac{b_r}{M-1}\right)\right\rceil=40$$

7.4 连接操作的处理

下面介绍连接操作的处理算法，查询例子为 students ⋈ choices，假设关系 students 的记录数为 $n_{students}=1000$，磁盘块数为 $b_{students}=20$，关系 choices 的记录数为 $n_{choices}=10000$，磁盘块数为 $b_{choices}=400$。

7.4.1 嵌套循环连接

嵌套循环连接(nested-loop join)由两个嵌套的 for 循环构成,其中,在外层循环的关系称为连接的外层关系(outer relation),在内层循环的关系称为连接的内层关系(inner relation)。如图 7-6 所示,将 students 作为外层关系,choices 作为内层关系,$t_{students}$ 和 $t_{choices}$ 分别表示 students 和 choices 的元组,$t_{students} \cdot t_{choices}$ 表示由 $t_{students}$ 和 $t_{choices}$ 拼接而成的元组。

```
for each t_students in students do
   begin
      for each t_students in students do
         begin
            if 元组对(t_students, t_choices)满足连接条件 then
               把 t_students · t_choices 加到结果中;
         end
end
```

图 7-6 嵌套循环连接

算法逐个检查关系中的每一对元组,因此代价很大。对于外层关系 students 的每个元组,需要对内层关系 choices 做一次完整的扫描。在最坏情况下,为每个关系分配一个内存缓冲块,则共需 $n_{students} \times b_{choices} + b_{students} = 400020$ 次块传输。对内层关系 choices 的每一次扫描只需要一次磁盘搜索,因为它的数据是顺序读取的,而对外层关系 students 的扫描需要每块一次磁盘搜索,这样总共是 $n_{students} + b_{students} = 1020$ 次磁盘搜索。如果把 choices 作为外层关系,把 students 作为内层关系,在最坏情况下,其代价为 $n_{choices} \times b_{students} + b_{choices} = 200400$ 次块传输加上 $n_{choices} + b_{choices} = 10400$ 次磁盘搜索。在最好的情况下,假设内存有足够空间同时容纳两个关系,此时每个数据块只需读取一次,只需 $b_{students} + b_{choices} = 420$ 次块传输,加上两次磁盘搜索,远优于最坏情况。如果只有一个关系能完全放在内存中,那么应该把这个关系作为内层关系,因为这样内层关系只需要读一次,代价和最好情况相同。

7.4.2 块嵌套循环连接

块嵌套循环连接(block nested-loop join)是一种改进的嵌套循环连接。如图 7-7 所示,内层关系 choices 的每块 $B_{choices}$ 与外层关系 students 的每块 $B_{students}$ 形成块对。在每个块对中,一个块的元组与另一块的元组形成元组对,得到全体元组对。最后,把满足连接条件的所有元组对加到结果中。

在最坏的情况下,内层关系 choices 的每块只需对外层关系 students 中的每个块读一次,而不用对 students 的每个元组读一次。因此,共需 $b_{students} \times b_{choices} + b_{students} = 8020$ 次块传输。每次扫描内层关系 choices 只需一次磁盘搜索,而读取外层关系 students 需要 $b_{students}$ 次磁盘搜索,这样总的磁盘搜索次数为 $2b_{students} = 40$。这个代价与嵌套循环连接算法所需的 400020 次块传输加上 1020 次磁盘搜索相比,显著减小。在最好的情况下,内存至少能够容纳内层关系,需要 $b_{students} + b_{choices} = 420$ 次块传输以及两次磁盘搜索,与嵌

```
for each B_students in students do
begin
    for each B_choices in choices do
    begin
        for each t_students in B_students do
        begin
            for each t_choices in B_choices do
            begin
                if 元组对(t_students, t_choices)满足连接条件 then
                    把 t_students · t_choices 加到结果中；
            end
        end
    end
end
```

图 7-7 块嵌套循环连接

套循环连接一样。如果把 choices 作为外层关系，把 students 作为内层关系，在最坏情况下，其代价为 $b_{choices} \times b_{students} + b_{choices}$ = 8400 次块传输加上 $2b_{choices}$ = 800 次磁盘搜索。显然，如果内存不能容纳任何一个关系，则使用较小的关系作为外层关系更好。

进一步改进策略：外层关系可以不用磁盘块作为分块的单位，而以能够分配的最多内存缓冲块的大小为单位，同时留出足够的缓冲空间给内层关系和输出结果。也就是说，如果内存有 M=4 块，可以给外层关系 students 分配 M−2=2 块，这样只用对外层关系 students 中的每 2 块，而不是每一块，完整扫描一次内层关系 choices。这使得内层关系 choices 的扫描次数从 $b_{students}$ =20 次减少到 $\lceil \frac{b_{students}}{M-2} \rceil$ =10 次，总的代价为 $\lceil \frac{b_{students}}{M-2} \cdot b_{choices} + b_{students} \rceil$ = 4020 次块传输和 $2\lceil \frac{b_{students}}{M-2} \rceil$ = 20 次磁盘搜索。

7.4.3 索引嵌套循环连接

如果内层关系在连接属性上有索引，可以使用索引嵌套循环连接(indexed nested-loop join)算法，在内层循环中使用索引更高效地查找元组，代替线性扫描。也就是说，对于外层关系 students 的每一个元组 $t_{students}$，可以利用索引查找内层关系 choices 中和元组 $t_{students}$ 满足连接条件的元组。在关系 choices 中查找和给定元组 $t_{students}$ 满足连接条件的元组本质上是在 choices 上做选择运算。例如，假设 students 中有一个 sid = 100 的元组，那么应该检索 choices 中满足选择条件 sid = 100 的元组。

下面评估索引嵌套循环连接算法的代价。对于外层关系 students 的每一个元组，需要利用内存关系 choices 的连接属性上的索引检索相关元组。在最坏的情况下，内存缓冲区只能容纳外层关系 students 的一个数据块和内层关系 choices 的索引的一个块。此时，读取关系 students 需要 $b_{students}$ 次磁盘访问。对于外层关系 students 中的每个元组，在内层关系 choices 上进行索引查找。假设内层关系 choices 在连接属性 sid 上有 B+树主索引，且平均每个索引节点包含 20 个索引项。由于 choices 有 10000 个元组，所以 B+树的高度为 4，而且索引 sid 是关系 students 的码属性，只会检索出一个元组，因此读取索引及实际数据共需要 5 次磁盘访问。这样，连接的时间代价总共为 $b_{students} + 5n_{students}$ = 5020 次磁盘访问，其中每次磁盘访问都需要一次磁盘搜索和一次磁盘块传输。与块嵌套循环连接所需要的 8020 次块传输和 40 次磁盘搜索相比，尽管块传输的次数减少了，但是磁盘搜索的次数增加了。如果在关系 students 上有一个选择操作使得行数显著地减少，则索引嵌套循环连接可以比块嵌套循环连接快得多。另外，由代价公式可知，如果两个关系上均有索引，则把元组较少的关系作为外层关系时效果更好。

7.4.4 归并连接

归并连接(merge join)算法可用于自然连接和等值连接。对于自然连接 students⋈choices，归并连接会根据连接属性 sid 对关系 students 和 choices 进行排序，然后使用归并操作合并这两个已排序的关系，生成最终的连接结果。

归并连接算法如图 7-8 所示。首先，需要对两个输入关系进行排序，此处不做详细

```
/* 对关系 students 进行排序，此处省略 */
/* 对关系 choices 进行划分，此处省略 */
p_students := 关系 students 的第一个元组的地址；
p_choices := 关系 choices 的第一个元组的地址；
while ( p_students ≠ null and p_choices ≠ null ) do
begin
    t_students := p_students 所指向的元组；
    H_students := { t_students }；
    让 p_students 指向关系 students 的下一个元组；
    t'_students := p_students 所指向的元组；
    while ( p_students ≠ null and t'_students [sid] = t_students [sid] ) do
    begin
        H_students := H_students ∪ { t_students }；
        让 p_students 指向关系 students 的下一个元组；
        t'_students := p_students 所指向的元组；
    end
    t_choices := p_choices 所指向的元组；
    while ( p_choices ≠ null and t_choices [sid] < t_students [sid] ) do
    begin
        让 p_choices 指向关系 choices 的下一个元组；
        t_choices := p_choices 所指向的元组；
    end
    while ( p_choices ≠ null and t_choices [sid] = t_students [sid] ) do
    begin
        for each t_students in H_students do
          begin
              把 t_students · t_choices 加到结果中；
          end
        让 p_choices 指向关系 choices 的下一个元组；
        t_choices := p_choices 所指向的元组；
    end
end
```

图 7-8 归并连接

说明。$t_{students} \cdot t_{choices}$ 表示由具有相同 sid 属性值的两个元组 $t_{students}$ 和 $t_{choices}$ 拼接，并通过投影去除其中重复的属性而成的元组。归并连接算法为每个关系分配一个指针。这些指针一开始指向相应关系的第一个元组。随着该算法的进行，指针遍历整个关系。算法会将关系 students 中在连接属性 sid 上具有相同值的一组元组读入集合 $H_{students}$ 中，每个元组集合 $H_{students}$ 通常都能被内存完整容纳。接下来，另一个关系 choices 中相应的元组被读入，并加以处理。

如果对于某些连接属性值，$H_{students}$ 无法完整装入内存，则可以在集合 $H_{students}$ 与关系 choices 中具有相同连接属性值的元组之间采用块嵌套循环连接。

下面讨论归并连接算法的代价。如果任意一个输入关系 students 或 choices 未按连接属性 sid 排序，那么必须先对它们进行排序，排序代价必须加在总代价上。由于输入关系是已排序的，所以在连接属性 sid 上具有相同值的元组是连续存放的。因此，两个关系的每一块都只需读入一次(假设所有集合 $H_{students}$ 均可完整装入内存)。由于两个关系都只需读一遍，所以需要的磁盘块传输次数是两个关系的块数之和：$b_{students} + b_{choices} = 420$。假设在最坏情况下，每个输入关系仅分配到一个缓冲块，那么需要 $b_{students} + b_{choices} = 420$ 次磁盘搜索。如果为每个关系分配 $b = 4$ 个缓冲块，那么所需磁盘搜索次数减小为 $\lceil \frac{b_{students}}{b} \rceil + \lceil \frac{b_{choices}}{b} \rceil = 105$。由于磁盘搜索代价远比数据传输的代价高，因此如果还有额外的内存，为每个关系多分配缓冲块是有意义的。

假设两个关系中有一个已排序，另一个未排序，但未排序的关系在连接属性上有 B+ 树辅助索引，那么可以使用混合归并连接算法(hybrid merge-join algorithm)。该算法把索引与归并连接相结合，把已排序关系与 B+ 树辅助索引的叶节点进行归并，所得结果文件包含了已排序关系的元组及未排序关系的元组地址。然后，将该文件按未排序关系元组的地址进行排序，从而能够对相关元组按照物理存储顺序进行有效的检索，最终完成连接操作。

7.4.5 哈希连接

类似于归并连接算法，哈希连接(hash join)算法可用于实现自然连接和等值连接。在哈希连接算法中，用哈希函数 h 来划分两个输入关系的元组。此算法的基本思想是根据连接属性值的哈希值来划分两个关系的元组。

本节还是以自然连接 students ⋈ choices 为例。假设：

(1) h 是将连接属性 sid 值映射到 $\{0, 1, \cdots, n\}$ 的哈希函数。

(2) $H_{s0}, H_{s1}, \cdots, H_{sn}$ 表示关系 students 的元组划分，每个划分初始都是空集。对于关系 students 中的每个元组 $t_{students}$，计算其哈希值 $i = h(t_{students}[sid])$，并放入划分 H_{si} 中。

(3) $H_{c0}, H_{c1}, \cdots, H_{cn}$ 表示关系 choices 的元组划分，每个划分初始都是空集。对于关系 choices 中的每个元组 $t_{choices}$，计算其哈希值 $i = h(t_{choices}[sid])$，并放入划分 H_{ci} 中。

哈希函数 h 应当具有良好的随机性和均匀性。关系的划分如图 7-9 所示。

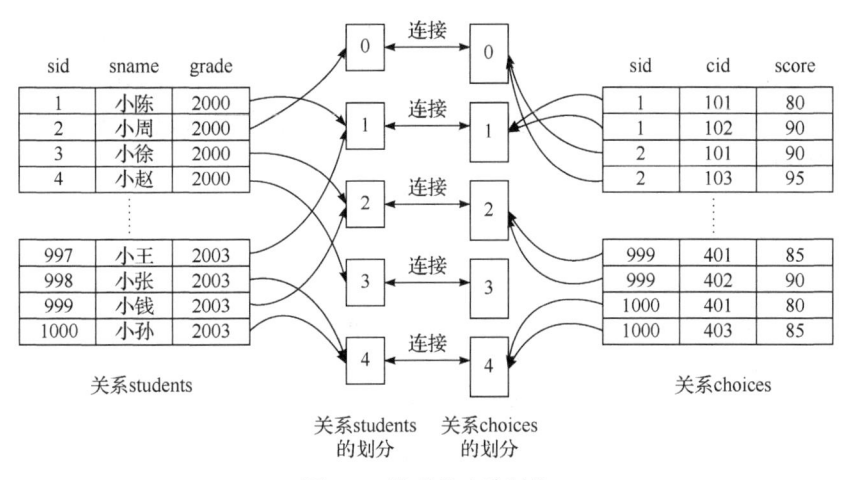

图 7-9 关系的哈希划分

根据哈希函数的特性,如果关系 students 的一个元组与关系 choices 的一个元组满足连接条件,那么它们在连接属性 sid 上就会有相同的哈希值。若该值经哈希函数映射到 i,则关系 students 相应的那个元组必在划分 H_{si} 中,而关系 choices 相应的那个元组必在划分 H_{ci} 中。因此,H_{si} 中的元组只需要与 H_{ci} 中的元组相比较,而不需要与其他任何划分里的元组相比较。然而,我们必须检查 H_{si} 中的元组与 H_{ci} 中的元组在连接属性 sid 上是否具有相同值,因为可能两个元组有不同的 sid 属性值却有相同的属性哈希值。

对关系进行划分后,哈希连接算法对各个划分对(H_{si}, H_{ci})($i = 0, 1, \cdots, n$)进行单独的索引嵌套循环连接。为此,该算法先为每个 H_{si} 构造哈希索引,然后用 H_{ci} 中的元组进行探查,即以与 H_{ci} 中的元组具有相同连接属性值为条件,在 H_{si} 中使用哈希索引检索符合条件的元组。关系 students 称为构造用输入(build input),关系 choices 称为探查用输入(probe input)。H_{si} 的哈希索引是在内存中建立的,因此并不需要访问磁盘以检索元组。用于构造此索引的哈希函数与前面划分关系使用的哈希函数 h 必须是不同的,但仍然只是对连接属性进行哈希映射。

哈希函数的 n 值应该足够大,使得内存可以足够容纳构造用输入关系 students 的任意划分 H_{si} 中的元组以及哈希索引。内存中可以不必完全容纳探查用输入关系 choices 的任意划分。显然,将较小的输入关系作为构造用输入关系会更佳。此处,构造用输入关系 students 有 $b_{students} = 20$ 块,假设内存块数 $M = 4$,要使 n 个划分中的每一个划分小于等于 M,那么 n 值至少应该为 $\lceil b_{students}/M \rceil = 5$。更准确些,还应该考虑该划分上哈希索引占用的内存空间,所以 n 值应该相应再取大一点。为简单起见,在分析中有时忽略哈希索引所需的内存空间。这里把哈希连接算法的代价分析作为习题。

7.5 查询优化

查询优化一般从逻辑和物理两个层面进行。逻辑优化旨在发现与原始查询等价但更高效的关系代数表达式,核心在于通过调整关系代数运算,最小化运算涉及的元组数,提高整体运算效率。逻辑优化主要是通过关系代数的等价转换实现的，也称为代数优化。物理优化主要涉及评估查询执行计划的代价，并从候选查询执行计划中选择代价最小的计划。与逻辑优化不同，物理优化过程需要考虑关系实例的统计信息特征，以充分计算不同物理操作的执行代价。

7.5.1 代数优化

如果两个关系代数表达式产生相同的元组集，则称它们是等价的(equivalent)。两个表达式可能以不同的顺序产生元组，但只要元组集是一致的，就认为它们是等价的。

关系代数的等价转换是根据等价规则(equivalence rule)实现的。下面根据不同运算操作，列出关系代数表达式的一些通用等价规则。其中，θ、θ_1、θ_2 等表示谓词，L_1、L_2、L_3 等表示属性列表，而 E、E_1、E_2 等表示关系代数表达式。

(1) 选择运算符合以下等价规则。

① 选择运算满足交换律：

$$\sigma_{\theta_1}\left(\sigma_{\theta_2}(E)\right) = \sigma_{\theta_2}\left(\sigma_{\theta_1}(E)\right)$$

② 选择运算满足分解律：

$$\sigma_{\theta_1 \wedge \theta_2}(E) = \sigma_{\theta_1}\left(\sigma_{\theta_2}(E)\right)$$

③ 当选择条件 θ_0 只涉及参与连接运算的表达式之一(如 E_1)的属性时，满足分配律：

$$\sigma_{\theta_0}(E_1 \bowtie_\theta E_2) = \sigma_{\theta_0}(E_1) \bowtie_\theta E_2$$

当选择条件 θ_1 只涉及 E_1 的属性，选择条件 θ_2 只涉及 E_2 的属性时，满足分配律：

$$\sigma_{\theta_1 \wedge \theta_2}(E_1 \bowtie_\theta E_2) = \sigma_{\theta_1}(E_1) \bowtie_\theta \sigma_{\theta_2}(E_2)$$

④ 选择运算对并、交、差运算具有分配律：

$$\sigma_\theta(E_1 - E_2) = \sigma_\theta(E_1) - \sigma_\theta(E_2)$$

上述等价规则将 "−" 替换成 ∪ 或 ∩ 时也成立。

选择运算通常能有效缩减中间结果的大小，使执行代价节约几个数量级。因此，应该遵循启发式规则：选择运算应尽早执行。下面举例说明。假设关系 students 的元组数为 1000，其中符合 2000 级条件的元组有 200 个；关系 choices 的元组数为 10000，其中符合课程通过条件的元组有 8000 个。查询 "2000 级的学生通过了哪些课程" 的关系代数表达式可以写为

$$\sigma_{\text{grade}=2000 \wedge \text{score}>60}(\text{students} \bowtie \text{choices})$$

这样需要在有 1000 个元组的关系和 10000 个元组的关系之间做连接运算。如果利用选择运算的分配律，将关系代数表达式改写为

$$\sigma_{\text{grade}=2000}(\text{students}) \bowtie \sigma_{\text{scores}>60}(\text{choices})$$

也就是把选择运算提到连接运算之前执行。那么只需要在 200 个元组和 8000 个元组的中间结果之间做连接运算，极大地减少了运算的元组数。以上规则是启发式的，因为这条规则通常会，但不总是有助于减少代价。

(2) 投影运算符合以下等价规则。

① 投影运算的级联规则，也就是一系列投影运算中只有最后个运算是必需的，其余的可省略：

$$\prod\nolimits_{L_1}\left(\prod\nolimits_{L_2}\left(\cdots\prod\nolimits_{L_3}(E)\cdots\right)\right)=\prod\nolimits_{L_3}(E)$$

② 投影属性 L_1、L_2 分别代表 E_1、E_2 的属性，且连接条件 θ 只涉及 L_1 和 L_2 中的属性，则符合分配律：

$$\prod\nolimits_{L_1\cup L_2}(E_1\bowtie_\theta E_2)=\prod\nolimits_{L_1}(E_1)\bowtie_\theta\prod\nolimits_{L_2}(E_2)$$

③ 投影属性 L_1、L_2 分别代表 E_1、E_2 的属性集，投影属性 L_3 是 E_1 中出现在连接条件 θ 中但不在 L_1 和 L_2 中的属性，投影属性 L_4 是 E_2 中出现在连接条件 θ 中但不在 L_1 和 L_2 中的属性，则符合分配律：

$$\prod\nolimits_{L_1\cup L_2}(E_1\bowtie_\theta E_2)=\prod\nolimits_{L_1\cup L_2}(\prod\nolimits_{L_1\cup L_3}(E_1)\bowtie_\theta\prod\nolimits_{L_2\cup L_4}(E_2))$$

④ 投影运算对并运算具有分配律：

$$\prod\nolimits_L(E_1\cup E_2)=\prod\nolimits_L(E_1)\cup\prod\nolimits_L(E_2)$$

投影运算像选择运算一样可以减少关系的大小。因此，应该遵循启发式规则：投影运算应尽早执行。但通常选择运算优先于投影运算执行比较好，因为选择运算可以利用索引存取元组，如果先执行投影运算，可能会导致具有索引的属性被减去。同启发式选择规则一样，启发式投影规则也不总是有助于减少代价。

(3) 笛卡儿积与连接运算符合以下等价规则。

① 选择运算可以和前面的笛卡儿积运算相结合，等价于条件连接运算：

$$\sigma_\theta(E_1\times E_2)=E_1\bowtie_\theta E_2$$

由 7.4 节可知一些连接算法，如哈希连接，无须对 E_1 的每一个元组都扫描 E_2 的所有元组。但是，笛卡儿积运算必须对 E_1 的每一个元组都扫描 E_2 的所有元组。因此，应该遵循启发式规则：尽量避免笛卡儿积操作。尽量把选择运算和前面的笛卡儿积运算结合起来，转化为条件连接运算。

② 选择运算可以和前面的条件连接运算相结合：

$$\sigma_{\theta_1}(E_1\bowtie_{\theta_2}E_2)=E_1\bowtie_{\theta_1\wedge\theta_2}E_2$$

这样可以无须为选择运算多扫描关系一次。

③ 连接运算满足交换律：

$$E_1\bowtie E_2=E_2\bowtie E_1$$

④ 连接运算满足结合律：

$$(E_1 \bowtie E_2) \bowtie E_3 = E_1 \bowtie (E_2 \bowtie E_3)$$

(4) 并运算和交运算符合以下等价规则。

① 并与交满足交换律：

$$E_1 \cup E_2 = E_2 \cup E_1$$

$$E_1 \cap E_2 = E_2 \cap E_1$$

集合的差运算不满足交换律。

② 并与交满足结合律：

$$(E_1 \cup E_2) \cup E_3 = E_1 \cup (E_2 \cup E_3)$$

$$(E_1 \cap E_2) \cap E_3 = E_1 \cap (E_2 \cap E_3)$$

7.5.2 物理优化

物理优化就是要选择高效合理的操作算法，求得优化的查询执行计划，达到查询优化的目的。这里简要说明基于代价的物理优化，主要包括以下四个步骤。

1. 收集统计信息

由于各种操作算法的执行代价与数据库的状态息息相关，因此数据库系统会在数据字典中存储一些优化器需要的统计信息，主要包括如下几个方面。

(1) 对每个关系，如该关系的元组数目、元组占用的平均字节数、关系占用的磁盘块数等。

(2) 对关系的每个属性，如该属性不同值的个数、该属性的最大值和最小值，该属性上是否建立了索引以及索引类型等。根据这些统计信息，可以计算出谓词条件的选择率 f，每个值的选择率 f 等于具有该值的元组数/总元组数，如果不同值的分布是均匀的，则 $f = 1/m$，m 为取值个数。

(3) 对每个索引，例如，B+树索引，该索引的层数、不同索引值的个数、索引的选择基数(具有某个索引值的元组数)、索引的叶节点数等。

2. 生成候选执行计划

数据库系统会生成多个可能的执行计划，每个执行计划都是查询操作的一种可能的物理执行方式，如使用不同的连接算法、连接次序等。

3. 代价估计

对于每个候选执行计划，数据库系统会根据收集的统计信息和执行计划的具体实现方式，估算执行该计划所需的代价。各种操作的代价估计方式可见 7.2~7.4 节。

4. 选择最优执行计划

根据每个执行计划的估计代价,数据库系统会选择代价最小的作为最终的执行计划。

这里以基于代价的连接次序选择为例,说明基于代价的物理优化。一个好的连接运算次序对于减少临时结果的大小是很重要的,因此大部分查询优化器在连接次序上花了很多工夫。正如 7.5.1 节中的等价规则提到的,连接运算满足结合律。所以,对任意给定关系 r_1、r_2 和 r_3,有 $(r_1 \bowtie r_2) \bowtie r_3 = r_1 \bowtie (r_2 \bowtie r_3)$。

虽然这两个表达式等价,但计算它们的代价可能不同。考虑以下关系连接:

$$\sigma_{grade=2000}(students) \bowtie choices \bowtie courses$$

可以选择先计算 $\sigma_{grade=2000}(students) \bowtie choices$,然后将结果与 courses 相连接,也可以选择先计算 $choices \bowtie courses$,然后与 $\sigma_{grade=2000}(students)$ 相连接。但是可以发现,$\sigma_{grade=2000}(students) \bowtie choices$ 是一个比 $choices \bowtie courses$ 更小的关系,因为前者只包含了 2000 级学生的选课记录,这样需要保存的临时关系更小。

但是,对于 n 个关系的连接,有 $(2(n-1))!/(n-1)!$ 个连接顺序。当 n 增加时,这个数字迅速增长。幸运的是,不必产生与给定表达式等价的所有表达式。例如,假设想找到以下表达式的最佳连接顺序:

$$((r_1 \bowtie r_2) \bowtie r_3) \bowtie r_4 \bowtie r_5$$

该表达式表示关系 r_1、r_2 和 r_3 首先进行连接(以某种顺序),其结果再与 r_4、r_5 进行连接。计算 $r_1 \bowtie r_2 \bowtie r_3$ 有 12 种不同的连接次序,其结果再与 r_4、r_5 进行连接时又有 12 种顺序。但是,并不需要检查 144 种连接顺序。因为,一旦给关系子集 $\{r_1, r_2, r_3\}$ 找到了最佳连接顺序,可以用此顺序进一步与 r_4、r_5 进行连接。这样,就只需检查(12+12)种顺序。

本 章 小 结

查询处理与优化是 DBMS 的核心功能之一,本章内容主要包括查询处理和查询优化两方面。在查询处理方面,首先介绍了查询代价的测量,然后介绍了查询处理中不同操作的处理方法,包括选择操作、外部排序和连接操作等。其中连接操作介绍了嵌套循环连接、块嵌套循环连接、索引套循环连接、归并连接和哈希连接等,并对连接方法的代价进行分析。在查询优化方面,主要介绍了代数优化和物理优化两方面内容。其中代数优化包括代数表达式等价转换规则,而物理优化包括基于代价优化的主要步骤。

习 题

1. 试述查询优化在关系数据库中的重要性和可能性。
2. 假设关系 $r_1(A, B, C)$ 有 10000 个元组,一个块能装 50 个 r_1 的元组,估算下列选择操作需要多少次磁盘块读写。

(1) r_1 上没有索引，select * from r1;

(2) r_1 中 A 为主码，A 有 3 层 B+树索引，select * from r1 where A = 10。

3. 假设关系 r_1 (A, B, C) 在 (A, B) 属性上有 B+树索引，说出处理下列选择操作的最佳方法。

$$\sigma_{A>100 \wedge B=1 \wedge C>60}(r_1)$$

4. 考虑如下学校数据库例子。

students (sid, sname, email, grade); teachers (tid, tname, email, salary); courses (cid, cname, hour)

假设 students 的 sid 属性、teachers 的 tid 属性以及 courses 的 cid 属性上有 B+树索引，说明下列查询语句的一种较优的处理方法。

(1) select * from students where grade = 2000;

(2) select * from courses where cid > 10010;

(3) select * from teachers where salary < 5000;

(4) select * from teachers where tid > 1000 and salary < 5000;

(5) select * from teachers where tid > 1000 or salary < 5000。

5. 考虑关系 students，假设关系 students 在非码属性 grade 上有 B+树索引，此外别无其他索引。列出处理下列包含取反运算的选择操作的不同方法：

$$\sigma_{\neg(\text{grade}=2000)}(\text{sid})$$

6. 假设一块中只有一个元组，内存最多容纳 3 块。当使用排序归并算法时，给出对下列元组按第一个属性排序各趟所产生的归并段：(17, 数据结构)，(21, 操作系统)，(1, 算法设计)，(13, C 程序设计)，(3, 线性代数)，(8, 数据库系统原理)，(4, 计算机组成原理)，(11, 高等数学)，(6, 计算机网络)，(9, 离散数学)。

7. 假设需要排序 20GB 的关系，使用 2KB 大小的块以及 20GB 大小的内存。假设一次磁盘搜索代价是 5 ms，磁盘传输速率是每秒 20MB。

(1) 对于 bb = 1 和 bb = 100 的情况，分别计算排序该关系的代价(以秒为单位)。

(2) 在上述每种情况下，各需要多少遍归并？

8. 设关系 r_1 (A, B, C)，r_2 (C, D, E) 有如下特性：r_1 有 10000 个元组，r_2 有 30000 个元组，一块磁盘块中可容纳 50 个 r_1 元组或 60 个 r_2 元组。估计使用以下连接策略计算 $r_1 \bowtie r_2$ 需要几次块传输和磁盘搜索。

(1) 嵌套循环连接；(2) 块嵌套循环连接；(3) 归并连接；(4) 哈希连接。

9. 考虑习题 8 中的 r_1 和 r_2，假设 r_1 的属性 A 和 r_2 的属性 D 为存在 B+树索引，考虑以下 SQL 语句：

select r_1.A from r_1, r_2 where r_1.C = r_2.C and r_2.D=1;

写出一个与此等价的、高效的关系代数表达式，并说明你的选择。

10. 考虑如下学校数据库例子：

students (sid, sname, email, grade); choices(no, sid, tid, cid, score)

假设 students 的 sid 属性、choices 的 no 属性、sid 属性和 cid 属性上都有 B+树索引，说明下列查询语句的一种较优的处理方法。

(1) select sname, cid, score from students, choices where students.sid = choices.sid and grade = 2000；

(2) select sname from students, choices where students.sid = choices.sid and cid = 10。

11. 如果索引是辅助索引并且在连接属性上多个元组有相同的值，则索引嵌套循环连接算法效率不高，为什么？找出一种利用排序减少内层关系元组检索代价的方法。在什么条件下该算法比混合连接算法更有效？

12. 请分析 7.4.5 节讲述的哈希连接算法代价如何。

13. 证明以下等价式成立。解释如何用它提高某些查询的效率。

$$E_1 \bowtie_\theta (E_2 - E_3) = E_1 \bowtie_\theta E_2 - E_1 \bowtie_\theta E_3$$

14. 给出关系实例说明以下两个表达式不等价：

$$\prod\nolimits_A (r_1 - r_2) \text{ 与 } \prod\nolimits_A (r_1) - \prod\nolimits_A (r_2)$$

15. 使用 7.5.1 节中的等价规则，证明如何通过一系列转换导出下列等价式：

(1) $\sigma_{\theta_1 \wedge \theta_2 \wedge \theta_3}(E) = \sigma_{\theta_1}\left(\sigma_{\theta_2}\left(\sigma_{\theta_3}(E)\right)\right)$；

(2) $\sigma_{\theta_1 \wedge \theta_2}(E_1 \bowtie_{\theta_3} E_2) = \sigma_{\theta_1}(E_1 \bowtie_{\theta_3} \sigma_{\theta_2}(E_2))$，其中 θ_2 仅使用 E_2 的属性。

16. 考虑习题 10 中的两个查询语句，找出你使用的数据库系统 DBMS 中为这两个查询产生的执行计划。

17. 试述代数查询优化的一般准则。

第8章 并发控制

当多个用户同时访问数据库系统时，数据库并发控制成为必不可少的机制，以确保数据的一致性和可靠性。事务是并发控制的核心概念，本章主要介绍事务的相关概念以及事务并发处理。

事务是一组逻辑上有关联的数据库操作，是一个程序执行单位。事务具有四个核心特性，称为 ACID 特性，分别是原子性(atomicity)、一致性(consistency)、隔离性(isolation)和持久性(durability)。

(1) 原子性：保证事务的操作要么全部执行成功，要么全部不执行。这样可以防止因系统故障或其他异常情况导致事务只执行一部分而不是全部，从而保持数据库的一致性。例如，用户在银行办理转账业务，从账户 A 往账户 B 转账 1000 元，需要从账户 A 中扣除 1000 元，同时向账户 B 中添加 1000 元。在这种情况下，如果转账操作中任何一个操作出现问题，整个转账操作都应该被回滚(rollback)，以确保数据的完整性和一致性。

(2) 一致性：事务的执行结果使得数据库从一个一致状态变为另一个一致状态。在事务执行后，数据库应该仍然保持一致状态，不破坏完整性约束。例如，银行转账中账户 A 和账户 B 的余额之和在转账前和转账后是一致的。

(3) 隔离性：多个事务可以并发执行，但其执行应该相互隔离，即一个事务的执行不应影响其他事务，防止并发事务之间的数据干扰，避免使用到其他事务的脏数据。例如，不同的银行转账业务之间是互不干扰和影响的。

(4) 持久性：一旦事务提交，其结果应该是永久性的，即使系统发生故障也不能丢失。这确保了对数据库的修改不会被撤销。例如，一旦转账业务完成，数据库中账户 A 和 B 的余额就会发生改变。

8.1 事务的状态

为了描述事务生命周期，引入一个抽象事务模型来表示事务可能处在的状态。事务的状态是指在事务执行过程中，事务所经历的不同状态。在数据库中，通常有以下状态。

(1) 活跃(active)：事务的初始状态。事务正在执行中，可以执行读取和写入操作。

(2) 部分提交(partially committed)：在事务执行期间，最后一个操作已被执行，但是事务尚未被提交。此时，事务的结果已经写入数据库缓冲区，但还未持久化到磁盘。

(3) 提交(committed)：事务已成功执行，并且所有的修改已经持久化到磁盘上的数据库中。事务从提交状态开始后，就无法回滚到之前的任何状态。

(4) 失败(failed)：事务执行过程中发生了错误，导致事务无法继续执行。失败可能是由于硬件故障、软件错误或用户定义的条件触发的。

(5) 中止(aborted)：在事务失败后，回滚事务并恢复到事务开始执行之前的状态。中止状态表示事务已经被撤销，所有的修改都被回滚。

为了能够更好地解释事务的运行机制，图 8-1 展示了事务状态之间的转换规则，其中只有提交的、中止的才是事务合法的最终状态。事务具有不同的状态，根据其执行和处理过程，会在不同的状态之间转换。初始状态为活跃状态，随着事务的执行，它可能进入部分提交状态，最终达到提交状态。然而，在这个过程中，由于可能发生故障，事务也有可能被迫中止，无法成功完成。

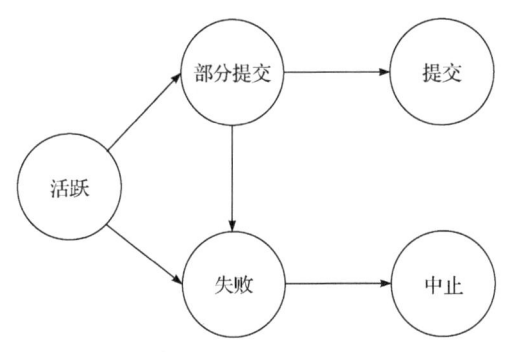

图 8-1 事务状态转换

当事务完成最后一条语句后，进入部分提交状态。此时，实际的输出可能仍暂存在主存中，如果发生故障，将导致事务无法成功完成，因此可能需要中止。

为了确保即使在系统重启后也能重新创建事务所做的更新，数据库系统会将足够的信息写入磁盘。当所有相关信息都写入磁盘后，事务进入提交状态。需要注意的是，这里假设磁盘上的数据不会因故障而丢失，处理数据丢失的技术将在后续章节中进行讨论。

当系统判定事务无法继续正常执行时(例如，由于硬件或逻辑错误)，事务进入失败状态，并需要回滚。这意味着事务将中止，而事务进入中止状态一般会有以下两种选择。

(1) 重启事务。在重启时，通常会将其视为一个新的事务从头开始执行。设想一个在线购物场景，用户将商品添加到购物车并结账，但在支付过程中，发生故障导致支付请求未能成功完成。这时可以重启事务，允许用户重新尝试支付，而用户购物车保持在原状态。

(2) 终止事务。系统会中止事务的执行，可能回滚执行的部分操作，确保数据库的一致性。例如，在银行账户转账时，目标账户不存在或者存在其他异常，这时可以终止事务，取消用户转账请求，并回滚执行的转账步骤，确保资金没有发生不正常的流动。

8.2 可串行化

给定并发事务 T_1、T_2，如何保证它们的执行是正确的呢？显然，如果 T_1、T_2 按顺序执行，例如，先执行 T_1，再执行 T_2 或先执行 T_2，再执行 T_1，那么在事务执行前后，数据库状态是一致的，也就是执行是正确的。我们把并发事务的执行顺序称为调度，其中包含了事务操作或指令执行的时间顺序。特别地，在串行调度中，并发事务按顺序依次执行。

实际中，并发事务的执行通常不是串行的，而是犬牙交错地交织在一起的。假设有两个账户：A 和 B，初始余额都为 2000 元。事务 T_1 从账户 A 向账户 B 转账 1000 元，事务 T_2 从账户 A 向账户 B 转账账户 A 金额的 50%，如图 8-2(a) 和图 8-2(b) 所示的调度 1 和调度 2 是可能的调度，其中箭头表示操作或指令执行的顺序。在调度 1 中，两个账户结果总额仍为 4000 元，这个结果与 T_1 和 T_2 串行执行的结果是一样的。在调度 2 中，两个账户结果分别为 1000 元和 4000 元,总额为 5000 元,显然事务执行前后数据库不一致。

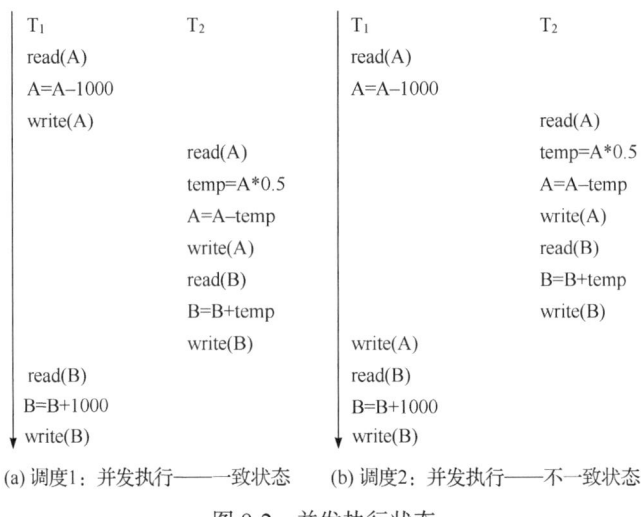

```
       T₁              T₂                    T₁              T₂
       read(A)                                read(A)
       A=A−1000                               A=A−1000
       write(A)
                       read(A)                                read(A)
                       temp=A*0.5                             temp=A*0.5
                       A=A−temp                               A=A−temp
                       write(A)                               write(A)
                       read(B)                                read(B)
                       B=B+temp                               B=B+temp
                       write(B)                               write(B)
                                              write(A)
       read(B)                                read(B)
       B=B+1000                               B=B+1000
       write(B)                               write(B)
```

(a) 调度1：并发执行——一致状态　　(b) 调度2：并发执行——不一致状态

图 8-2　并发执行状态

类似于调度 1，如果并发事务的执行结果等价于一个串行化调度，那么这个调度称为是可串行化的。

给定调度 S，假设 T_i 与 $T_j (i \neq j)$ 是 S 中的事务，指令 I 与 J 分别是事务 T_i 与 T_j 中两条连续的指令。如果 I 与 J 引用不同的数据项，则交换 I 与 J 不会影响调度中任何指令的结果。不过，如果 I 与 J 引用相同的数据项 Q，则这两条指令执行的次序可能不能交换。由于只考虑 read 与 write 指令，可能的情况如下。

(1) $I = read(Q), J = read(Q)$，指令 I 与 J 可以交换，因为 T_i 与 T_j 读取的 Q 值总是相同的。

(2) $I = read(Q), J = write(Q)$，如果指令 I 先于 J，则 T_i 不会读取到由 T_j 在指令 J 中所写的 Q 值。如果指令 J 先于 I，则 T_i 读取到由 T_j 所写的 Q 值。因此，指令 I 与 J 的次序重要，不能交换。

(3) $I = write(Q), J = read(Q)$，类似情况 2，指令 I 与 J 的次序重要，不能交换。

(4) $I = write(Q), J = write(Q)$，指令 I 与 J 的次序重要,Q 值由最后执行的写操作确定，不能交换。

因此，如果 I 与 J 是不同事务在相同数据项上执行的操作，并且其中至少有一条指令是 write 操作，那么指令 I 与 J 是冲突的。考虑图 8-3(a)的调度 3，T_2 的 read(B) 和 T_1 的 write(B) 是冲突的，T_2 的 read(A) 和 T_1 的 write(B) 是不冲突的，T_2 的 write(B) 和 write(A) 也是不冲突的。

一般地，如果 I 与 J 是调度 S 的连续指令且 I 与 J 不冲突，那么可以交换 I 与 J 的次序得到一个新的调度 S'，并且 S 与 S' 是等价的，这是因为在 S 与 S' 中，除了 I 与 J，所有其他指令都是相同的，而 I 与 J 又是可交换的。如果调度 S 可以经过一系列非冲突指令的交换而转换成调度 S'，则称 S 与 S' 是冲突等价的。特别地，如果调度 S 与一个串行调度是冲突等价的，则称调度 S 是冲突可串行化的。

考虑图 8-3(a)的调度 3，其中只给出读写操作，省略其他逻辑操作。在调度 3 中，可以交换一些非冲突指令，得到和调度 3 冲突等价的新调度。例如，在 T_2 中先对 A 进行读写操作，然后再对 B 进行读写操作。接着，交换 T_1 关于 B 的操作和 T_2 关于 A 的操作的顺序。如图 8-3(b)和(c)所示，交换顺序后的调度 3.1 和调度 3.2 与串行调度 3 是冲突等价的，因此调度 3.2 是冲突可串行化的。

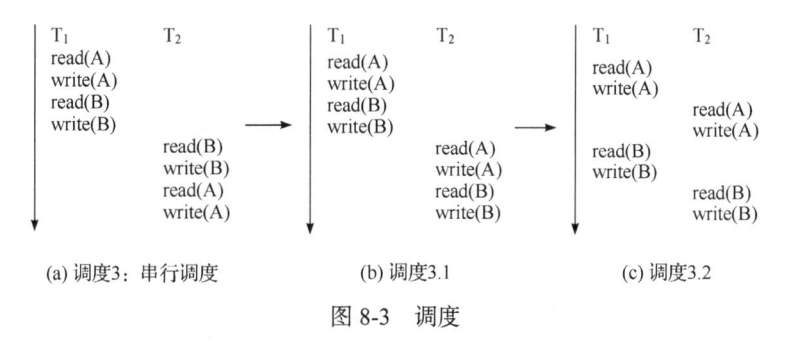

T_1	T_2	T_1	T_2	T_1	T_2
read(A)		read(A)		read(A)	
write(A)		write(A)		write(A)	
read(B)		read(B)			read(A)
write(B)		write(B)			write(A)
	read(B)		read(A)	read(B)	
	write(B)		write(A)	write(B)	
	read(A)		read(B)		read(B)
	write(A)		write(B)		write(B)

(a) 调度3：串行调度　　　(b) 调度3.1　　　(c) 调度3.2

图 8-3　调度

那么，如何判断一个调度是否为冲突可串行化的呢？下面介绍一种基于优先图的方法。给定调度 S，生成有向图：将 S 的每个事务视为图节点，对于每对存在冲突关系的事务操作，如果事务 T_i 的操作在事务 T_j 之前执行，则存在一条从 T_i 指向 T_j 的有向边。然后，检查 S 的优先图中是否存在环。如果存在，则调度 S 不满足冲突可串行化，因为存在矛盾的执行顺序。否则调度 S 是冲突可串行化的。

图 8-4(a)和 (b)分别是调度 3 和调度 2 的优先图，其中调度 3 中的事务 T_1 的 write(B) 操作和事务 T_2 的 read(B)操作存在冲突，而且 T_1 的冲突操作在 T_2 之前，所以有一条从 T_1 指向 T_2 的有向边。调度 2 中事务 T_1 和 T_2 存在冲突操作，使得 T_1 和 T_2 均有指向对方的有向边。因为优先图中存在环，所以调度 2 不是冲突可串行化的。

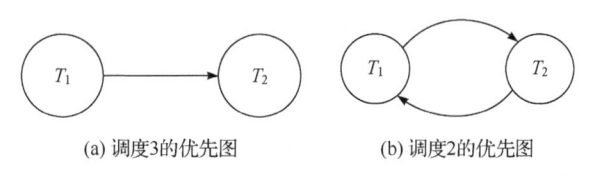

(a) 调度3的优先图　　　(b) 调度2的优先图

图 8-4　调度的优先图

一般地，可以通过拓扑排序寻找与优先图的偏序一致的线性次序可以得到事务的可串行化次序。假设某调度包含四个事务 T_1、T_2、T_3、T_4，其优先图如图 8-5 所示，并且是无环的，因此该调度是冲突可串行化的。基于拓扑序，可以得到调度两种可能的串行次序。

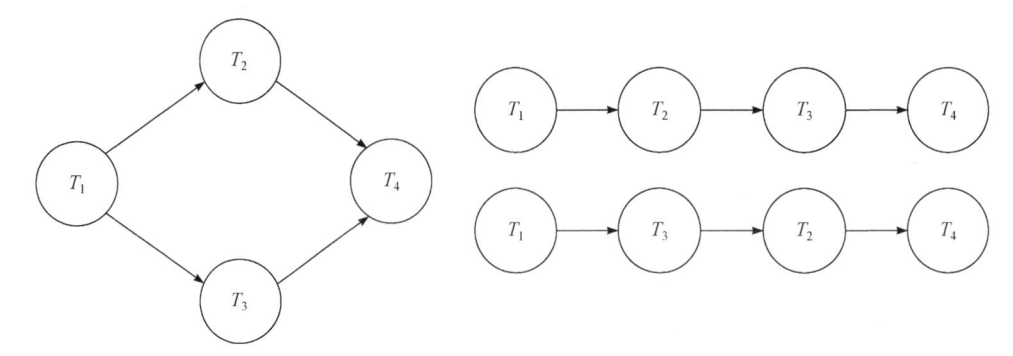

图 8-5　某个调度的优先图及对应的拓扑排序

T_1	T_2
read(A)	
write(A)	
	read(A)
	commit
rollback	

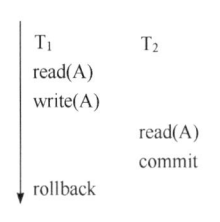

图 8-6　调度 4：不可恢复调度

在并发事务调度中，如果事务无法正常执行，需要进行回滚，也就是撤销事务以保证事务的原子性。但是不是所有调度中的事务都可以进行回滚。

考虑图 8-6 中的调度 4，事务 T_2 在 read(A) 后立刻提交事务，事务 T_1 在后续执行过程中出现异常进行回滚，因为 T_2 读取了 T_1 中新写入的数据项 A，并且已经提交，所以无法中止该事务。在这种情况下，可以说事务 T_2 依赖(dependent)于事务 T_1。因为事务 T_1 不能够恢复，一致性无法得到保障，因此称调度 4 是一个不可恢复调度。

对于一个可恢复调度，如果一个事务 T_i 读取了另一个事务 T_j 所写的数据项，那么事务 T_j 应该在事务 T_i 之前提交。例如，如果调度 4 事务 T_1 改成在 T_2 之前提交，那么该调度就是可恢复的。

即使调度是可恢复的，一个事务要从失效的状态正确恢复，可能会回滚另一个事务。例如，修改后的调度 4 是可恢复的，如果事务 T_1 回滚，那么事务 T_2 也应该进行回滚，因为 T_2 读取了 T_1 写的数据项 A。一个事务的回滚引起其他事务回滚的现象为级联回滚。级联回滚要撤销大量操作，影响系统性能。无级联调度能避免级联回滚。一般地，无级联调度满足以下条件：对于每对事务 T_i 和 T_j，如果事务 T_i 读取了先前由 T_j 写入的数据项，那么事务 T_j 必须在 T_i 的这一读操作之前提交。

在并发事务调度中，只要每个事务单独执行时保持数据库一致，那么可串行性就能确保事务的并发执行保持一致性。不过，在某些应用中，保证并发事务可串行性可能导致极小的并发度。这时，可以考虑较弱级别的一致性，而这将增加程序员的负担。一般地，由 SQL 标准规定的隔离级别如下。

(1) 未提交读(read uncommitted)：这是最低级别的隔离，允许事务读取其他未提交事务的数据。这可能导致脏读，读取到的数据可能是过期数据。

(2) 已提交读(read committed)：在这个隔离级别下，一个事务只能读取已提交的数据，避免了脏读，但仍可能发生不可重复读，因为事务在同一查询中读取同一数据可能得到不同的结果，因为其他事务可以更新该数据。

(3) 可重复读(repeatable read)：在这个级别下，一个事务在执行期间多次读取相同的数据将获得相同的结果。这解决了不可重复读的问题，但仍然可能发生幻读。例如，两

个并发事务 T_1 和 T_2，假设事务 T_1 查询数据库成绩大于 90 分的同学，查询结果是 10 个，接下来，事务 T_2 插入了一条数据库成绩大于 90 分的记录并提交了事务。如果 T_1 再次执行该查询，发现和之前查询结果不一样，出现了幻觉，称之为幻读。

(4) 串行化(serializable)：这是最高级别的隔离，通过确保事务之间完全隔离，避免脏读、不可重复读和幻读。在串行化隔离级别下，每个事务必须等待前一个事务完成，从而保证数据的一致性。

由于串行化需要消耗更多的资源，影响系统性能，所以在许多数据库系统缺省情况下采用已提交读或者可重复读两种隔离级别。

8.3 基于锁的协议

并发控制的机制有很多种，其中锁是一种十分重要的并发控制机制。下面将介绍基于锁的协议，包括锁的授予、两阶段封锁协议以及封锁的实现。

8.3.1 锁的授予

确保隔离性的方式之一是对数据项以互斥的方式进行访问，也就是说，当一个事务访问某个数据项时，其他任何事务都不能修改该数据项。实现这个需求最常用的方法是仅在一个事务当前持有一个数据项上的锁 (lock) 的情况下，该事务才能访问这个数据项。这里考虑两种锁，即共享锁 (shared lock) 和排他锁 (exclusive lock)。

(1) 共享锁(记为 S)：如果事务 T 获取了数据项 Q 的共享锁，则 T 可以读 Q，但不能写 Q。

(2) 排他锁(记为 X)：如果事务 T 获取了数据项 Q 的排他锁，则 T 可以读 Q 也可以写 Q。

共享锁可以授予多个事务，也就是允许事务同时读取数据项；与共享锁相反，一旦事务获得了数据项的排他锁，则其他事务不能再对该数据项进行访问。

给定数据项 Q，如果事务 T_1 在数据项 Q 上已经有了 A 类型的锁，而事务 T_2 还能够请求对数据项 Q 加上 B 类型的锁，那么就说 A 类型的锁和 B 类型的锁是相容的 (compatible)。共享锁和排他锁的相容性如表 8-1 所示。

表 8-1 锁的相容性

	共享型	排他型
共享型	相容	不相容
排他型	不相容	不相容

在并发调度中，事务通过 lock-S(Q)指令申请数据项 Q 的共享锁，通过 lock-X(Q)指令申请数据项 Q 的排他锁，通过 unlock 指令释放锁。当一个事务请求锁时，系统需要检查已有的锁。如果所需的锁与已有的锁相容，那么锁将被授予，事务可以继续执行；否则，事务可能会被阻塞，等待其他事务释放相应的锁。DBMS 的锁管理器 (lock manager) 负责管理事务的锁，包括锁请求与异常情况处理等，其中事务饥饿 (starved) 和死锁 (deadlock)是需要处理的重要问题。

事务饥饿是指一个或多个事务由于无法获取所需的锁而被阻塞,一直处于等待状态。例如,事务 T_1 拥有数据项 Q 的共享锁,事务 T_2 申请 Q 的排他锁,因为锁不相容,T_2 等待 T_1。假设事务 T_3 又被授予 Q 的共享锁,即使 T_1 释放了锁,T_2 仍需等待 T_3。如果后续有更多事务授予共享锁,会导致 T_2 一直等待。为避免饥饿现象,在授予锁的时候需要满足下列条件。

(1) 无冲突锁持有:在数据项 Q 上没有其他事务持有与当前事务 T_i 请求的 M 型锁相冲突的锁。

(2) 无等待冲突:在数据项 Q 上没有其他事务等待并请求加锁,且这些事务的请求在当前事务 T_i 请求之前。

按照上面的条件,事务申请锁时不会被比它晚到的事务所阻塞,也就会避免饥饿现象的发生。死锁是指事务之间相互等待对方持有的锁而导致无法继续执行,详见第 8.4 节。

8.3.2 两阶段封锁协议

两阶段封锁协议(two-phrase locking protocol)是保证并发事务可串行化的一种经典协议。该协议要求分为两个阶段进行加锁和解锁,即增长阶段(growing phrase)和缩减阶段(shrinking phrase)。

(1) 增长阶段:事务可以获取所需的锁,但不能释放锁。
(2) 缩减阶段:事务可以释放已持有的锁,但不能获取新的锁。

在增长阶段,事务可以不断获取锁,但不能解锁或释放锁,一旦事务释放了锁就进入缩减阶段,无法回到增长阶段获得新的锁。

假设 A、B 和 C 三人转账,A 账户余额 1000 元,向 B 转账 300 元;B 账户余额 800 元;C 账户余额 500 元,向 A 转账 150 元。事务调度图如图 8-7 所示。可以看到,事务

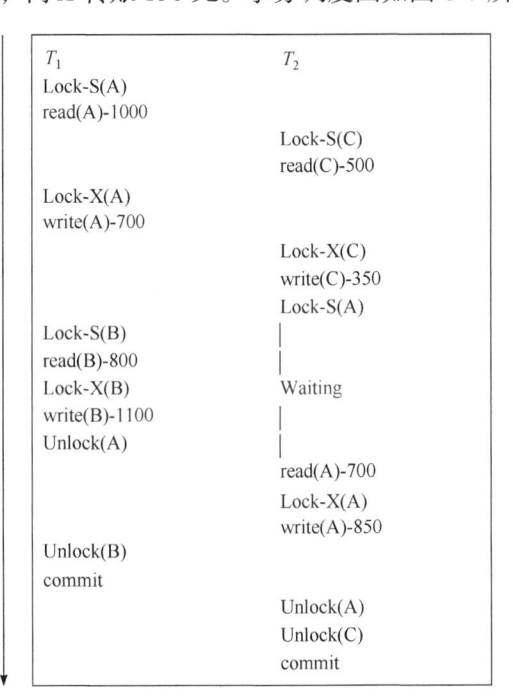

T_1	T_2
Lock-S(A)	
read(A)-1000	
	Lock-S(C)
	read(C)-500
Lock-X(A)	
write(A)-700	
	Lock-X(C)
	write(C)-350
	Lock-S(A)
Lock-S(B)	
read(B)-800	
Lock-X(B)	Waiting
write(B)-1100	
Unlock(A)	
	read(A)-700
	Lock-X(A)
	write(A)-850
Unlock(B)	
commit	
	Unlock(A)
	Unlock(C)
	commit

图 8-7 两阶段封锁协议例子

T_1 和 T_2 都满足两阶段封锁协议。同时，事务 T_2 申请数据项 A 的共享锁时，由于事务 T_1 持有数据项 A 的排他锁，所以一直等到 T_1 释放 A 的锁才被授予。通过计算三个账户转账前后的金额总额，可以看出并发调度保证了数据库的一致性。

严格两阶段封锁协议(strict two-phrase locking protocol)和强两阶段封锁协议(rigorous two-phrase locking protocol)对两阶段封锁协议进行了扩展。具体地，严格两阶段封锁协议要求事务在提交或者回滚之后，才能释放排他锁，从而保证任何未提交事务所写入的数据在该事务提交之前都受到排他锁的保护，防止其他事务读到脏数据。强两阶段封锁协议在两阶段封锁协议的基础之上，不允许释放任何锁直到事务提交或者回滚。在增长阶段，事务可以正常申请锁；在缩减阶段，不会将锁分开释放，而是在事务完成之后释放所有锁。这样，如果该事务需要回滚，仅需要将修改的数据项恢复即可，不会导致其他事务的级联回滚。

8.3.3 封锁的实现

锁管理器负责协调并发事务对数据项的访问，它接受事务请求消息并以应答的形式发送消息。锁管理器对封锁请求消息采用被授予的消息进行应答，或者要求事务回滚的消息(发生在死锁的情况下)进行应答。对于解锁请求只需要用一个确认来回答，但可能引发对其他等待事务的授予消息。

具体地，锁管理器通过锁表(lock table)追踪每个数据项的锁状态，确保事务按照封锁协议(如两阶段提交协议等)获取和释放锁，维护数据的一致性和隔离性。锁表的每一行都是一个哈希表，对应于一个数据项并且记录了请求锁的事务、锁的类型等信息。如图 8-8 所示，哈希表的键为数据项的名称(即 A、B、C、D)。值为一条链表，记录着申请锁的事务，以及锁类型，其中实线框表示已经被授予锁的事务，虚线框表示正在等待的事务。从链表的头到尾表示了申请锁的先后顺序。例如，数据项 A 的链表有三个节点，分别表示事务 T_1 已被授予 A 的共享锁，事务 T_2 和 T_4 正在等待 A 的排他锁。

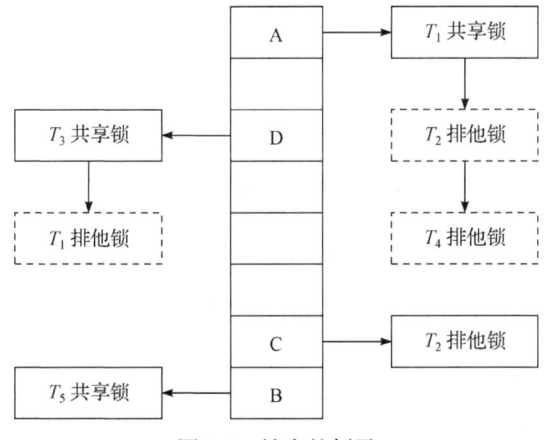

图 8-8 锁表的例子

一般地，锁管理器根据事务的请求判断是否可以授予锁，如果数据项的链表已存在，则在链表末尾增加一条记录(授予锁或等待锁)，如果不存在，则创建一个包含该请求的新链表(没有被封锁的数据项上的锁请求总是被授予的)。如果是释放锁，则删除数据项链表中相应记录。检查随后记录的请求，看能否被授权，如果能，则授权该请求。类似地继续处理后续记录。

8.4 死锁处理

如果系统中存在一个事务集合，使得集合中的每个事务都在等待另一个事务的锁资源，导致事务无法继续执行，就说系统处于死锁状态。一般有两种处理死锁问题的方法：一种方法是死锁预防(deadlock prevention)，避免系统进入死锁状态；另一种方法是允许系统死锁，然后用死锁检测(deadlock detection)与死锁恢复(deadlock recovery)等机制进行恢复。

8.4.1 死锁预防

死锁产生的一个条件是事务之间相互等待对方释放锁，即循环等待。死锁预防可以从破坏这个条件入手。一般有两种方法：一种方法是对封锁请求排序，或要求同时获得所有的封锁来保证不会发生循环等待；另一种方法是每当事务等待有可能导致死锁时，就执行事务回滚。

第一种方法的一种策略是对所有的数据项规定一种次序，同时要求事务只能按照规定次序来对数据加锁。另一种策略是要求事务在开始执行前，封锁它的所有数据项，此外，要么在一个步骤中全部封锁这些数据项，要么全部不封锁。这种方法有两个主要缺点：①在事务执行前，很难预知哪些数据项要封锁；②数据使用率可能很低，许多数据可能被锁但是长时间不被使用。

第二种方法是使用抢占与事务回滚。有两种算法：等待-死亡(wait-die)和伤害-等待(wound-wait)。这两种方法都使用了时间戳，表示事务的开始时间。如果一个事务被回滚，则该事务重启时，仍采用原有的时间戳。假设事务 T_1 的时间戳小于事务 T_2，那么事务 T_1 相对于 T_2 来说就更老，T_2 相对于 T_1 来说更新。

(1) wait-die 算法：采用非抢占策略。当 T_1 请求的数据项被 T_2 持有时，仅当 T_1 比 T_2 更老时，才允许 T_1 等待，否则，T_1 将回滚(死亡)。

(2) wound-wait 算法：采用抢占策略。当 T_1 请求的数据项被 T_2 持有时，仅当 T_1 比 T_2 更年轻时，才允许 T_1 等待，否则，T_2 将回滚(T_2 被 T_1 伤害)。

这两种方法都确保了事务等待是单向的，即要么老事务等待新事务，等待持有锁的新事务结束，要么新事务等待老事务。因此能有效避免循环等待，防止死锁发生。两种方法的缺点是可能发生不必要的回滚。

另外，还有一种预防死锁的方法是锁超时(lock timeout)重启。其核心思想是请求锁的事务至多等待一段指定的时间，如果在这段时间内还没被授予锁，则该事务超时，进行回滚并重启。实现超时重启的机制相对简单，然而，确定事务超时前的等待时间通常较为困难。若等待时间过长，可能导致不必要的延迟，尤其在已发生死锁的情况下。相反，等待时间过短时，即便没有发生死锁，也有可能引发事务回滚，造成资源浪费，甚至可能导致饥饿的出现。

8.4.2 死锁检测与恢复

与死锁预防避免死锁发生不同，死锁检测与恢复机制允许死锁发生，并且定期调用检查系统状态的算法以确定是否发生了死锁。如果发生死锁，则系统必须尝试从死锁状态中恢复。

死锁检测的方法主要是借助等待图(wait-for graph)。等待图是一个有向图 $G=(V, E)$，其中节点集合 V 由事务组成，边集合 E 中的有向边对应事务间的等待关系。例如，由顶点 T_i 指向顶点 T_j 的一条有向边对应了 T_i 正在等待 T_j 释放其所需要的锁。

一般地，通过检查等待图中是否存在环，可以判断事务间是否存在死锁。考虑图 8-9 中调度 7 的等待图如图 8-10 所示。从等待图可知，事务 T_1 在等待事务 T_2，事务 T_2 在等待事务 T_3，而事务 T_3 在等待事务 T_1，三个事务在相互等待，形成了一个环，因此都处于死锁状态。

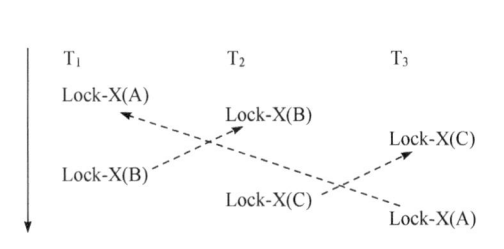

图 8-9 调度 7：相互等待的事务 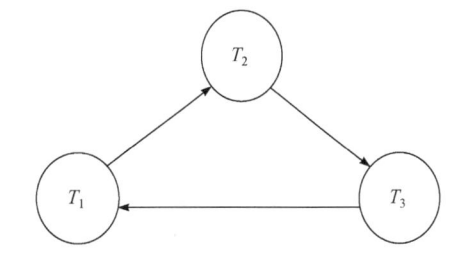   图 8-10 调度 7 对应的等待图

为了检测死锁，系统需要维护等待图，并周期性地激活一个在等待图中搜索环路的算法，当且仅当等待图中存在环路时，系统存在死锁，该环路中的每个事务处于死锁状态。那么，应该何时调用检测算法呢？这通常取决于两个因素，一个是死锁发生的频率，另一个是有多少事务将受到影响。如果死锁发生频繁，则检测算法调用也应该频繁。由于等待图中的环路数量可能增长，最坏情况下，要在每个锁请求不能立即满足时就调用检测算法。

一旦检测到死锁，系统必须从死锁中恢复(recover)。一般的做法是回滚一个或多个事务，使其他事务得以继续运行下去，具体如下。

1. 选择牺牲者

发生死锁时，需要选择回滚哪一个或哪一些事务以使得回滚产生的代价尽可能小，一般涉及以下因素。

(1) 事务优先级。一般情况下，选择优先级较低的事务作为牺牲者，可以最大限度地保留高优先级任务。

(2) 事务执行进度。选择执行进度较短的事务作为牺牲者，最小化回滚操作，减少对系统性能的影响。

(3) 事务影响范围。选择对数据库影响较小的事务作为牺牲者，尽量减少回滚牵涉到的事务数量。

(4) 事务修改的数据量。尽量撤销对数据库改动较小的事务,减少回滚的操作数。

2. 回滚的程度

选择好回滚事务之后,要决定事务的回滚程度。

(1) 全部回滚:中止所有涉及死锁的事务,回滚它们的所有操作。这样可以确保解除死锁,且实现简单,但代价较高。

(2) 部分回滚:事务只回滚到能够解除死锁的地方,这样更加合理,但是需要系统额外维护事务的状态信息,使得回滚时只需回滚少数操作就能解除死锁。

3. 避免饥饿

在死锁恢复中,要防止饥饿发生,避免事务因为频繁被选为牺牲者而回滚,导致事务无法执行的情况。一种简单的方法是记录事务回滚的次数,一旦达到阈值,就不再选该事务为牺牲者。

本 章 小 结

本章介绍了事务基本概念,包括事务 ACID 性质、事务生命周期和状态转换过程、可串行化及隔离级别等。在并发事务环境下,为了保证数据的一致性和可靠性,数据库系统引入了事务并发控制机制。并发控制是数据库核心,有多种实现方式,本章主要介绍了经典的基于锁的并发控制协议,包括锁的授予、两阶段封锁及锁的实现等。然后,介绍了与锁机制相关的死锁问题及其处理方法,包括死锁预防以及死锁检测和恢复等。

习 题

1. 什么是数据库事务?
2. 解释 ACID 属性在数据库事务中的含义。
3. 什么是并发控制?为什么需要它?数据库系统为什么能支持事务并发?
4. 假设一个电子商务网站,两个用户同时购买一个商品,可能会出现什么并发问题?
5. 请描述一个具体的事务场景,包括开始、提交和可能的回滚步骤。
6. 解释什么是串行化调度、可串行化调度以及冲突可串行化。
7. 什么是无级联调度?为什么可恢复调度一定是无级联调度?
8. 请给出一个调度说明优先图的构造,并判断该调度是否是冲突可串行化调度?
9. 事务的隔离级别有哪些?分别解释它们的含义。
10. 解释为什么在可重复读隔离级别下,丢失更新异常不会发生。
11. 解释数据库中的幻读现象是如何发生的。
12. 什么是数据库锁?有哪些常见的锁类型?

13. 什么是封锁粒度？它如何影响并发性和性能？
14. 死锁是什么？它可能如何发生？
15. 两阶段封锁协议是如何工作的？它的目标是什么？
16. 为什么两阶段封锁协议能够保证冲突可串行化？
17. 严格两阶段封锁协议有什么优势和不足？
18. 请说出死锁预防的两种方法，并说出它们之间的区别。
19. 请描述并发控制机制对数据库性能的潜在影响。

第 9 章 恢 复 系 统

计算机系统与其他设备一样,可能由于各种原因发生故障,如硬件故障、软件的错误、机房失火,甚至人为破坏。这些故障可能会导致正在执行的数据库事务发生中断,破坏数据库内容的正确性,甚至导致数据库中的数据丢失。因此,数据库系统提供了恢复子系统,它可以将数据库恢复到发生故障前的一致状态,并且保证数据库的高可用性。本章将介绍数据库系统可能遇到的故障类型,并详细阐述基于日志的恢复技术,包括日志记录、事务重做和撤销、检查点技术和恢复算法等。此外,本章还将介绍数据库的远程备份系统如何确保数据库的高可用性和数据的一致性。

9.1 故 障 分 类

数据库系统在运行过程中,可能会面临多种类型的故障,这些故障产生的原因各不相同,也有着不同的应对方式,下面将讨论一些常见的数据库故障。

1. 事务故障

事务故障可以分为预期和非预期两种,其中大部分的故障都是非预期的。预期的事务内部故障是指可以通过事务程序本身发现的事务内部故障,主要包括一些逻辑错误,如输入格式错误、运算溢出、数据未找到等,可以通过 IF 语句检查避免。例如,下面的例子:

```
start transaction;
读取学生小刘对课程 course 的选课权重 weight;
weight = weight – amount;//将选课权重减少 amount
if (weight < 0) {
    rollback; //发生预期故障,权重减为负数,事务回滚
} else {读取学生小刘剩余的权重 weight_total;
    weight_total = weight_total + amount; //将剩余权重增加 amount
    commit;
}
```

在该例中,学生小刘想要重新分配他对课程 course 的选课权重,其中包括了两个更新操作:①将分配给 course 的权重 weight 减少 amount;②将小刘剩余的权重 weight_total 增加 amount。这两个更新操作要么全部完成,要么全都不完成,否则数据库将进入不一致的状态。本例中,如果小刘想要减少的权重超过了已分配给课程 course 的权重,应用程序将回滚已完成的修改,避免数据库进入不一致状态。

非预期的事务故障无法由事务自身处理解决,主要包括一些系统错误,如资源冲突、违反完整性约束、死锁等,导致事务无法继续正常执行。由于在发生非预期故障时,事务可能只完成了部分对数据库内容的修改,例如,完成了上面例子的更新操作①,却没有完成更新操作②,事务的原子性将遭到破坏。此时需要数据库恢复系统执行事务撤销(undo),撤销该事务已完成的修改,使数据库恢复到一致状态。

在本书后续内容中,若无特殊说明,事务故障仅指非预期故障。

2. 系统崩溃

系统崩溃是指数据库在运行过程中,由于计算机硬件故障、数据库软件及操作系统漏洞、机房停电等情况而意外停止、需要重新启动的一类故障。大部分数据库系统会在主存中设置缓冲池以提高读写速度,事务完成后,先写入缓冲池,并以一定频率刷新到磁盘。系统崩溃时,主存中的缓冲池内容将丢失,一些已完成事务的更新内容可能还留存在缓冲区中,还未写入磁盘,导致事务的持久性遭到破坏。此时需要数据库恢复系统执行事务重做(redo),将已提交事务的更新内容写入磁盘。此外,发生系统崩溃时,可能存在正在执行的事务,这些事务可能已经完成了部分对数据库的修改,此时还需要数据库恢复系统执行事务撤销,撤销该事务已完成的修改,保证事务的原子性。

3. 磁盘故障

磁盘故障指的是由于磁头损坏、磁场干扰、扇区破坏等而导致的磁盘块内容丢失的一类故障。这类故障可能破坏磁盘上的数据库内容,并且影响一些与损坏区域相关的事务的执行,破坏事务的持久性。对于此类故障的恢复,通常采用数据转储技术,即数据库管理人员定期将数据库内容复制到备份磁盘或其他备份介质(如 DVD 或磁带)上,在发生磁盘故障时将备份副本装入。

4. 自然灾害

自然灾害指的是包括洪水、地震、火灾等在内的不可抗力因素,这些自然灾害将对部署数据库系统的机房造成破坏,导致数据库内容丢失,破坏事务的持久性。对于此类故障的恢复,通常采用远程备份系统的方式,定期将数据库内容备份到异地机房的设备上。

以上四种故障将会对事务的原子性、持久性造成破坏,为了保证数据库的高可用性,以及数据库内容的正确性,数据库系统提供了恢复子系统。下面将介绍数据库恢复系统相关的基于日志的恢复、恢复算法以及远程备份系统。

9.2 基于日志的恢复

事务故障和系统崩溃不会像磁盘故障和自然灾害那样破坏数据库的存储介质,它们要么少写入了一部分数据,需要事务重做,要么多写入了一部分数据,需要事务撤销。

由于存储介质没有遭到破坏，因此可以在事务执行之前，在磁盘上用日志(log)记录事务将要执行的更新内容。日志不会直接改变数据库的内容，它可以描述数据库事务对数据库的修改信息，并且可以在数据库系统重启后，利用记录的修改信息帮助我们执行事务的重做和撤销。这种数据库恢复技术称为基于日志的恢复(log-based recovery)，这是一种常用的数据库恢复技术。本节将详细介绍基于日志的恢复技术，包括日志记录、事务提交、事务重做和撤销以及检查点技术。

9.2.1 日志记录

日志由一系列日志记录(log record)组成，日志记录有多种类型，包括事务控制日志、更新日志和补偿日志。

事务控制日志记录事务的生命周期中的关键节点，事务控制日志的内容包括以下方面。

(1) 事务开始记录<T start>，表示事务 T 开始执行。
(2) 事务提交记录<T commit>，表示事务 T 已提交。
(3) 事务回滚记录<T rollback>，表示事务 T 回滚。
(4) 事务中止记录<T abort>，表示事务 T 中止。

事务执行过程中产生的事务控制日志记录如图 9-1 所示。事务开始后，恢复系统记录事务开始的标识< T start >，事务进入执行状态，执行事务对数据库的更新操作。如果事务中包含的所有操作均已完成，恢复系统记录事务提交的标识<T commit>，接着事务完成提交。如果在事务执行的过程中发生了预期故障，事务已做的修改将被回滚，恢复系统将记录事务回滚标识< T rollback >。如果在事务执行的过程中发生了非预期故障或

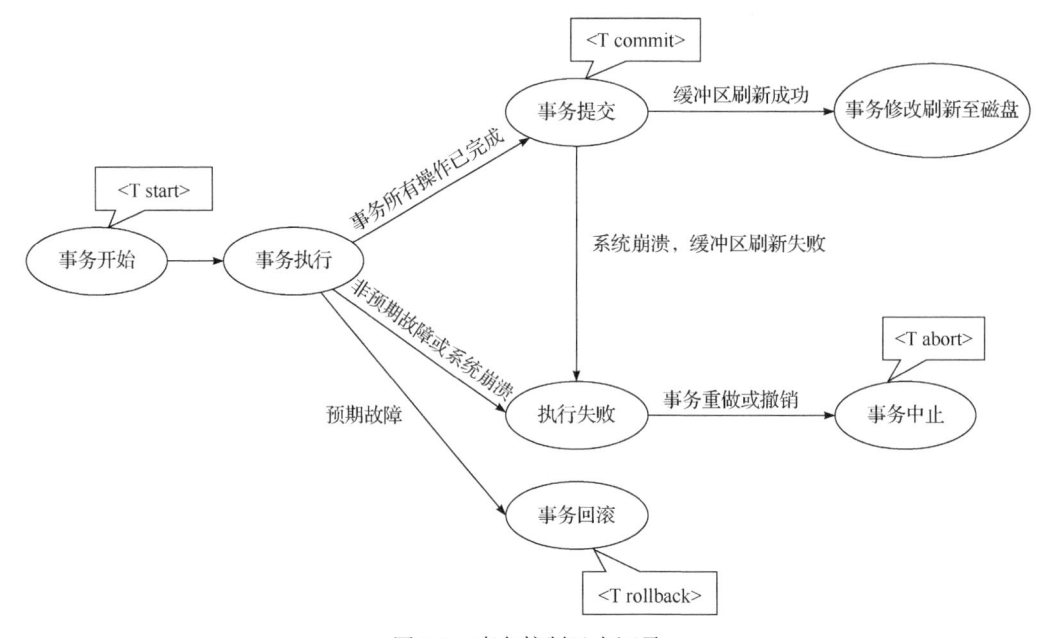

图 9-1 事务控制日志记录

系统崩溃，或是已提交事务的缓冲区刷新失败，事务将进入执行失败状态。待数据库系统重启后，由恢复系统执行事务的重做或撤销，事务将进入事务终止状态，并在日志中记录< T abort >。

更新日志记录保存了数据库所有的更新操作，它的格式为 <T, X, V$_{old}$, V$_{new}$>。其中，T 是事务的唯一标识；X 是事务修改的数据项的唯一标识，它通常由数据项所在的块和块内偏移量组成，代表了数据项在磁盘中的位置；V$_{old}$ 代表在事务执行之前，数据项 X 的旧值；V$_{new}$ 代表在事务执行之后，数据项 X 的新值。考虑 9.1 节的例子，假设小刘要修改课程权重对应数据项为 C，旧权重为 100，新权重为 50，修改前小刘剩余总权重为 0，总权重对应数据项为 D，则产生的日志记录如图 9-2 所示。

<T start>
<T,C,100,50>
<T,D,0,50>
<T commit>

图 9-2 事务正常提交日志记录示例

补偿日志记录(compensation log record)比较特殊，它在恢复系统执行事务撤销时被写入日志。它的格式为<T, X, V$_{old}$ >，其中 V$_{old}$ 代表在事务 T 撤销时，数据项 X 恢复到的以前的值。如果在本次恢复后数据库再次崩溃，恢复算法将重做已完成的事务，撤销未完成的事务(具体的流程将在 9.3 节详细介绍)。可以将事务撤销看作一种特殊的事务，它在上一次恢复过程中已经完成，于是这条补偿日志记录将被重做，而永远不会被撤销，因此补偿日志记录又称为仅重做日志记录(redo-only log record)。

在引入日志记录后，每次对事务的执行由两个不同的子操作组成：①将日志记录写入磁盘；②完成事务对数据库的修改。由于数据库故障可能发生在这两个操作之间，如果先执行数据修改操作，那么日志记录将因为故障无法写入磁盘，在故障后就无法利用日志文件恢复数据库了；如果先将日志记录写入磁盘，后修改数据库，即使在修改数据库时发生了故障，数据库重启后也只需要依据日志执行事务撤销操作，即可将数据库恢复到一致状态。因此，在基于日志的恢复系统中，日志文件的写入一定要在修改数据库之前，这就是预写日志 (write ahead log, WAL) 原则。在本章接下来的内容中，我们假设每条日志记录一经创建就被写入磁盘中。

9.2.2 事务提交

在配备了基于日志的恢复系统中，日志是保证事务执行原子性和一致性的关键，只要日志记录被输出到磁盘，即使在执行事务时发生故障，也可以通过基于日志的恢复算法将数据库恢复到一致状态。因此，当一个事务正常执行产生的最后一条日志记录，即事务提交记录< T commit >被输出到磁盘时，我们认为事务已经提交。换言之，包含事务提交记录的块的输出是导致事务提交的单一原子操作。

9.2.3 事务重做和撤销

本节将简要介绍如何利用日志进行事务重做和撤销，在不影响数据库正常操作的情况下使系统从故障中恢复，具体的细节将在 9.3 节恢复算法中进行介绍。为了理解这些日志记录在恢复系统中的作用，首先需要了解事务修改数据项的步骤。事务对数据项的修改可分为以下四个步骤。

```
<T start>
<T,C,100,50>
<T,D,0,50>
<T commit>
```

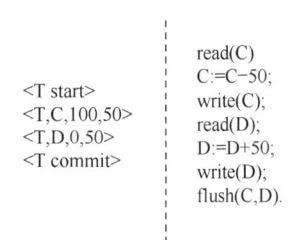

```
read(C)
C:=C-50;
write(C);
read(D)
D:=D+50;
write(D);
flush(C,D).
```

图 9-3 事务读写操作示例

(1) 事务从缓冲区或磁盘中读取数据项相关的数据块。
(2) 事务在主存的工作区中执行一些数据项修改相关的计算。
(3) 事务修改磁盘缓冲区中的数据块。
(4) 数据库系统执行输出操作,将磁盘缓冲区中的数据块写入磁盘。

图 9-3 的读写操作可以具体地表示为图 9-3 的事务形式。恢复系统能够根据事务在故障前的执行情况,判断需要对事务进行重做还是撤销。

1. 事务重做

一些事务虽然已经提交,但这些事务涉及的数据项修改在发生故障时仍然驻留在磁盘缓冲区,未被刷新至磁盘,即完成了第(1)、(2)、(3)步,且已有< T commit >记录。发生故障后,磁盘缓冲区的内容将丢失,虽然事务已有提交日志记录,标志着事务已经完成提交,但这些事务对数据库的修改并没有被写入磁盘,数据库处于不一致状态。数据库恢复系统应该在系统重新启动后,重做所有已提交的事务。事务 T 的重做表示为 redo(T),事务重做将事务 T 要更新的所有数据项设置为更新日志记录<T, X, V_{old}, V_{new}>中的新值 V_{new}。需要注意的是,事务重做的顺序很重要,在恢复时需要按照与数据项修改相同的顺序进行重做,否则可能因为数据项多次更新的值不一样而最终写入一个错误的值。大多数恢复算法,包括接下来 9.3 节要介绍的算法,为了提高恢复效率,都不以事务为单位执行重做操作。这些算法正向扫描日志文件,在扫描的过程中对遇到的每个日志记录都执行重做操作,而不是分别读取每个事务相关的日志进行重做。

2. 事务撤销

一些事务可能在执行的过程已经对数据库完成了部分修改,接着因为故障的发生,事务执行中止,即完成了第(1)、(2)步,部分或完全完成第(3)步,但没有< T commit >记录。由于没有提交记录,无法确定事务对数据库的所有修改是否都已完成,为了保证事务的原子性,数据库恢复系统要在不影响其他事务执行的前提下,强制撤销该事务所有已完成的修改。事务 T 的撤销表示为 undo(T),事务撤销将事务 T 已更新的数据项设置为更新日志记录<T, X, V_{old}, V_{new}>中的旧值 V_{old}。与重做操作同理,撤销操作的执行顺序同样重要。不同的是,在事务撤销操作完成后,恢复系统将向日志写入一条补偿日志记录。此外,恢复系统还将插入一条事务中止记录< T abort >,作为撤销操作已结束的标识。

9.2.4 检查点

假设数据库的磁盘缓冲区足够大,可以缓冲数据库所有的数据,并且磁盘空间也足够大,可以容纳无限大的日志文件。在这种理想情况下,数据库可以永远不刷新缓冲区,因为即便出现了事务故障或系统崩溃,数据库恢复系统也可以利用磁盘中的日志将数据库恢复到正常状态。然而，在实际情况中：①缓冲区位于主存，主存的大小往往难以容纳数据库中所有的数据；②如果日志文件无限增大，那么总有一天会将磁盘的空间使用殆尽；③无限大的日志文件将大大增加恢复系统执行恢复算法的时间。

实际上，若事务已提交，且该事务对数据库的所有修改都已从缓冲区刷新至磁盘，那么该事务在数据库恢复阶段就不需要重做或撤销，所有关于该事务的日志记录都是冗余的。基于这个性质，数据库恢复系统提供了检查点(checkpoint)机制，检查点定义了数据库刷新缓冲区的时机。检查点机制使恢复系统可以动态维护日志，周期性地刷新缓冲区并在日志中建立检查点，减少数据库的恢复时间，降低主存和磁盘的空间占用，如图 9-4 所示。

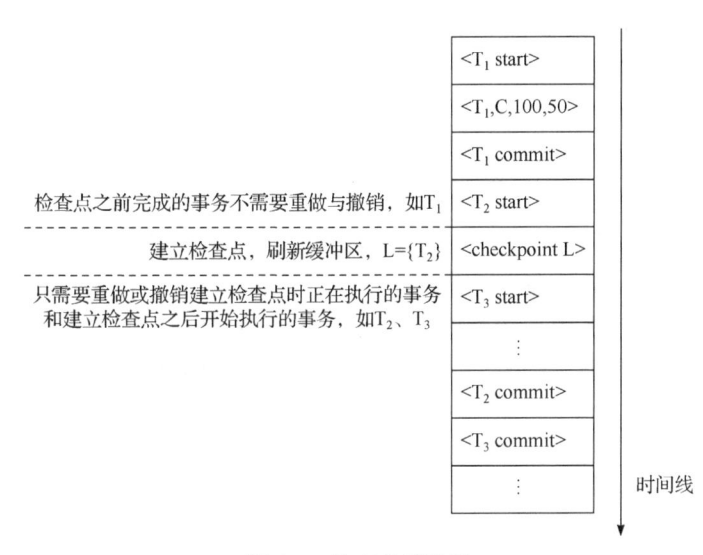

	$<T_1$ start$>$
	$<T_1,C,100,50>$
	$<T_1$ commit$>$
检查点之前完成的事务不需要重做与撤销，如T_1	$<T_2$ start$>$
建立检查点，刷新缓冲区，L={T_2}	$<$checkpoint L$>$
只需要重做或撤销建立检查点时正在执行的事务和建立检查点之后开始执行的事务，如T_2、T_3	$<T_3$ start$>$
	⋮
	$<T_2$ commit$>$
	$<T_3$ commit$>$
	⋮

↓ 时间线

图 9-4 检查点示意图

建立检查点的时机主要包括以下方面。
(1) 数据库关闭时。
(2) 达到预设的时间间隔时(如每 5s 刷新一次)。
(3) 日志文件达到预设的大小限制时(如限制日志文件大小最大为 1GB)。
(4) 缓冲区空间不足时。

以上建立检查点的时机，除了第(1)条是固定的，第(2)~(4)条的具体细则都可由用户自定义，如自定义时间间隔、自定义日志文件大小、自定义缓冲区安全冗余量等。需要注意的是，检查点的建立频率将直接影响数据库的恢复时间，检查点建立越频繁，数据库从故障中恢复所需要的时间就越短。然而，检查点建立也不是越频繁越好，过于频繁地建立检查点将导致频繁的磁盘 I/O，从而降低数据库的运行性能。实际应用中，需要系统地考虑数据库的访问压力、硬件条件以及可用性要求，选择合适的检查点建立频率。

建立检查点的操作包括以下方面。
(1) 将目前驻留在缓冲区中的所有日志记录输出到磁盘上。
(2) 将所有被事务修改过的缓冲区块输出到磁盘上。

(3) 向磁盘中的日志文件中写入一个检查点记录,形式为<checkpoint L>,L 是建立检查点时正在执行的活动事务清单 ACTIVE-LIST。

在建立检查点时,可能存在正在执行的事务,为了避免冲突,恢复系统在建立检查点时对检查点相关缓冲区块加锁,不允许其他事务执行任何更新。为了保证这些正在执行的事务的原子性和一致性,恢复系统将它们添加到 ACTIVE-LIST 中。在下一次执行数据库恢复时,恢复系统将倒序搜索日志,直到找到日志文件中的最后一个检查点记录<checkpoint L>,此时只需要对 ACTIVE-LIST 中的事务以及在检查点之后开始执行的事务进行重做或撤销。例如,考虑一组事务:$\{T_0,T_1,\cdots,T_{50}\}$,事务的下标对应了事务开始执行的顺序,其中 T_0 最早开始执行,T_{50} 最晚开始执行。假设检查点建立时,T_{43} 和 T_{45} 正在执行,T_{44} 和所有下标小于 43 的事务都已执行完毕。因此,在恢复阶段只需要考虑对事务 $T_{43},T_{45},T_{46},\cdots,T_{50}$ 中已完成的事务进行重做,对未完成的事务进行撤销。

9.3 恢复算法

在 9.2 节我们讨论了基于日志的恢复中,日志记录的内容、事务重做与撤销的时机和检查点技术,接下来将完整地介绍基于日志记录和检查点的恢复算法。本节中介绍的恢复算法要求未提交事务更新的数据项不能被其他事务修改,直到该事务提交或中止。数据库系统在故障后重新启动时,恢复算法分为重做和撤销两个阶段进行。

1. 重做阶段

在重做阶段,恢复系统将从最后一个检查点开始正向扫描日志,对已有提交记录或中止记录的事务执行重做操作。此外,本阶段还将查找在系统故障时未执行完毕的所有事务,包括检查点的 active-list 和在检查点之后开始执行的事务。具体来说,重做阶段扫描日志的工作步骤如下。

(1) 跳转到日志中的最后一个检查点。

(2) 初始化撤销清单 undo-list,它是撤销阶段要撤销的事务列表,初始值为检查点记录中的 active-list。

(3) 如果在扫描过程中遇到了更新日志记录<T, X, V_{old}, V_{new}>,或补偿日志记录(可能来自事务回滚或事务撤销)<T, X, V_{old}>,直接重做这些日志记录,即将记录中的新值 V_{new} 或撤销的值 V_{old} 写入记录关联的数据项 X。

(4) 若在扫描过程中遇到了事务开始记录< T_i start >,则将事务 T_i 添加到 undo-list。

(5) 如果在后续扫描过程中,遇到了事务 T_i 的提交或中止记录(可能来自事务回滚或事务撤销),则将事务 T_i 从 undo-list 中移除,该事务已经完成,不需要撤销。

重做阶段结束后,所有需要重做的事务都已被重做,而 undo-list 包含了所有未完成需要撤销的事务,在接下来的撤销阶段用于执行事务撤销。

2. 撤销阶段

撤销阶段将从日志末尾反向扫描日志,撤销所有 undo-list 中的事务,具体步骤如下。

(1) 如果在扫描中遇到了属于 undo-list 中事务的更新日志记录<T, X, V_{old}, V_{new}>，对该记录执行撤销操作，即将记录中的旧值 V_{old} 写入记录关联的数据项 X。写入完成后，恢复系统向日志末尾添加一个补偿日志记录<T, X, V_{old}>。

(2) 如果在扫描过程中遇到了 undo-list 中事务 T_i 的事务开始记录< T_i start >，说明该事务已经撤销完成，则在日志的末尾写入 T_i 的中止记录< T_i abort >，表示该事务已完成，并将事务 T_i 从 undo-list 中移除。

(3) 当 undo-list 为空时，撤销阶段结束。

需要指出的是，事务的回滚过程与撤销阶段基本一致，区别在于事务回滚只针对特定的某个事务，在出现预期故障时由数据库操作人员控制事务回滚，而不需要 undo-list。

重做阶段和撤销阶段结束后，数据库恢复完毕，可以正常地工作。一个恢复算法的示例如图 9-5 所示。假设有三个事务 T_0、T_1、T_2，它们分别对数据项 A、B、C 执行修改，系统在 t 时刻发生故障。

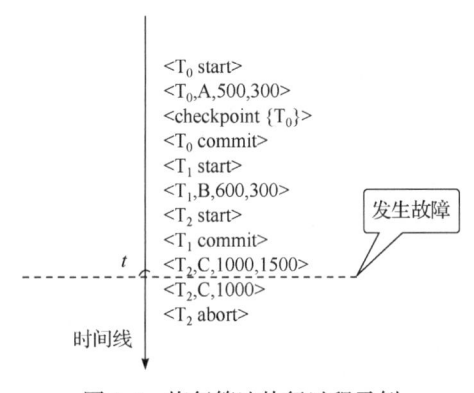

```
                <T₀ start>
                <T₀,A,500,300>
                <checkpoint {T₀}>
                <T₀ commit>
                <T₁ start>
                <T₁,B,600,300>
                <T₂ start>                发生故障
                <T₁ commit>
        t       <T₂,C,1000,1500>
                <T₂,C,1000>
                <T₂ abort>
        时间线
```

图 9-5 恢复算法执行过程示例

首先进入重做阶段，从日志文件末尾反向扫描，找到检查点<checkpoint {T_0}>，初始化 undo-list 为{T_0}。接着从检查点开始正向扫描日志文件。

(1) 对于 T_0 的提交记录< T_0 commit >，将 T_0 从 undo-list 中移除，此时 undo-list 为空。

(2) 对于 T_1 的开始记录< T_1 start >，将事务 T_1 加入 undo-list，此时 undo-list 为{T_1}。

(3) 对于 T_1 的更新记录< T_1, B, 600, 300>，将数据项 B 的值修改为新值 300。

(4) 对于 T_2 的开始记录< T_2 start >，将事务 T_2 加入 undo-list，此时 undo-list 为{T_1,T_2}。

(5) 对于 T_1 的提交记录< T_1 commit >，将 T_1 从 undo-list 中移除，此时 undo-list 为{T_2}。

(6) 对于 T_2 的更新记录< T_2, C, 1000, 1500>，将数据项 C 的值修改为新值 1500。

(7) 此时已扫描至日志文件末尾，重做阶段结束。

接着进入撤销阶段，此时 undo-list 为{T_2}，从日志文件的末尾开始扫描。

(1) 对于 T_2 的更新记录< T_2, C, 1000, 1500>，将数据项 C 的值修改为旧值 1000。在日志文件末尾写入 T_2 的补偿日志记录< T_2, C, 1000>。

(2) 对于 T_1 的提交记录< T_1 commit >，由于 T_1 不在 undo-list 中，因此不做处理。

(3) 对于 T_2 的开始记录< T_2 start >，在日志文件的末尾写入 T_2 的中止记录< T_2 abort>。将 T_2 从 undo-list 中移除。

(4) 此时 undo-list 为空，撤销阶段结束。

至此，事务重做和撤销均已完成，恢复算法执行结束。

9.4 远程备份系统

当数据库所在机房遭遇火灾等自然灾害时，磁盘上的数据库内容、日志以及备份磁盘已经损坏，恢复算法无法使数据库从磁盘故障中恢复到正常状态。通常来说，自然灾害导致机房被破坏的概率较小，然而一旦发生意外，就会造成不可逆的巨大损失。为了使数据库具有从严重自然灾害中恢复的能力，降低因自然灾害带来的损失，恢复系统提供了远程备份系统来保证数据库的高可用性(high availability)。目前的大多数数据库系统都支持远程备份、热备份、主站点和备份站点的切换，有的数据库系统还支持多个备份站点。为了减轻主站点的负载，一些数据库系统将只读查询操作分配到备份站点处理。可以在备份站点上使用快照隔离技术，为数据查询提供事务一致的数据视图，同时确保备份站点上的数据能够被更新。另一种实现高可用的方法是使用分布式数据库，在多个站点复制数据，并在处理事务时更新所有相关数据项的副本。分布式数据库可以提供比远程备份系统更高级别的可用性，但实现和维护起来更复杂，成本也更高。

远程备份系统的核心思想在于在地理位置较远的两地设置两个或多个数据库系统，这些系统之间通过互联网进行通信，当某个系统遭遇自然灾害无法继续提供服务时，其他的系统能检测该系统发生故障，并接管数据库的事务处理。常见的远程备份系统架构有主备架构、两地三中心架构和异地多活架构。

1. 主备架构

在主备架构中，系统由一个主站点(primary site)和一个备份站点(backup site)组成，如图 9-6 所示。主站点是系统的核心，主站点接收所有来自客户端的请求，并进行相应的处理和计算。备份站点作为主站点的备份，与主站点保持同样的配置和状态，并实时复制主站点上的数据，随时处于待命状态。系统借助心跳检测等故障检测机制，检测主站点的运行状态。当主站点发生故障时，故障检测机制会立即发现，由运维人员通知备

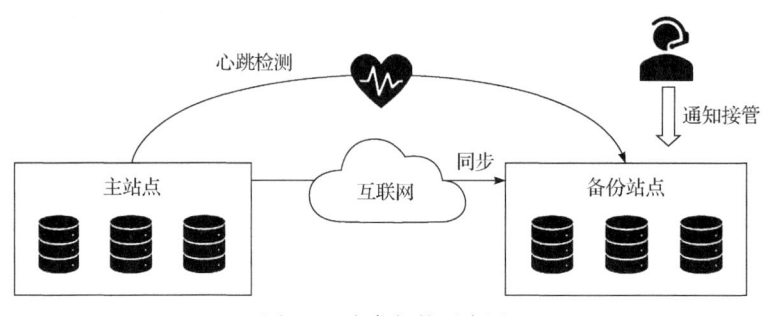

图 9-6 主备架构示意图

份站点接管事务处理，成为新的主站点，控制权转移可以通过将旧主服务器的 IP 地址分配给新主服务器实现。如果原来的主站点恢复正常了，为了保持数据同步状态，它将接收来自远程备份站点(即目前的主站点)的日志，然后执行恢复算法应用日志中的更新。在站点之间的同步完成后，原主站点既可作为新的备份站点，也可重新接管事务的处理再次成为主站点。

主备架构的优点在于它简单易用，部署维护成本低，支持绝大多数的数据库系统。它的缺点在于主站点发生故障时，需要运维人员通知备份站点，导致故障处理不及时。此外，主备架构需要一个与主站点相同配置的备用站点，然而备用站点并不会经常处理事务，大多数时间只需要与主站点保持同步，这造成了一定的资源浪费。

2. 两地三中心架构

两地三中心中的"两地"指的是同城和异地，"三中心"指的是生产中心、同城容灾中心和异地容灾中心。两地三中心的架构如图 9-7 所示。生产中心的职责类似主备架构中的主站点，负责处理数据库相关请求。同城容灾中心的职责类似主备架构中的备份站点，通常在离生产中心几十千米的距离建立。由于距离较近，建立同城容灾中心的成本较低，建设速度较快，运维难度较低。生产中心和同城容灾中心的数据复制采用同步的方式，并且在查询请求频繁时可以为生产中心分担一定数量的查询请求。异地容灾中心通常在离生产中心几百或者上千千米的地方建立，用于应对区域性重大灾难，如地震、水灾等。由于与生产中心的距离较远，异地容灾中心的数据复制采用周期性异步复制的方式。相比于主备架构，两地三中心架构具有更高的容错性、灵活性，并且可以使用负载均衡优化数据库请求。当然，两地三中心架构也存在一些缺陷，包括部署和维护成本高、数据一致性难度大等。

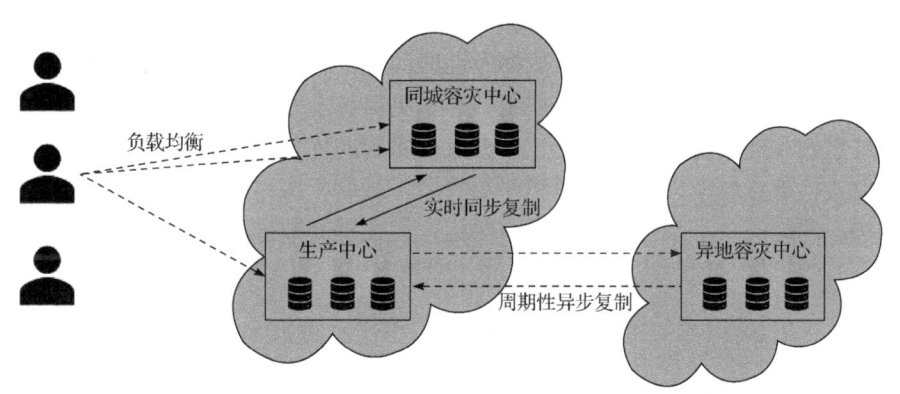

图 9-7 两地三中心架构示意图

3. 异地多活架构

在异地多活架构中，通常包含两个或多个地理位置相距遥远的数据中心，每个数据中心内都部署了完全对等的数据库实例。所有数据库实例共享相同的数据，并通过高效的数据复制技术实现实时数据同步，实现真正意义上的全局负载均衡和容灾，从而最大限度地提高数据库系统的可用性、可靠性和灵活性。应用程序可以同时连接到任何一个数据中心的数据库实例，执行读写操作，而不需要关心数据的实际存储位置。异地多活是高可用架构设计的一种，与主备架构和两地三中心架构最主要的区别在于"多活"，即所有站点可以同时对外提供服务。由于多个站点可以同时对外提供服务，异地多活架构最大的挑战来自数据一致性，目前一种常用的方案是如图 9-8 所示的星形异地多活架构。不同城市的站点处理请求写入数据后，都只与中心站点同步，然后再由中心站点同步至其他机房。异地多活架构大大增加了系统的高可用性，当某个站点发生故障时，系统可以将请求分配到其他站点进行处理。由于数据中心分布在世界各地，用户可以向最近的数据中心发起请求，以最小化响应时间。异地多活架构的缺点则在于高昂的建设和运维成本、复杂的系统架构和配置等。

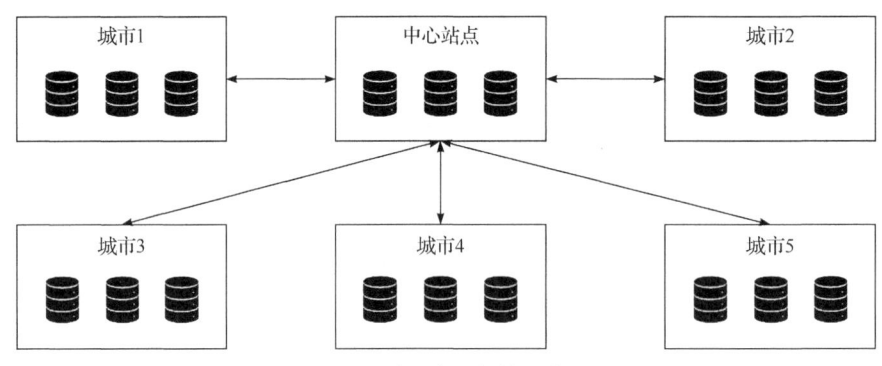

图 9-8 异地多活架构示意图

本 章 小 结

本章介绍了数据库的恢复系统，包括故障类型、恢复技术等。数据库在运行中可能遭遇事务故障、系统崩溃、磁盘故障和自然灾害等多种故障，这些故障可能导致数据丢失或不一致，因此恢复能力是衡量数据库性能的关键指标。在基于日志的恢复中，日志记录是恢复技术的基础，包括事务控制日志、更新日志和补偿日志，记录事务的关键节点，通过重做和撤销操作实现恢复。检查点技术帮助优化恢复时间，通过动态维护日志和合理设置检查点频率以平衡性能和恢复效率。最后，探讨了远程备份系统的架构，如主备架构、两地三中心架构及异地多活架构，旨在提高数据库的可用性和容灾能力。

习 题

1. 数据库系统可能遭遇哪些类型的故障？请举例说明。
2. 根据事务故障的分类，解释为什么非预期事务故障比预期事务故障更难以处理，并提供一个非预期事务故障的处理方案。
3. 系统崩溃后，数据库恢复系统如何确定哪些事务需要重做，哪些事务需要撤销？请提供一个具体的例子来说明这个过程。
4. 什么是事务控制日志记录？它记录了事务生命周期的哪些关键节点？
5. 若有账户 A 和 B，余额分别为 200 元和 500 元。转账事务 T 从账户 A 向账户 B

转账 100 元，请写出产生的日志记录序列。

6. 事务对数据项的修改有哪些步骤？习题 5 中，事务 T 完成了哪些读写操作？

7. 在基于日志的恢复中，为何需遵循预写日志(WAL)原则？违反该原则将会产生什么后果？

8. 结合恢复算法的执行步骤解释为什么要设置补偿日志记录。

9. 在基于日志的恢复系统中，事务的重做和撤销是通过什么方式实现的？

10. 检查点记录包括什么内容？

11. 在恢复时，检查点机制是如何减少需要扫描的日志量的？

12. 检查点建立越频繁越好吗？为什么？

13. 在恢复算法的重做阶段和撤销阶段，恢复算法是以何顺序扫描日志，为何要按这顺序？

14. 画出恢复算法重做阶段和撤销阶段的流程图。

15. 图题 9-1 给出了 $T_1 \sim T_5$ 的执行顺序、检查点建立以及故障发生的时刻。请指出哪些事务需要重做，哪些事务需要撤销。

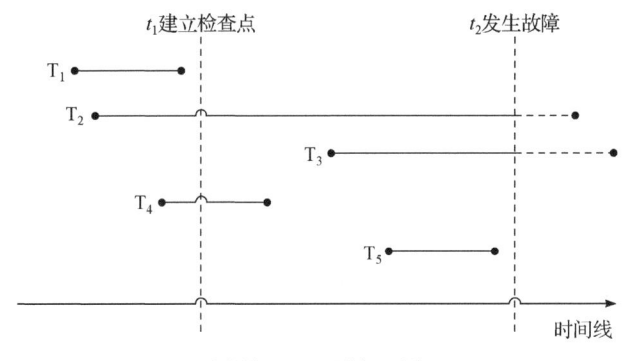

图题 9-1 习题 15 图

16. 考虑图 9-5 给出的恢复算法执行过程，若故障在 <T_2 start> 之后发生，恢复过程是怎样的？

17. 考虑图题 9-2 的日志记录，假设 t 时刻发生了故障，恢复算法的执行过程是怎么样的？在恢复之前，恢复之后，数据块 A、B、C 的值分别是多少？

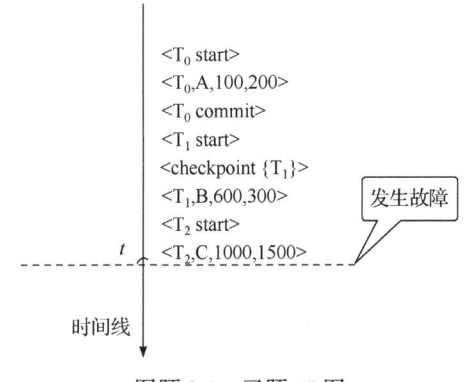

图题 9-2 习题 17 图

18. 远程备份系统主要用于应对哪些灾难性事故？它与本章介绍的日志恢复技术有何不同？

19. 主备架构、两地三中心架构和异地多活架构分别有怎样的优缺点？

20. 两地三中心架构中，为什么生产中心和同城容灾中心同步传输数据，而生产中心和异地容灾中心异步传输数据？

第 10 章 NoSQL 数据库

在传统关系数据库中，数据存储在严格的表结构中，这种结构使关系数据库在处理大规模数据、高并发访问等场景时面临诸多挑战。NoSQL 数据库采用了更加灵活的数据模型，可根据具体业务需求选择适合的数据存储方式，如键值对、文档、图形等，从而更好地满足不同场景下数据处理的需求。本章将深入探讨 NoSQL 数据库的多种类型及应用场景。

10.1 NoSQL 数据库概述

10.1.1 NoSQL 数据库的定义与发展历史

NoSQL 是一种非关系数据库，这些数据库采用不同于关系表的格式存储数据，是对不同于传统关系数据库的数据库管理系统的统称。尽管如此，NoSQL 数据库仍然可以使用惯用语言 API、声明性结构化查询语言以及按示例查询语言进行查询，这也正是它们被称为"不仅仅是 SQL"数据库的原因。NoSQL 数据库的数据存储不需要固定的表格模式和元数据，通常会避免使用 SQL 的 JOIN 操作，并具有水平可扩展性的特征。

NoSQL 一词最早出现于 1998 年，由 Carlo Strozzi 提出，用于描述其开发的轻量、开源、不提供 SQL 功能的关系数据库。

2009 年，Last.fm 的 Johan Oskarsson 发起了一次关于分布式开源数据库的讨论，来自 Rackspace 的 Eric Evans 重新定义了 NoSQL 的概念，此时的 NoSQL 主要指非关系、分布式、不提供 ACID 的数据库设计模式。

2009 年，在亚特兰大举行的 "no:sql(east)" 讨论会是一个里程碑，其口号是 "select fun, profit from real_world where relational=false;"。因此，对 NoSQL 最普遍的解释是"非关联型的"，强调键值存储和面向文档数据库的优点，而不是单纯地反对关系数据库管理系统(relational database management system, RDBMS)。

根据 2014 年的收入数据，NoSQL 市场的领先企业包括 MarkLogic、MongoDB 和 Datastax。而根据 2015 年的人气排名，最受欢迎的 NoSQL 数据库是 MongoDB、Apache Cassandra 和 Redis。

10.1.2 NoSQL 数据库的特点

当代典型的关系数据库在某些数据敏感的应用中表现不佳，如为海量文档建立索引、高流量网站的网页服务以及发送流式媒体。关系数据库的典型实现主要适用于执行小规模而频繁的读写事务，或者大批量读操作但极少写操作的事务。

NoSQL 的结构通常提供弱一致性的保证，如最终一致性，或事务仅限于单个的数据项。不过，有些系统在某些情况下提供完整的 ACID 保证，并增加了补充中间件层，如 CloudTPS。有两个成熟的系统提供快照隔离的列存储：谷歌基于过滤器系统的 Bigtable，以及滑铁卢大学开发的 HBase。这些系统使用类似的概念实现多行分布式 ACID 事务的快照隔离(snapshot isolation)保证为基础的列存储，无须额外的数据管理开销、中间件系统部署或维护，从而减少了中间件层。

少数 NoSQL 系统采用了分布式结构，通常使用分布式哈希表(DHT)将数据以冗余方式保存在多台服务器上。因此，在扩展系统时添加服务器更加容易，同时也提高了对服务器故障的容错能力。

由于其高可扩展性和高可用性，NoSQL 数据库被广泛应用于实时 Web 应用和大数据领域。NoSQL 数据库也是开发人员的首选方案，因为它们能够快速适应不断变化的需求，与敏捷开发范式相匹配。NoSQL 数据库支持以更直观、更易于理解的方式来存储数据，更接近于应用实际使用数据的方式。使用 NoSQL 风格的 API 存储或检索时所需的转换更少。此外，NoSQL 数据库还可以充分利用云技术，实现零停机。

10.1.3 关系数据库与 NoSQL 数据库的对比

1. SQL 与 NoSQL 的对比

SQL 数据库是关系型的，而 NoSQL 数据库是非关系型的。关系数据库管理系统(RDBMS)以结构化查询语言(SQL)为基础，允许用户访问和操作高度结构化表中的数据。这是 MS SQL Server、IBM DB2、Oracle 和 MySQL 等数据库系统的基础模型。然而，对于 NoSQL 数据库来说，数据访问方法可能因数据库而异。

2. 数据库对比

在掌握 NoSQL 数据库时，了解关系数据库管理系统(RDBMS)与非关系数据库类型之间的差异非常重要。

在 RDBMS 中，数据存储在称为表的数据库对象中。表是相关数据条目的集合，由列和行组成。这些数据库需要预先定义架构，即需要提前知道所有列及其相关联的数据类型，以便应用程序将数据写入数据库。它们还存储通过键链接多个表的信息，从而创建跨多个表的关系。在简单的用例中，键用于检索特定行以便进行检查或修改。

相反，在 NoSQL 数据库中，无须预先定义架构即可存储数据，这意味着我们可以快速移动和迭代，从而动态定义数据模型。NoSQL 数据库适用于特定的业务需求，包括基于图形、面向列、面向文档以及键值存储。

尽管关系数据库仍然在许多企业中得到了广泛采用，但面对当今多样化、高速和海量的数据，有时需要用一个高度不同的数据库来补充关系数据库。这促进了 NoSQL 数据库在某些领域的应用，该数据库也称为"非关系数据库"。由于支持快速横向扩展，因此非关系数据库可以处理高流量，这也使其具有很强的适应性。

3. 何时选择 NoSQL 数据库

NoSQL 数据库与其他类型数据库之间的一项主要差异就是 NoSQL 数据库通常使

用非结构化存储。经过过去二十余年的开发过程，NoSQL 数据库专为快速、简单查询、海量数据和频繁的应用更改而设计。此外，这些数据库还大大简化了开发人员的编程工作。

NoSQL 数据库的另一项重要差异化优势是依赖于"分片"流程来进行横向扩展，这意味着可以添加更多机器来处理分布在多个服务器的数据。相对地，其他 SQL 数据库的垂直扩展则需提升现有机器的处理能力和内存。随着存储需求的持续增长，垂直扩展的方式逐渐显得不可持续。

NoSQL 数据库的横向扩展能力意味着它可更加有效地处理海量数据并支持数据的增长。垂直扩展类似于为房屋添加新楼层，而横向扩展则是在原始房屋隔壁建造另一所房屋。

对于需要快速创新的企业和组织而言，保持敏捷性并能够在任何规模上运营是至关重要的。NoSQL 数据库提供了灵活的架构，并支持多种数据模型，非常适用于构建需要大量数据、低延迟或快速响应的应用，如在线游戏和电子商务 Web 应用。

4．何时不选择 NoSQL 数据库

NoSQL 数据库通常依赖非规范化数据，可支持使用较少表(或容器)的应用类型，并且其数据关系不是使用引用建模，而是作为嵌入式记录或文档。财务、会计和企业资源规划中的许多经典后台业务应用均依赖高度规范化的数据来防止数据异常和数据重复。这些应用类型通常不适合使用 NoSQL 数据库。

另一个 NoSQL 数据库的特点是查询复杂性。当查询单个表时，NoSQL 数据库的性能出众。然而，随着查询复杂性的增加，关系数据库则是更好的选择。例如，NoSQL 数据库往往不支持 where 子句中的复杂连接、子查询和嵌套查询。

但有时并不需要在关系数据库与非关系数据库之间做出选择。在许多情况下，公司会选择支持融合模型的数据库，以便于结合使用关系数据模型和非关系数据模型。这种混合方法在处理不同类型的数据时可提供更高的灵活性，同时还将确保读写一致性，而不会降低性能。

10.2 理论基础

在 NoSQL 数据库领域，其理论基础建立在三大重要概念上：CAP 理论、BASE 理论以及最终一致性。这些概念与传统关系数据库的理论框架有显著的差异，为分布式系统中的数据存储提供了灵活且实用的理论支持。

10.2.1 CAP 理论

CAP 是指在分布式系统设计中的三个关键特性：一致性(consistency)、可用性(availability)和分区容错性(partition tolerance)。在分布式系统中，一致性是指多个副本或节点之间保持数据一致的特性。具体来说，当系统进行数据更新操作时，无论更新操作在哪个节点上发生，都会立即同步到所有其他副本节点，以确保数据的一致性。可用性是指系统提供服务的能力，意味着系统始终能够响应用户的请求并返回结果。在某些情况下，系统可能因为故障或网络问题导致某些节点无法提供服务，但系统应尽可能保证其可用性。分区容错性是指系统在出现网络故障或节点故障时仍能继续提供服务的能力。也就是说，即使在节点故障或网络分区的情况下，系统仍需确保数据的一致性和可用性。

在分布式系统中，分区通常由网络故障或延迟引起，导致系统的节点无法相互通信，从而形成一个或多个孤立的子集。例如，设想一个包含三个节点 A、B 和 C 的分布式系统。如果因网络问题使得节点 B 和 C 无法通信，则节点 A 和 B 可能形成一个子集，而节点 C 则形成另一个孤立的子集。这种情况称为"分区"。

分区所引起的数据一致性问题是分布式系统设计中的一大挑战。当分区发生时，子集间的节点无法通信，可能导致数据更新无法在两个子集之间同步，从而引发数据不一致。为了减轻分区的影响，分布式系统的设计和实现需采取特定策略，例如，引入数据备份和冗余机制以增强系统的可靠性，或实施更复杂的一致性协议以保证数据一致性。

CAP 理论指的是分布式系统中无法同时满足数据一致性、可用性、分区容错性这三个要求，最多只能满足其中的两个。这是由于在分布式系统中，由于网络的不可靠性和延迟等原因，节点之间的通信可能出现故障或延迟，导致分区的情况出现，此时就必须在一致性和可用性之间做出选择。例如，在多个事务同时访问数据库时，由于资源冲突，为了保证数据库的一致性，就必须使得一些事务等待前面事务提交后才能对数据库进行访问操作。

因此，在设计系统时，根据具体场景和需求，我们需要权衡三个特性以选择最合适的方案。例如，对于数据一致性要求较高的场景，可以选择保证一致性和分区容错性，但可能需牺牲一些可用性。在处理 CAP 问题时，有几个明显的选择，每种选择适用于不同的产品和设计原则。

一致性+分区容错性(CP)：适用于一致性要求高且对分区容错性有高容忍度的应用，如金融系统和医疗系统。典型的产品包括 Neo4j、Bigtable、MongoDB、Redis 和 HBase。

可用性+分区容错性(AP)：适用于可用性要求高且对一致性容忍度较高的应用，如电商系统和社交网络。典型的产品包括 DynamoDB、CouchDB 和 Riak。

一致性+可用性(CA)：适用于同时要求一致性和可用性很高的场景。这种方案在分区容错性方面的要求较高，需要特别保证。适用场景包括在线游戏和即时通信等，典型的产品有 MySQL、SQL Server 和 PostgreSQL。

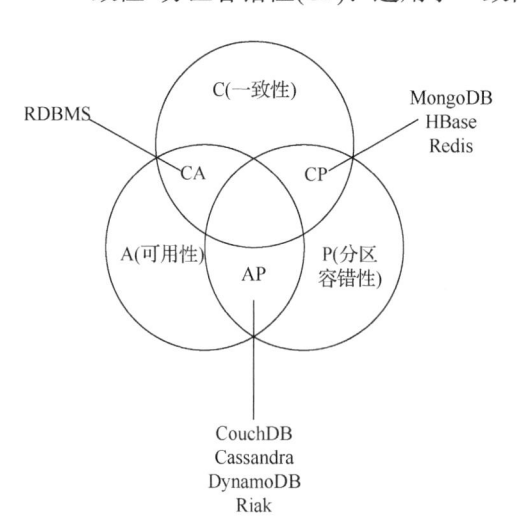

图 10-1 CAP 理论关系

CAP 理论的关系如图 10-1 所示。

10.2.2 BASE 理论

BASE 是指基本可用性(basically available)、软状态(soft state)和最终一致性(eventually consistent)，是 CAP 理论的一个补充。与传统 ACID 事务不同，BASE 更多地考虑可用性和性能，通过让系统放松对某一时刻数据一致性的要求来换取系统整体伸缩性和性能上改观，而不是严格的一致性。下面对 BASE 的每个组成部分进行解释。

(1) 基本可用性：指系统在发生故障时仍能继续运行，并在故障恢复后迅速恢复正常。即使部分节点故障影响了数据访问，系统的其他部分仍能提供服务，并保持系统的基本可用性，这强调了可用性而非完整性。

(2) 软状态：系统的状态不必时刻明确确定，可以在不同节点上呈现不同状态，并且这些状态可以在无故障的情况下进行状态转换。换句话说，节点可能会向用户提供数据的旧版本。这与 ACID 事务中的硬状态要求，即数据库状态必须保持一致，形成了鲜明对比。

(3) 最终一致性：确保在某个时间点，所有节点的数据将达到统一状态。这意味着系统会最终将所有因写操作造成的数据更新同步到所有节点。这一过程通常通过异步复制和冲突解决机制来实现。最终一致性代表了系统可用性和性能之间的折中选择；为了达到一致性，系统可能不得不在某些情况下牺牲可用性和性能。

BASE 理论的实现方式包括缓存、异步复制、分区和分片等。它被广泛应用于大规模分布式系统、云计算等领域，强调可用性、性能和灵活性，为系统设计带来新思路。

10.2.3 最终一致性

最终一致性是指在分布式系统中，不同节点上的数据经过一段时间后最终会达成一致状态。这种一致性模型相对于强一致性模型，放弃了实时性和强制性，但是通过牺牲一定程度的一致性保证，获得了更高的可用性和性能。

强一致性是指 ACID 特性中的一致性，提供严格的一致性保障。它保证每次读请求都能获得最新的数据副本，但牺牲了数据的可用性，使读请求的延迟较高，数据吞吐率较低，适用于银行等一致性要求高的场景。与之相对的是弱一致性，在执行一个更新操作后，后续的读操作并不能保证马上读入刚写入的数据。

最终一致性可视为弱一致性的一种特例，它保证了一个分布式系统中的数据更新最终会被所有节点感知到并达成一致状态，但是这个一致状态的时间点是不确定的。在分布式系统中，由于网络延迟、分区等原因，不同节点上的数据可能存在短暂的不一致状态，但是随着时间的推移，所有节点最终都会收敛到一个一致的状态。通常采用异步复制的方式实现。每个节点都会记录下自己的更新操作，并异步地将这些更新操作发送给其他节点。由于异步复制的特性，每个节点在某一时刻看到的数据可能并不是最新的，但是随着时间的推移，数据最终会达成一致状态。

最终一致性的优点在于提高系统的可用性和性能，因为数据更新无须等待所有节点都达成一致状态。同时，最终一致性还具有较好的扩展性，可支持大规模分布式系统。然而，最终一致性也存在一定的缺点，最显著的就是数据的不一致性问题。在某些场景下，数据不一致可能会对业务造成一定影响。因此，最终一致性需要在具体场景下进行权衡和选择。

根据更新数据后各进程访问到数据时间和方式的不同，最终一致性可进行以下区分。

(1) 因果一致性(causal consistency)：在某个进程更新了数据后，所有依赖该数据的进程都必须在其后访问到该数据的更新值，保证因果关系的一致性。例如，对于银行系统，用户在 ATM 上取款，导致其账户余额减少，在银行数据库中，执行更新账户余额的操作。

(2) 写后读一致性(read-your-write consistency)：一个进程更新数据后，该进程后续的读操作必须能够读到自己所写的最新值，保证读操作的一致性。例如，用户发起转账，随后在系统上查看自己的账户余额时看到的是最新的余额，即减去转账金额后的余额。

(3) 会话一致性(session consistency)：在同一个进程中，用户进行的操作必须按照操作顺序得到相同的结果。例如，用户 A 登录了一个购物网站，在进行浏览、购物、结算等操作时，必须始终处于同一个"会话"状态，不会因为其他用户的操作而发生改变，保证用户体验的一致性。

(4) 单调读一致性(monotonic read consistency)：如果一个进程读取了某个数据项的值后，后续的读操作必须能够读取到时间上不小于先前读取的值，保证读操作的单调性。例如，一个用户在手机银行应用上进行两次查询账户余额的操作，其间发生了一笔并发的转账操作，那么第二次查询时应看到不同于第一次查询的余额。

(5) 单调写一致性(monotonic write consistency)：一个进程写入的数据顺序必须与其他进程所看到的写入顺序一致，保证写操作的单调性。例如，用户 A 向用户 B 发起多笔转账操作，用户 B 必须以相同的顺序看到这些转账记录。

10.3 数 据 模 型

鉴于 NoSQL 数据库的非关系特性，与关系数据库的统一模型不同，NoSQL 数据库之间缺乏标准化的架构。根据不同的应用场景需求，NoSQL 数据库发展出多种类型，典型的 NoSQL 数据模型包括键值、列存储、文档和图形等类型。

10.3.1 键值型数据模型

键值型数据模型是一种用于组织和存储数据的数据库模型，其中数据以键值对的形式进行存储。每个数据项都由一个唯一的键和与之关联的值组成，键和值均可以是任何类型的对象，如简单的数组或者复杂的数据结构。这种模型通常被用于处理大量的简单数据，而且读写速度较快。

在键值型数据库中，数据以类似字典或哈希表的方式进行存储。这种模型的优点之一是对于简单的数据检索和存储操作，包括查询、插入、更新和删除，效率很高。键值型数据库通常不提供复杂的查询语言，而是通过键来直接访问数据，因此适用于需要快速读写的场景。但这样的记录方式不适于需要遍历大量数据或者根据条件筛选数据的场景，以及常见的数据连接操作。

常见的键值型数据库有 Redis、Amazon DynamoDB 和 Apache Cassandra。它们在分布式环境中也表现出色，因为键值对的简单结构使数据在集群中的分布和管理变得相对容易。

10.3.2 列存储数据模型

列存储数据模型也是一种数据库设计方法，其中数据按列而不是按行进行存储。传统的行存储模型是将每一行的所有字段值存储在一起，而列存储则是将同一列的数据值存储在一起。这种存储方式的目标是优化特定类型的查询和分析操作。

在列存储数据库中，数据表按列组织，每个列存储相同类型的数据。这种设计对于需要对特定列进行聚合操作或分析的查询非常高效，表现在相同列的数据往往同时被访问，而不同列的数据不会同时被访问。列存储通常用于数据仓库、大数据分析和 OLAP(在线分析处理)等场景，这些场景需要处理大量的读取操作，而对写入操作的实时性要求相对较低。列存储的优势包括以下方面。

(1) 高压缩比：相同类型的数据在列中是相邻存储的，因此容易实现高度的数据压缩，从而减少存储空间的需求。

(2) 快速查询和分析：列存储更适合处理需要读取特定列的查询，因此在分析和聚合操作上性能更好。

(3) 支持稀疏列：列存储可以更灵活地处理稀疏数据，即某些列可能只包含非常少量的非空值。

列存储数据模型的结构特性使其适用于分析查询较多的应用场景，能够减少因加载无关列而造成的时间与空间开销。列存储数据库的应用有 Apache Cassandra、Google Bigtable、HBase 等。在实际应用中，选择存储模型通常取决于具体的业务需求和查询模式。

10.3.3 文档型数据模型

在文档型数据库中，数据以文档的形式存储，通常使用类似于 JSON(JavaScript Object Notation)或 BSON(Binary JSON)的格式表示，即层次化的键值对结构。每个文档是一个自包含的记录单元，可以包含不同类型的数据，如键值对、嵌套结构和数组等，适用于处理半结构化或者非结构化的数据，其主要特征和优势包括以下方面。

(1) 灵活的数据结构：文档型数据库允许文档内的字段是灵活的，可以根据需要添加或删除字段，这使得数据模型更具灵活性。数据模式不固定，摆脱了关系数据库中严格的数据模式限制。

(2) 查询灵活性：与关系数据库相比，文档型数据库通常提供更灵活的查询功能，能够有效地处理不同结构的文档。因为数据库中的数据与应用程序中的数据具有相同的结构，便于数据的传递。

(3) 容易扩展：文档型数据库通常支持横向扩展，可以在需要时方便地添加新的节点或服务器，以处理大量数据和高并发的请求。

流行的文档数据库包括 MongoDB、CouchDB 和 Elasticsearch。这些数据库在处理大规模分布式数据和支持高度动态数据模型方面具有优势。

10.3.4 图形数据模型

图形数据模型是一种用于表示和处理图形结构的数据库模型。在图形数据模型中，数据以图的形式组织，图由节点(或顶点)和边(或弧)组成，每个节点表示实体或对象，而每条边表示节点之间的关系。图形数据库专门设计用于存储、查询和分析这些节点和边的连接关系。图形数据库使用图形数据查询语言来支持数据操作。通过将更新节点或边的写操作封装为事务，图形数据库也能满足关系数据库的 ACID 特性。

图形数据模型适用于许多现实世界的场景，如社交网络分析、推荐系统、路线规划、知识图谱等。图形数据库不仅可以有效地表示和查询这些复杂的关系网络，还提供了一种灵活而强大的方式来处理实体之间的连接。

流行的图数据库有 Neo4j、Amazon Neptune 和 ArangoDB 等。这些数据库提供了专门的查询语言和图结构相关算法，使得在图形数据模型中进行复杂的关系查询变得更容易。

关于上述四类 NoSQL 数据库分类可总结如表 10-1 所示。

表 10-1 NoSQL 数据库分类

分类	举例	典型应用场景	数据模型	优点	缺点
键值型数据库	Redis、Amazon DynamoDB	内容缓存、大量数据的高访问负载、日志系统等	key 指向 value 的键值对，通常用哈希表实现	查找速度快	数据无结构化，通常只被当作字符串或二进制数据
列存储数据库	Cassandra、HBase、Riak	分布式文件系统	以列簇式存储，将同一列数据存在一起	查找速度快、可扩展性强、更易进行分布式扩展	功能相对局限
文档型数据库	CouchDB、MongoDB	Web 应用	键值对，Value 是结构化数据	数据结构要求不严格，表结构可变，不用预先定义	查询性能不高，且缺乏统一的查询语法
图形数据库	Neo4j、Amazon Neptune、ArangoDB	社交网络、推荐系统等，专注于构建关系图谱	图结构	可利用图结构相关算法进行复杂的关系查找	需对整个图做计算才能得到需要的信息，不利于做分布式的集群方案

10.4 典型系统

在现代数据处理领域，NoSQL 因其灵活性和高性能而备受关注。其中，Memcached、HBase 和 MongoDB 代表着 NoSQL 数据库中的三种不同范式：分布式内存缓存、列式存储和文档型数据库。通过深入研究它们的架构和特性，可以更好地理解如何根据应用需求选择最合适的 NoSQL 解决方案。

10.4.1 Memcached

Memcached 是一个高性能、分布式的内存对象缓存系统，用于提高动态 Web 应用程序的性能，通过减轻数据库负载来加速数据检索。它采用简单而强大的键值对存储方式，将数据存储在内存中，以迅速满足对动态生成内容的高效访问需求。

Memcached 的工作原理基于分布式架构，允许多个服务器节点协同工作，形成一个强大的缓存集群。数据以键值对形式存储在内存中，通过简洁的文本协议，实现客户端与服务器之间的通信。这种设计支持系统横向扩展，可有效应对大规模并发请求，其特点如下。

(1) 分布式缓存：Memcached 支持水平扩展，能够在多个服务器节点之间均匀分配缓存负载，以提高系统的整体性能。这意味着随着负载的增长，可以简单地添加更多的服务器，而无须对现有系统进行重大改动。分布式架构也提供了高可用性，一旦某个节点发生故障，其他节点仍然可以继续提供服务，确保系统的稳定性和可靠性。

(2) 简单协议：Memcached 采用文本协议，基于 TCP 或 UDP 的连接方式，简化了客户端与服务器之间的通信，降低了集成和使用的复杂性，使得开发者能够迅速上手并将 Memcached 整合到其应用中。文本协议的可读性也使得调试和监控变得更加简便，通过这种轻量级的通信方式，Memcached 能够在分布式环境中高效地传递数据。

(3) 缓存策略：Memcached 的缓存策略采用最近最少使用(least recently used, LRU)策略，这是一种基于内存管理原理的常用策略。LRU 策略确保最近被使用最频繁的数据被保留在缓存中，而不常用的数据会被淘汰，以提高缓存的命中率。这种策略有助于减少因缓存未命中而引起的性能损耗，优化了系统对于频繁访问数据的响应速度。

(4) 多语言支持：Memcached 提供了多种编程语言的客户端库，包括 PHP、Python、Java 等，使其能适用于不同开发环境。多语言支持极大地提高了 Memcached 的灵活性和可扩展性。开发者可以选择最适合其项目的语言，而无须考虑与 Memcached 的集成问题。

鉴于以上特点，Memcached 的优势体现在它的高性能，通过内存存储和分布式架构，实现了快速的读写操作，可用于频繁访问的数据。同时，简单的键值存储模型易于理解和使用，无须复杂的数据库查询语言支持。Memcached 系统的强可扩展性决定了它能够应对不同规模的应用需求。例如，在 Web 应用性能优化方面，Memcached 可用于缓存数据库查询结果、API 响应等，以加速动态生成的 Web 内容，减轻数据库负载；又如，在用户体验提升方面，Memcached 可用于存储用户会话信息，通过减少数据库查询来提高网站性能，给予用户快速反馈。

10.4.2 HBase

HBase 是一款开源的、分布式、面向列族的 NoSQL 数据库系统，构建在 Hadoop 分布式文件系统(HDFS)之上。它被设计用于存储大规模数据集，并提供对这些数据的高效随机访问。HBase 的架构受谷歌的 Bigtable 启发，强调可扩展性、高性能和容错性，使其成为处理超大规模数据的理想选择。

HBase 由许多重要架构和组件组成，包括 HMaster、RegionServer、ZooKeeper 和

HDFS 等。其中，HMaster 负责管理 HBase 集群的元数据，处理表的创建、删除和分裂等操作；RegionServer 用于存储和管理实际数据，负责响应客户端的读写请求；HBase 使用 ZooKeeper 来进行集群节点的协调和管理，用于集群状态的维护和领导选举；HDFS 主要应用在底层设计上，通过这种分布式文件系统，HBase 可以进行数据的持久化存储。

HBase 的主要特点体现如下。

(1) 分布式存储架构：数据被划分为多个区域并存储在不同的节点上。这种设计使得 HBase 能够轻松地扩展以适应不断增长的数据量，同时保持高度的可扩展性。新的节点可以被添加到集群中，而不影响系统的正常运行。

(2) 面向列族的数据模型：HBase 的数据模型是面向列族的，数据按列族组织，以行键作为唯一标识，按列族、列限定符和时间戳进行存储。列族内的列是动态的，可以根据需要动态添加，适用于需要存储大量不同结构数据的场景。同时，列族的设计也有助于提高数据的压缩率和查询性能。

(3) 高性能的读写操作：HBase 追求高吞吐量和低延迟的读写操作。数据存储在 Hadoop 分布式文件系统(HDFS)中，利用 HDFS 的分布式特性，HBase 能够快速读取和写入大规模数据。此外，HBase 还支持数据的批量操作，进一步提升了性能。

(4) 强一致性和原子性操作：HBase 提供强一致性的数据模型，确保数据在分布式环境下的原子性操作。无论是读操作还是写操作，HBase 都能够保证数据的一致性，这对于需要可靠数据存储的应用场景非常重要。

(5) 自动分区和负载均衡：HBase 通过自动分区将数据划分到不同的区域，使得数据能够均匀分布在集群中的各个节点上。这种分区设计支持负载均衡，确保每个 RegionServer 都处理相似数量的数据，提高了系统的整体性能。

(6) 可靠性和容错性：通过数据的多副本存储和分布式架构，HBase 具有高度的容错性。如果一个节点出现故障，数据仍然可以从其他节点中获取。此外，HBase 结合 ZooKeeper 实现了领导选举，确保系统中关键组件的高可用性。

因为这些特点和优势，HBase 适用于大规模数据和实时查询的应用场景。同时，由于 HBase 的数据模型和分布式架构，它尤其适用于存储时序数据，如日志、传感器数据等。总体而言，HBase 以其强大的特性在大数据领域中扮演着重要的角色，为应对不同规模和复杂度的数据存储需求提供可靠的解决方案。

10.4.3 MongoDB

MongoDB 是一款开源的、面向文档型的 NoSQL 数据库系统，旨在处理大规模的数据存储和高度动态的数据模型。与传统的关系数据库不同，MongoDB 采用类似 JSON 的 BSON(二进制 JSON)文档来存储数据，提供丰富的查询语言和高度可扩展的架构。

与 HBase 相似，MongoDB 也有自己的架构和组件，主要包括 mongod、mongos 和 config server。其中，mongod 是 MongoDB 的主要后台进程，负责实际的数据存储和查询处理；mongos 是用于支持分片的路由器进程，将来自客户端的请求路由到正确的分片节点；config server 负责存储分片的元数据，协助 mongos 进行分片路由。

MongoDB 的主要特点如下。

(1) 文档存储：MongoDB 采用文档存储模型，数据以 BSON 格式的文档形式存储。每个文档都是一个键值对的集合，支持嵌套和数组结构，使其非常适合存储和查询具有复杂结构的数据。

(2) 动态模式：MongoDB 是一款无模式(schema-less)的数据库，允许在不同文档中使用不同的字段。这种动态模式使得 MongoDB 能够灵活地应对不断变化的数据结构，适用于需要频繁更新和演化的应用场景。

(3) 查询语言：MongoDB 支持丰富的查询语言，包括范围查询、正则表达式匹配、地理空间查询等。通过内建的索引机制，MongoDB 能够高效地执行这些查询操作，提供了强大的数据分析和检索能力。

(4) 复制和高可用性：MongoDB 支持自动数据复制，通过副本集(replica set)机制，提供高可用性和容错性。当主节点发生故障时，自动选举新的主节点，确保系统持续可用。

(5) 分片和横向扩展：MongoDB 的分片机制允许水平扩展，将数据分布在多个节点上。这使得 MongoDB 能够处理大规模数据集，同时保持系统性能和可扩展性。

(6) 索引支持：MongoDB 支持多种类型的索引，包括单字段索引、复合索引和地理空间索引。这些索引提高了查询性能，使得 MongoDB 在复杂查询场景中表现卓越。

总体而言，MongoDB 以其灵活性、高可扩展性和强大的查询能力，在大规模数据存储和动态数据模型的应用场景中发挥着重要作用，其分布式架构和面向文档的存储模型使其成为各种复杂应用的理想选择。

本 章 小 结

NoSQL 数据库是一类非关系数据库管理系统，其设计理念和特点与传统的关系数据库有所不同。其主要特点包括多样的数据模型、灵活的数据存储、分布式架构和高可扩展性。NoSQL 数据库的理论基础基于 CAP 理论和 BASE 模型，强调在分布式系统中对一致性、可用性和分区容错性之间的平衡。

在实际应用中，不同类型的 NoSQL 数据库适用于不同的场景。

(1) Memcached：以其键值对的存储模型，主要用于 Web 应用性能优化，通过缓存频繁访问的数据，提高系统响应速度。

(2) HBase：采用面向列族的数据模型，特别适用于大规模数据存储和实时查询，常用于存储时序数据，如日志、传感器数据等。

(3) MongoDB：采用文档存储模型，适用于动态数据结构和大规模数据存储，广泛用于大规模数据存储、实时分析和查询。

NoSQL 数据库主要有以下数据模型。

(1) 键值型数据模型：以 Memcached 为代表，采用简单的键值对存储模型，适用于快速的读写操作，常用于缓存和快速数据检索。

(2) 列存储数据模型：以 HBase 为代表，数据以列族的形式组织，适用于大规模数据的存储和实时查询，常用于时序数据、日志等场景。

(3) 文档型数据模型：以 MongoDB 为代表，数据以文档的形式存储，支持嵌套和复杂的数据结构，适用于动态数据模型和大规模数据存储。

(4) 图形数据模型：适用于存储和查询图形结构的数据，常用于社交网络、推荐系统等场景，可提供有效的图形遍历和关系查询能力。

NoSQL 数据库的优势体现在其对大规模、动态和复杂数据的高效处理能力上。通过支持多样的数据模型和分布式架构，NoSQL 数据库能够适应不断变化的应用需求，为开发者提供灵活、高性能的数据存储解决方案。在大数据领域，NoSQL 数据库在应对不同规模和复杂度的数据存储需求方面发挥着重要作用。

习　题

1. NoSQL 数据库相比于关系数据库有哪些主要优势？给出对比说明。
2. 在何种情况下选择 NoSQL 数据库而不是关系数据库？举例说明一个适合使用 NoSQL 数据库的应用场景。
3. 解释 CAP 理论的三个要素(consistency、availability、partition tolerance)，并说明它们对于分布式系统的重要性。
4. 与 ACID 模型相比，BASE 模型有何特点？简要描述 BASE 模型的三个要素。
5. 键值型数据模型的优势是什么？举例说明一个适合使用键值型数据模型的实际场景。
6. 列存储数据模型在 HBase 中的应用场景是什么？简要说明列存储的优势。
7. 文档型数据模型与关系数据库相比具有哪些优势？提供一个文档型数据模型的应用场景。
8. Memcached 主要用于哪些方面的应用优化？简述如何用 Memcached 来提高系统性能。
9. NoSQL 数据库中的图形数据库适用于哪些场景？举例说明图形数据库的应用领域。
10. NoSQL 数据库如何实现高可扩展性？简要说明一下它们的可扩展性特点。
11. NoSQL 数据库如何满足动态数据模型的需求？举例说明动态数据模型的应用场景。
12. NoSQL 数据库中的数据一致性问题如何解决？简述不同一致性级别的含义。
13. 介绍 NoSQL 数据库中的事务处理机制，简要说明事务的特点和使用场景。
14. NoSQL 数据库相对于关系数据库在大规模数据存储和实时分析方面有何优势？给出一个 MongoDB 的实际应用案例。
15. 解释 NoSQL 数据库最终一致性模型，为何最终一致性对于分布式系统是有意义的。
16. NoSQL数据库中的文档型数据模型如何处理复杂的数据结构？举例说明一个文档型数据库的应用案例。

17. 解释 NoSQL 数据库中的查询性能如何优化？简要说明一下查询性能优化的方法。

18. 设计一个在线博客平台的数据模型，包括用户信息、文章和评论的存储方式，选择一种 NoSQL 数据库来支持该模型，并说明理由。

19. 在设计一个实时聊天应用时，需要存储用户消息记录和在线状态，你会选择哪种 NoSQL 数据库？为什么？

20. 对于一个需要存储传感器数据的智能家居项目，你会选择哪种类型的 NoSQL 数据库来支持数据存储和查询？为什么？

第 11 章 MongoDB 数据库

MongoDB 是专为可扩展性、高性能和高可用性而设计的数据库。它可以从单服务器部署扩展到大型、复杂的多数据中心架构。利用内存计算的优势，MongoDB 能够提供高性能的数据读写操作。MongoDB 的本地复制和自动故障转移功能使得应用程序具有企业级的可靠性和操作灵活性。MongoDB 是高性能、无模式、面向文档的数据库，是目前 NoSQL 中最热门的数据库之一。它是开源产品，基于 C++开发，是 NoSQL 数据库中功能最丰富、最像关系数据库的。

11.1 MongoDB 数据库概述

11.1.1 产生和发展

2007 年，10gen 公司的创始人 Eliot 和 Dwight 在寻找能够支持他们云计算平台的大规模数据库时，面临了传统关系数据库如 Oracle 和 MS SQL Server 等基于单机架构的局限。即使 Oracle 支持一些集群部署，但其扩展性仅限于 2~4 台服务器。由于缺乏解决方案，10gen 公司的创始人决定自行研发一种数据存储服务，用于将开发者使用的程序对象数据存储在类似数据库的地方，并提供易于使用的 API，使开发者能够执行常见的增删改查操作。为了方便开发者，Eliot 选择使用 JSON 格式存储数据，而 JSON 数据在英文中被称为 JSON Document，这也是文档数据库名称的由来。因此，MongoDB 应运而生。

从一个鲜为人知的科技初创公司发展到如今家喻户晓的知名数据库供应商，MongoDB 的发展历程经历了许多阶段。2007 年，MongoDB 公司的前身 10gen 公司正式成立，2009 年 2 月开源数据库 MongoDB 1.0 正式发布，以开源的方式进入市场。如今，MongoDB 已经从数据库领域的相对无名小透明，成长为备受关注的流行数据库。

在发展历程中，MongoDB 取得了一系列的创新成果。2009 年 2 月，MongoDB 数据库首次亮相，打破了关系数据库垄断的局面；2014 年 12 月，MongoDB 收购了 WiredTiger 存储引擎，大幅提升了写入性能；2016 年，MongoDB 推出了 Atlas，在 AWS、Azure 和 GCP 上提供 MongoDB 托管服务；2018 年 6 月，MongoDB 推出 ACID 事务支持，成为第一个支持强事务的 NoSQL 数据库；2018 年 11 月，MongoDB 修改其开源许可为 SSPL。在过去的十多年中，MongoDB 的每一次创新都引起了业界的广泛讨论。接下来，本章将详细阐述 MongoDB 的特点和优势、操作及设计。

11.1.2 基本概念

MongoDB 非常强大，同时也很容易上手。下面介绍一些 MongoDB 的基本概念。①文档，MongoDB 中数据的基本单元，非常类似于关系数据库管理系统中的行(但是比行要复杂得多)。②集合，类似地可以被看作没有模式的表。③MongoDB 的单个实例可以容纳多个独立的数据库，每一个都有自己的集合和权限。④MongoDB 自带简洁但功能强大的 JavaScript shell，这个工具对于管理 MongoDB 实例和操作数据非常有用。⑤每一个文档都有一个特殊的键"_id"，它在文档所处的集合中是唯一的。

以上这些基本概念构成了 MongoDB 的核心，为用户提供灵活的数据管理和操作方式。通过理解这些概念，用户可以更好地利用 MongoDB 的功能进行数据存储和检索。

1. 文档

文档是 MongoDB 的核心概念。多个键及其关联的值有序地放置在一起便是文档。每种编程语言表示文档的方法不太一样，但大多数编程语言都有相通的一种数据结构，如映射、散列或字典。例如，在 JavaScript 里面，文档表示为对象：

{"STUDENTS" : "Hello, world!"}

这个简单的文档只包含一个键，即 "STUDENTS"，对应的值为 "Hello, world!"。大多数文档会比这个例子更复杂，并且通常会包含多个键值对：

{"STUDENTS" : "Hello, world!", "sid" : 3}

文档中的键值对是有序的，上面的文档和下面的文档是完全不同的。

如上所示，文档中的值不仅仅是"二进制大对象"，它们可以是几种不同的数据类型之一(甚至可以是一个完整的嵌入文档)。在本例中，"STUDENTS" 的值是一个字符串，而 "sid" 的值是一个整数。

注意，通常文档中键的顺序并不重要。实际上，有些编程语言默认对文档的呈现根本就不顾忌顺序(如 Python 的字典，Perl 和 Ruby 1.8 中的散列)。这些语言的驱动包含特殊的机制，会在少数必要的情况下指定文档的排序。

文档中的键是字符串类型。除了少数例外的情况，可以使用任意 UTF-8 字符作为键。

键中不能含有 \0(空字符)，这个字符用于表示一个键的结束。"." 和 "$" 是特殊字符，只能在某些特定情况下使用，后面会详细说明。通常来说，可以认为这两个字符属于保留字符，如果使用不当，那么驱动程序将无法正常工作。

MongoDB 不但会区分类型，也会区分大小写。例如，{"sid" : 5}与{"sid" : "5"}这两个文档是不同的，{"sid" : 5}与{"Sid" : 5}这两个文档也不同。

另外有一个事项需要特别注意的是，MongoDB 中的文档不能包含重复的键。例如，{"greeting" : "Hello, world!", "greeting" : "Hello, MongoDB!"}这个文档是不合法的。

2. 集合

集合就是一组文档。若将文档比作关系数据库中的行，则一个集合就相当于一张表。

1) 无模式

集合是无模式的。这意味着一个集合中的文档可以是各式各样的。例如，{"STUDENTS" : "Hello, world!"}与{"sid": 5}这两个文档可以存储在同一个集合中。

需要注意的是，以上文档中的键、键的数量以及值的类型都是不同的。由于任何文档都可以放入集合中，因此经常会出现这样的问题："为什么还需要多个集合呢？"既然不同类型的文档不需要区分模式，为什么还要使用多个集合呢？有以下几点原因。

(1) 对于开发人员和管理员来说，将不同类型的文档保存在同一集合中可能是个噩梦。开发人员需要确保每个查询只返回特定模式的文档，或者确保执行查询的应用程序代码可处理不同类型的文档。若查询博客文章时还需剔除包含作者数据的文档，则非常麻烦。

(2) 获取集合列表比提取集合中的文档类型列表要快得多。如果在每个文档中都有一个"type"字段来指明这个文档是"skim""whole"还是"chunky monkey"，那么在单个集合中查找这 3 个值要比查询 3 个相应的集合慢得多。

(3) 将相同类型的文档放入同一个集合中可以实现数据的局部性。相对于从既包含博客文章又包含作者数据的集合中进行查询，从一个只包含博客文章的集合中获取几篇文章可能会需要更少的磁盘查找次数。

(4) 在创建索引(尤其是在创建唯一索引)时，我们会采用一些文档结构。这些索引是按照每个集合来定义的。通过只将单一类型的文档放入同一个集合中可以实现数据的局部性。

(5) 只将单一类型的文档放入集合中，还可以更高效地对集合进行索引。创建模式并且将相关类型的文档放在一起是非常合理的。虽然默认情况下为应用程序定义模式并非必需，但这是一种很好的实践，可以通过使用 MongoDB 的文档验证功能和可用于多种编程语言的对象-文档映射(object-document mapping)库来实现。

也就是说，的确有很多理由创建一个模式把相关类型的文档规整到一起。但 MongoDB 对此还是不做强制要求，让开发者更有灵活性。

2) 命名

集合由其名称进行标识。集合名称可以是任意 UTF-8 字符串，但有以下限制。

(1) 集合名称不能是空字符串("")。

(2) 集合名称不能含有 \0(空字符)，因为这个字符用于表示一个集合名称的结束。

(3) 集合名称不能以 system. 开头，该前缀是为内部集合保留的。例如，system.users 集合中保存着数据库的用户，system.namespaces 集合中保存着有关数据库所有集合的信息。

(4) 用户创建的集合名称中不应包含保留字符 $。许多驱动程序确实支持在集合名称中使用 $，这是因为某些由系统生成的集合会包含它，但除非你要访问的是这些集合之一，否则不应在名称中使用 $ 字符。

(5) 在子集合中，组织集合的一种惯用手段是使用 . 字符分隔不同命名空间的子集合。例如，有一个具有博客功能的应用程序，可能包含名为 blog.posts 和名为 blog.authors 的集合。这只是一种组织管理的方式，blog 集合(它甚至不必存在)与其"子集合"之间没有任何关系。

尽管子集合没有任何特殊属性，但它们很有用，许多 MongoDB 工具整合了子集合。例如，GridFS 是一种用于存储大型文件的协议，它使用子集合将文件元数据与内容块分开存储。另外，大多数驱动程序为访问指定集合的子集合提供了一些语法支持。例如，在数据库 shell 中，使用 db.blog 可访问 blog 集合，使用 db.blog.posts 可访问 blog.posts 集合。

因此，在 MongoDB 中，使用子集合来组织数据在很多场景中是一种好方法，值得强烈推荐。

3. 数据库

MongoDB 使用集合对文档进行分组，使用数据库对集合进行分组。一个 MongoDB 实例可以承载多个数据库，每个数据库有零个或多个集合。一个值得推荐的做法是将单个应用程序的所有数据都存储在同一个数据库中。在同一个 MongoDB 服务器上存储多个应用程序或用户的数据时，使用单独的数据库会非常有用。

与集合相同，数据库也是按照名称进行标识的。数据库名称可以是任意 UTF-8 字符串，但有以下限制。

(1) 数据库名称不能是空字符串("")。

(2) 数据库名称不能包含 /、\、.、"、*、<、>、:、|、?、$、单一的空格以及 \0(空字符)，基本上只能使用 ASCII 字母和数字。

(3) 数据库名称区分大小写。

(4) 数据库名称的长度限制为 64 字节。

在 MongoDB 使用 WiredTiger 存储引擎之前，数据库名称会对应文件系统中的文件名，这就是有如此多限制条件的原因。尽管现在已经不这样处理了，但之前的许多限制遗留了下来。此外，还有一些数据库名称是保留的。这些数据库可以被访问，但它们具有特殊的语义。具体如下。

1) admin

从权限的角度来看，这是"root"数据库。要是将一个用户添加到这个数据库，这个用户自动继承所有数据库的权限。一些特定的服务器端命令也只能从这个数据库运行，如列出所有的数据库或者关闭服务器。

2) local

特定于单个服务器的数据会存储在此数据库中。在副本集中，local 用于存储复制过程中所使用的数据，而 local 数据库本身不会被复制。

3) config

当 Mongo 用于分片设置时，config 数据库在内部使用，用于保存分片的相关信息。

把数据库的名字放到集合名前面，得到的就是集合的完全限定名，称为命名空间。例如，如果你在 cms 数据库中使用 blog.posts 集合，那么这个集合的命名空间就是 cms.blog.posts。命名空间的长度不得超过 121 字节，在实际使用当中应该小于 100 字节。

4. 数据类型

本章的开头介绍了一些文档的基本概念，这里将更深入地探讨这些概念。MongoDB 支持将多种数据类型作为文档中的值，本节将逐一进行介绍。

1) 基本数据类型

MongoDB 的文档类似于 JSON，在概念上和 JavaScript 中的对象差不多。JSON 是一种简单的表示数据的方式，其规范可用一段文字描述，仅包含 6 种数据类型。这带来很多好处：易于理解、易于解析、易于记忆。但因为只有 null、布尔、数字、字符串、数组和对象几种类型，JSON 的表现力也有限制。

虽然这些类型的表现力已经足够强大，但是对于绝大多数应用来说，还需要另外一些不可或缺的类型，尤其是与数据库打交道的那些应用。例如，JSON 没有日期类型，这会使得处理本来简单的日期问题变得非常烦琐。只有一种数字类型，无法区分浮点数和整数，更不能区分 32 位数字和 64 位数字。也没有办法表示其他常用类型，如正则表达式或函数。

MongoDB 在保留 JSON 基本的键值对特性的基础上，添加了其他一些数据类型。在不同的编程语言下这些类型的表示有些许差异，下面列出了 MongoDB 通常支持的一些类型，同时说明了在 shell 中这些类型是如何表示为文档的一部分的。

(1) null：用于表示空值或者不存在的字段。

(2) 布尔：布尔类型有两个值"true"和"false"，如{"x": true}。

(3) 32 位整数：shell 中这个类型不可用。前面提到，JavaScript 仅支持 64 位浮点数，所以 32 位整数会被自动转换。

(4) 64 位整数：shell 也不支持。shell 会使用一个特殊的内嵌文档来显示 64 位整数。

(5) 64 位浮点数：shell 中的数字都是这种类型。{"x": 3.14}，{"x": 3}都是浮点数。

(6) 字符串：UTF-8 字符串都可表示为字符串类型的数据，如{"x": "foobar"}。

(7) 符号：shell 不支持这种类型。shell 将数据库里的符号类型转换为字符串。

(8) 对象 id：对象 id 是文档的 12 字节的唯一 ID，如{"x": ObjectID()}。

(9) 日期：日期类型存储从标准纪元开始的毫秒数，不存储时区，如{"x": new Date()}。

(10) 正则表达式：文档中可采用 JavaScript 的正则表达式语法，如{"x": /sid/i}。

(11) 代码：文档中还可以包含 JavaScript 代码，如{"x": function() {/* ... */ }}。

(12) 二进制数据：可由任意字节的串组成。不过 shell 中无法使用。

(13) 最大值：BSON 包括一个特殊类型，表示可能的最大值。shell 中没有这个类型。

(14) 最小值：BSON 包括一个特殊类型，表示可能的最小值。shell 中没有这个类型。

(15) 未定义：文档中可使用未定义类型(JavaScript 中 null 和 undefined 是不同的类型)，如{"x": undefined}。

(16) 数组：值的集合或者列表可以表示成数组，如{"x": {"a", "b", "c"}}。

(17) 内嵌文档：文档可包含别的文档，也可作为值嵌入父文档中，如{"x": {"a": "b"}}。

2) 数字

JavaScript 中只有一种数字类型。因为 MongoDB 中有 3 种数字类型(32 位整数、64 位整数和 64 位浮点数)，shell 必须绕过 JavaScript 的限制。默认情况下，shell 中的数字都被 MongoDB 当作双精度数。这意味着，如果你从数据库中获得的是一个 32 位整数，修改文档后，将文档存回数据库时，这个整数也会被转换成浮点数，即便保持这个整数原封不动也会这样。所以，明智的做法是尽量不要在 shell 下覆盖整个文档。

数字只能表示为双精度数(64 位浮点数)的另外一个问题是，有些 64 位的整数并不能精确地表示为 64 位浮点数。所以，若存入一个 64 位整数，然后在 shell 中查看，它会显示一个内文档，表示可能不准确。例如，保存一个文档，其中"myInteger"键的值设为一个 64 位整数：3，然后在 shell 中查看，应该显示如下：

```
doc = db.nums.findOne(){
"_id" : ObjectId("4c0beecfda2380fe6fa09"),
"myInteger" : {"floatApprox" : 3}
}
```

数据库中的数字是不会改变的(除非你修改了它，然后又通过 shell 保存回去了，这样它就会被转换成浮点类型)。内嵌文档只表示 shell 显示的是一个用 64 位浮点数近似表示的 64 位整数。如果内嵌文档只有一个键，实际上这个值是准确的。如果插入的 64 位整数不能精确地作为双精度数显示，shell 会添加两个键："top" 和 "bottom"，分别表示高 32 位和低 32 位。例如，如果插入 9223372036854775807，shell 会这样显示：

```
doc = db.nums.findOne(){
    "_id" : ObjectId("4c0beecfda2380fe6fa10"),
    "myInteger" : {
        "floatApprox" : 9223372036854775807,
        "top" : 2147483647,
        "bottom" : 4294967295
    }
}
```

"floatApprox" 是一种特殊的内嵌文档，可以作为值和文档来操作：

```
> doc.myInteger + 1
9223372036854775808
> doc.myInteger.floatApprox
9223372036854775807
```

32 位的整数都能用 64 位的浮点数精确表示，所以显示起来没什么特别。

3) 日期

在 JavaScript 中，Date 对象用于 MongoDB 的日期类型。创建一个新的 Date 对象时，通常会调用 new Date 函数而不只是 Date 函数。调用构造函数(不包括 new)实际上会返回日期的字符串表示，而不是真正的 Date 对象。这不是 MongoDB 的特性，而是 JavaScript 本身的特性。如果不小心忘了使用 Date 构造函数，最后就会导致日期和字符串混淆。字符串和日期不能互相匹配，就会给插入、更新、查询等很多操作带来问题。

Shell 中的日期显示时使用本地时区设置。但日期在数据中是以从标准纪元开始的毫秒数的形式存储，没有与之相关的时区信息(当然，可以把时区信息作为其他键的值存储)。

4) 数组

数组是一组值,既可以作为有序对象(如列表或队列)来操作,也可以作为无序对象(如集合)来操作。在文档{"x": ["pie", 3.14]}中,"x" 这个键的值就是一个数组。

从这个例子可以看到,数组可以包含不同数据类型的元素(这个例子中是一个字符串和一个浮点数)。实际上,常规键/值对支持的值都可以作为数组的元素,甚至是嵌套数组。

文档中的数组有个奇妙的特性,就是 MongoDB 能"理解"其结构,并知道如何深入数组内部对其内容进行操作。这样就能用内容对数组进行查询和构建索引了。例如,在前面的例子中,MongoDB 可以查询所有 "x" 数组中包含 3.14 的文档。如果经常使用这个查询,可以对 "x" 创建索引,以提高性能。

MongoDB 可使用原子更新修改数组中的内容,比如深入数组内部将 "pie" 改为 "pi"。

5) 内嵌文档

内嵌文档是指将整个 MongoDB 文档作为另一个文档中某个键的值。这样,数据可以组织得更自然,而不必非得存成扁平结构。

例如,用一文档来表示一个人,且要保存其地址,可将地址内嵌到 "address" 文档中:

```
{
    "name": "张三",
    "address": {
        "street": "201 Street",
        "city": "Guangzhou",
        "state": "CN"
    }
}
```

该例中,"address" 的值是另一个文档,这个文档有 "street"、"city" 和 "state" 键值。

同数组一样,MongoDB 能够"理解"内嵌文档的结构,并能"深入"其中构建索引、执行查询或者更新。可见,内嵌文档可以改变处理数据的方式。在关系数据库中,之前的文档一般会被拆分成两个表("people" 和 "address")中的两行。在 MongoDB 中,就可以将地址文档直接嵌入人员文档中。使用得当的话,内嵌文档会使信息表示得更自然(通常也更高效)。这样做也有缺点,因为 MongoDB 会储存更多重复数据,这是反规范化的。如果 "address" 在一个独立的表中,要修复地址中的拼写错误时,我们只需要修复该表中的地址。当我们对 "people" 和 "address" 执行连接操作时,每一个使用这个地址的人的信息都会得到更新。但是在 MongoDB 中,则需在每个人的文档中修正拼写错误。

6) _id 和 ObjectId

MongoDB 中存储的文档必须有一个 "_id" 键。这个键的值可以是任何类型,默认是一个 ObjectId 对象。在一个集合里面,每个文档都有唯一的 "_id" 值,以确保集合里面每个文档都能被唯一标识。如果有两个集合,两个集合可以都有一个值为 123 的 "_id" 键,但是每个集合里面只能有一个 "_id" 是 123 的文档。

(1) ObjectId。

ObjectId 是 "_id" 的默认类型。它设计成轻量型的,不同的机器都能用全局唯一的方法方便地生成它。这是 MongoDB 采用 ObjectId,而不是其他比较常规的做法(如自动增加的主键)的主要原因,因为在多个服务器上同步自动增加主键值既费力又费时。MongoDB 从一开始就设计用来作为分布式数据库,处理多个节点是一个核心要求。ObjectId 类型在分片环境中要容易生成得多。ObjectId 使用 12 字节的存储空间,每字节两位十六进制数字,是一个 24 位的字符串。虽然看起来很长,不少人会觉得难以处理,但关键是要知道这个长长的 ObjectId 实际上比它的字符串表示要短。

如果快速连续创建多个 ObjectId 就会发现每次只有最后几位数字有变化。另外,中间的几位数字也会变化(如果在创建的过程中停顿几秒钟)。这是由 ObjectId 的创建方式导致的。12 字节按照如下方式生成。

首先,前 4 字节是从标准纪元开始的时间,单位为秒 (s)。这会带来一些有用的属性。时间戳与随后的 5 字节组合起来,可以提供秒级别的唯一性。由于时间戳在前,这意味着 ObjectId 大致会按照插入的顺序排列。这对于某些方面很有用,例如,将其作为索引以提高效率,但这是没有保证的,仅仅是大致如此。此外,这 4 字节也隐含了文档创建的时间。绝大多数驱动都会公开一个方法从 ObjectId 获取这个信息。

因为使用的是当前时间,很多用户担心需要对服务器进行时间同步。其实没有这个必要,因为时间戳的实际值并不重要,只要其总是不断增加即可(每秒一次)。

接下来的 3 字节是所在主机的唯一标识符,通常是机器主机名的散列值。这样就可以确保不同主机生成不同的 ObjectId,不产生冲突。

为了确保在同一台机器上并发的多个进程产生的 ObjectId 是唯一的,接下来的 2 字节来自产生 ObjectId 的进程标识符(PID)。

前 9 字节保证了同一秒钟不同机器不同进程产生的 ObjectId 是唯一的。后 3 字节是一个自动增加的计数器,确保相同进程在同一秒钟产生的 ObjectId 也是不一样的。同一秒钟最多允许每个进程拥有 256^3(16 777 216)个不同的 ObjectId。

(2) 自动生成_id。

前面讲到,如果插入文档的时候没有 "_id" 键,系统会自动帮用户创建一个。这可以由 MongoDB 服务器来完成,但通常会在客户端由驱动程序完成,理由如下。

虽然 ObjectId 设计成轻量型的,易于生成,但毕竟生成的时候还是会产生开销。在客户端生成体现了 MongoDB 的设计理念:能从服务器端转移到驱动程序来做的事,就尽量转移。这种理念背后的原因是,即便是像 MongoDB 这样的可扩展数据库,扩展应用层也要比扩展数据库层容易得多。将事务交由客户端来处理,就减轻了数据库扩展的负担。

在客户端生成 ObjectId,驱动程序能够提供更加丰富的 API。例如,驱动程序可以有自己的 insert 方法,可以返回生成的 ObjectId,也可以直接将其插入文档。如果驱动程序允许服务器生成 ObjectId,那么将需要单独的查询,以确定插入的文档中的

"_id" 值。

11.1.3 特点和优势

1. 高性能

MongoDB 在高性能方面有多个优势，使其成为处理大规模数据和高并发请求的理想选择。首先，采用分片技术实现横向扩展，将数据分布在多台服务器上，避免单台服务器的性能瓶颈。这种弹性扩展性使系统能够根据需求动态添加分片，确保轻松应对负载增加。

此外，MongoDB 的文档数据库模型支持嵌套文档和数组，允许将相关数据存储在同一个文档中，从而减少多表关联的开销，提高数据的查询性能。BSON 格式的存储既具有可读性又能够高效地进行解析，有助于提高数据的传输和存储效率。MongoDB 支持多种索引类型，包括单字段索引、复合索引、文本索引、地理空间索引等，可以根据不同的查询需求选择合适的索引类型，从而提高查询性能。

后台索引建设允许在不中断服务的情况下进行索引的创建和更新，确保系统的高可用性。自动分片和负载均衡使得 MongoDB 能够根据数据量和负载情况自动将数据分布到不同的分片上，实现负载均衡。系统支持自动重平衡，确保各个分片上的数据量基本均衡，提高整个集群的性能。

MongoDB 的查询优化器会根据查询的复杂性和索引的选择生成高效的查询计划，确保查询操作的性能最大化。支持覆盖查询，即查询结果可以仅通过索引就能够得到，而不需要额外的文档检索，从而提高查询性能。聚合框架是 MongoDB 内建的功能，允许进行复杂的数据聚合和转换操作，避免了在应用层进行多次查询的开销，提高了系统的整体性能。这些高性能的特性使得 MongoDB 成为许多高性能应用和大型系统的首选数据库。

2. 丰富的查询语言

MongoDB 在查询语言方面的强大优势使其能够灵活、高效地满足各种复杂的查询需求。MongoDB 支持丰富的查询语言，包括 CRUD 操作、数据聚合、文本搜索和地理空间查询。此外，MongoDB 还支持 SQL 到 MongoDB 的映射图以及 SQL 到聚合的映射图，使用户可以通过各种条件来精确地查询数据，以满足不同的业务逻辑需求。

全文索引和文本搜索功能为用户提供了对文本数据进行高效全文搜索的能力。这不仅支持自然语言的查询，还允许执行复杂的文本匹配操作，如模糊搜索和正则表达式匹配。

地理空间查询是 MongoDB 的显著特点，内置的地理空间查询支持存储和查询地理位置信息。通过地理空间索引，用户能够执行空间查询，如查找附近位置或计算区域面积等。

MongoDB 支持复合查询和多字段索引，使用户能够同时匹配多个查询条件，从而提高了数据库在处理复杂查询时的性能。多字段索引的设计进一步优化了在多个字段上进行查询的效率。

MongoDB 还提供索引提示和强制功能，用户可以通过索引提示来影响查询执行计划，以确保系统使用指定的索引，这对于优化查询性能和满足特定的业务需求非常有用。

总之，这些综合的查询语言特性使得 MongoDB 能够灵活应对各种复杂的查询需求，无论是简单的单条件查询还是复杂的多条件、多字段查询，都能够提供高效、灵活的支持。

3. 高可用性

MongoDB 在高可用性方面拥有多重优势，通过采用复制工具(副本集)和自动分片技术，为系统提供了强大的容错和可用性保障。

首先，副本集是 MongoDB 核心的高可用性工具。它由一组 MongoDB 实例组成，包括一个主节点和多个从节点。主节点处理写操作，而从节点负责复制主节点上的数据。这种架构实现了数据冗余，确保相同的数据集存储在多个节点上，即使一个节点发生故障，其他节点上的数据仍然可用。副本集支持自动故障转移，当主节点不可用时，系统会自动选举新的主节点，确保系统持续可用。

其次，MongoDB 通过自动分片技术实现了水平扩展。数据被分布在多个分片上，每个分片都是一个独立的副本集，包含主节点和从节点。这种设计使系统能够轻松地处理大规模数据，并在节点故障时具有自动恢复的能力。系统可以动态增加或减少分片，提高系统的弹性和扩展性。

此外，MongoDB 支持全自动分片迁移，确保在添加或删除分片时数据能够自动重新分配，保持各个分片上的数据量均衡，维持高可用性。故障检测和自动恢复是 MongoDB 的另一重要特性，通过心跳检测机制和选举算法，系统能够及时发现节点异常，并在需要时进行故障转移，保障系统的稳定性。

总体来说，MongoDB 在高可用性方面的优势主要体现在复制工具和自动分片技术的完美结合上。这使得 MongoDB 能够在面对节点故障、大规模数据处理和动态变化的负载情况下，保持高度的稳定性和可用性，成为许多应用和服务的首选数据库。

4. 水平拓展

MongoDB 作为其核心功能之一提供了水平可伸缩性，通过分片技术将数据分布在整个集群的多台机器上。从 3.4 版本开始，引入了对基于分片键的数据区域的支持，这一功能在平衡群集的过程中，将读写操作定向到区域内的特定分片，实现更精细的数据控制。

这一功能的核心是分片键，它决定了数据在各个分片之间的划分方式。MongoDB 可以根据这个键来决定将数据存储在哪个分片上，从而确保相似或相关的数据存储在相同的分片上，提高了查询效率。在平衡群集的过程中，MongoDB 可以更智能地将读写操作限制在特定区域内的分片上，而不是整个集群。

通过引入数据区域的概念，MongoDB 进一步提升了水平可伸缩性。这种区域感知的分片架构不仅允许更精细的数据控制，还有助于优化性能，因为查询可以更准确地定向到包含所需数据的特定区域内的分片上。

5. 支持多种存储引擎

MongoDB 为用户提供了强大的灵活性,支持多个存储引擎,其中包括性能卓越的 WiredTiger 存储引擎。WiredTiger 在事务性能、压缩和缓存管理等方面表现出色,甚至支持对静态加密的全面应用。另外,MongoDB 还支持内存存储引擎,将数据存储在 RAM 中,以提供更快的读取速度,适用于对性能要求极高的场景,如缓存或实时分析。

更令人振奋的是,MongoDB 引入了可插拔的存储引擎 API。这一创新性设计允许第三方开发者为 MongoDB 创建自定义的存储引擎,使得数据库系统能够更灵活地适应各种业务需求和技术发展。这个 API 的引入为用户提供了选择不同存储引擎的能力,可以根据具体的应用场景和性能需求来优化数据库的性能。

总体来说,MongoDB 通过分片和数据区域的支持,提供了强大的水平可伸缩性。这种设计使得 MongoDB 能够轻松处理大规模的数据,并在不断增长的负载下保持出色的性能。这对于应对日益增长的数据需求以及保持系统的高性能是至关重要的。

11.2 数据库操作

11.2.1 集合操作

本节将介绍向集合中添加和删除文档等操作。

1. 插入并保存文档

插入是向 MongoDB 中添加数据的基本方法。对目标集合使用 insert 方法,插入一个文档:db.foo.insert({"student": "Jack"})。

这个操作会给文档增加一个"_id"键(若原来没有),然后将其保存到 MongoDB 中。

1) 批量插入

若要插入多个文档,用批量插入会快些。批量插入能将一个由文档构成的数组传递给数据库。一次发送数十、数百乃至数千个文档会明显提高插入的速度。一次批量插入只是单个的 TCP 请求,也就是说避免了许多零碎请求所带来的开销。由于无须处理大量的消息头,这样能够减少插入时间。要知道,当单个文档发送至数据库时,会有一个头部信息,告诉数据库对指定的集合进行插入操作。若使用批量插入,数据库就不用一遍又一遍地处理每一个文档的这些信息了。

批量插入用于应用程序中,如一次插入数百个传感器采样点到分析集合。只有在插入多个文档到一个集合的时候,这种方式才会有用,而不能用批量插入一次对多个集合执行操作。如果只是导入原始数据(例如,从数据流或 MySQL 中导入),可以使用命令行工具,如 mongoimport,而不是使用批量插入。另外,可以用批量插入在存入 MongoDB 之前对数据做一些小的修整(例如,转换日期成为日期类型,或添加自定义的 "_id"),所以批量插入对导入数据来说也是有用的。

当前版本的 MongoDB 消息长度最大是 16MB,所以使用批量插入时还是有限制的。

2) 插入的原理和作用

当执行插入操作时,使用的驱动程序会将数据转换成 BSON 的形式,然后将其送入数据库。数据库解析 BSON,检验是否包含 "_id" 键并且文档不超过 4MB,除此之外,不做别的数据验证,只是简单地将文档原样存入数据库中。这有利有弊,最明显的副作用就是允许插入无效的数据,但从好处看,它能让数据库更加安全,远离注入式攻击。

所有主流语言(也包括绝大部分非主流语言)的驱动会在传送数据之前进行一些数据的有效性检查(例如,文档是否超长,是否包含非 UTF-8 字符,或者使用了未知类型)。如果对使用的驱动不太确定,可以在启动数据库服务器时使用 --objcheck 选项,这样服务器就会在插入之前先检查文档结构的有效性。

MongoDB 在插入时并不执行代码,所以这块没有注入式攻击的可能。传统的注入式攻击对 MongoDB 来说是无效的,类似的注入式攻击一般来说也是非常容易对抗的,何况插入对这种攻击天生免疫。

2. 删除文档

db.users.remove()命令会删除 users 集合中所有的文档,但不会删除集合本身,原有的索引也会保留。remove 函数可以接受一个查询文档作为可选参数。给定这个参数后,只有符合条件的文档才会被删除。例如,要删除 mailing.list 集合中所有"opt-out"为 true 的人的命令:db.mailing.list.remove({"opt-out": true})。注意,删除数据是永久性的,不能撤销,也不能恢复。

11.2.2 数据查询

数据查询主要涵盖以下几个方面:使用 $ 条件进行范围查询、数据集包含查询、不等式查询以及其他一些查询。查询会返回一个数据库游标,它只会在需要时才惰性地批量返回结果。有很多可以针对游标执行的元操作,包括跳过一定数量的结果、限定返回结果的数量以及对结果进行排序。

MongoDB 中可用 find 方法来进行查询。查询就是返回集合中文档的一个子集,子集的范围从 0 个文档到整个集合。要返回哪些文档由 find 的第一个参数决定,该参数是一个用于指定查询条件的文档。空查询文档({})会匹配集合中的所有内容。若 find 没有给定查询文档,则默认为 {}。例如,db.c.find()将匹配集合 c 中的所有文档并批量返回。

当开始向查询文档中添加键值对时,就意味着限定了查询条件。这对于大多数类型来说是一种简单明了的方式:数值匹配数值,布尔类型匹配布尔类型,字符串匹配字符串。查询简单类型只要指定要查找的值就可以了。例如,要查找 "age" 值为 27 的所有文档,可以将该键值对添加到查询文档中:db.users.find({"age": 27})。

如果要匹配一个字符串,如键 "username" 和它的值 "joe",则可以使用该键值对:

db.users.find({"username": "joe"})

可以在查询文档中加入多个键值对,以将多个查询条件组合在一起,这样的查询条件会被解释为"条件1 and 条件2 and ⋯ and 条件N"。例如，要查询所有用户名为joe并且年龄为27岁的用户，可以进行请求：db.users.find({"username": "joe", "age": 27})。

1. 指定要返回的键

有时候并不需要返回文档中的所有键值对。遇到这种情况时，可以通过 find(或者findOne)的第二个参数来指定需要的键。这样做既可以节省网络传输的数据量，也可以减少客户端解码文档的时间和内存消耗。如果你有一个用户集合，并且你只对其中的"username"键和"email"键感兴趣，那么可以使用如下查询：

```
db.users.find({}, {"username": 1, "email": 1}){
    "_id": ObjectId("4ba0f0dfd22aa494fd523620"),
    "username": "joe",
    "email": "joe@example.com"
}
```

从以上输出可见，默认情况下 "_id" 键总是会被返回，即使没有指定要返回这个键。另外，也可以用第二个参数来剔除查询结果中的某些键值对。例如，可能在文档中有很多键，而你不希望结果中包含"fatal_weakness"键：db.users.find({}, {"fatal_weakness": 0})。

以下方式同样可以将 "_id" 键从返回结果中剔除：

```
db.users.find({}, {"username": 1, "_id": 0}){ "username": "joe" }
```

2. 限制

查询在使用上有一些限制。传递给数据库的查询文档的值必须是常量(在你自己的代码里可以是普通的变量)。也就是说，不能引用文档中其他键的值。如果想维护库存，并且有 "in_stock" 和 "num_sold" 这两个键，就不能通过下面的查询来比较它们的值：

```
db.stock.find({"in_stock": "this.num_sold"}) // 不能这样做
```

有一些方法可以做到这一点(参见 4.4 节)，但是通常可以通过对文档结构进行略微的调整来获得更好的性能，这样一个"普通"的查询就足够了。在这个例子中，可以在文档中使用 "initial_stock" 和 "in_stock" 这两个键。然后每当有人购买物品时，就把"in_stock" 键的值减 1。这样，只需用 db.stock.find({"in_stock": 0})就能检查出哪些商品处于缺货状态。

11.2.3 数据更新

文档存入数据库以后，就可以使用 update 来修改。update 有两个参数，一个是查询文档以找出要更新的文档，另一个是修改器(modifier)文档，描述对找到的文档做哪些更改。更新操作是原子的：如果两更新同时发生，先到达服务器的先执行，接着执行另外一个。所以，互相有冲突的更新可迅速传递，并不会相互干扰：最后的更新会取得"胜利"。

1. 文档替换

更新最简单的情形就是完全用一个新文档替代匹配的文档。这适用于模式结构发生较大变化的时候。例如，要对下面的用户文档做一个比较大的调整：

```
{//调整前
    "_id":ObjectId("4b2b9f67a1f631733d917a7a"),
    "name": "joe",
    "friends": 32,
    "enemies": 2
}
```

```
{//调整后
    "_id": ObjectId("4b2b9f67a1f631733d917a7a"),
    "name": "joe",
    "relationship": {
        "friends": 32,
        "enemies": 2
    }
}
```

可以用 update 来替换文档：

```
var joe = db.users.findOne({"name": "joe"});
joe.relationship = {"friends": joe.friends, "enemies": joe.enemies};
joe.username = joe.name;
delete joe.friends;
delete joe.enemies;
delete joe.name;
db.users.update({"_id": joe._id}, joe);
```

2. 修改器

通常文档只会有一部分需要更新。利用原子的更新修改器，可以使这种部分更新极为高效。更新修改器是一种特殊的键，用来指定复杂的更新操作，如调整、增加或删除键，还可以用于操作数组或者内嵌文档。

假设要在一个集合中放置网站的分析数据，每当有人访问页面的时候，就要增加计数器。可以使用更新修改器原子性地完成这个增加操作。每个 URL 及对应的访问次数都以如下的方式存储在文档中：

```
{
    "_id": ObjectId("4b253b067525f35f94b60a31"),
    "url": "www.example.com",
    "pageviews": 52
}
```

当访问页面时，就通过 URL 找到该页面，并用 "$inc" 修改器增加 "pageviews" 的值。

```
db.analytics.update({"url": "www.example.com"},{"$inc": {"pageviews": 1}})
```

接着，执行 find 操作即 db.analytics.find()，会发现 "pageviews" 的值增加了 1(为 53)。使用修改器时，"_id" 的值不能改变。(注意，整个文档替换时是可以改变 "_id"的。) 其他键值，包括其他唯一索引的键，都是可以更改的。

11.3　数据库设计实例

本节将介绍一个设计实例及其完成过程。根据下面方框中的文档信息，完成以下操作。
① 用 MongoDB 模式设计 student 集合。
② 用 find 指令浏览集合的相关信息。
③ 查询张三的 Computer 成绩。
④ 将李四的 Math 成绩修改为 95。

```
{
    "name": "张三",
    "score":{
        "English":69,
        "Math": 86,
        "Computer": 77
    }
}
```

```
{
    "name": "李四",
    "score":{
        "English":55,
        "Math": 100,
        "Computer": 88
    }
}
```

该设计实例实现的步骤如下。
(1) 用 MongoDB 模式设计 student 集合。

```
~$ mongo                              // 启动 MongoDB
```

在>提示符下，分别键入如下语句：

```
> use Stu                             //数据库 Stu 被自动创建
> db.createCollection('student')      //创建集合 student
> show dbs                            //显示所有数据库
> use Stu
> var stus = [{"name" :"张三", "scores":{"English":69,"Math":86,"Computer":77}}, {"name":"李四","score":{"English":55,"Math":100,"Computer":88}}]    //注意，这是一整行
> db.student.insert(stus)             //向集合中插入数据
```

(2) 设计完后，用 find 指令浏览集合的相关信息。

```
> db.student.find().pretty()          //显示集合信息
```

(3) 查询张三的 Computer 成绩。

```
> db.student.find({"name":"张三"},{"_id":0,"name":0}) //不显示 id 和姓名
```

(4) 将李四的 Math 成绩修改为 95。

```
> db.student.update({"name":"李四"},{"$set":{"score.Math":95}})
```

本 章 小 结

本章主要讲述了 MongoDB 的相关背景以及简单的概念和应用。11.1 节简要讲述了 MongoDB 的背景：产生与发展、特点与优势以及一些 MongoDB 的核心概念和术语。11.2 节介绍了 MongoDB 数据库的基本操作，如基本的集合操作、数据更新以及如何查找文档和创建复杂的查询等。11.3 节则列举了一个数据库设计应用实例，以供读者参考。

习 题

1. 简述 MongoDB 文档数据库的特性和优势。
2. 总结并描述 MongoDB 文档型数据库的产生原因以及发展历程。
3. 简要介绍 MongoDB 的结构。
4. MongoDB 是通过哪种开发语言编写的？支持哪些数据类型？
5. MySQL 与 MongoDB 之间最基本的差别是什么？
6. MongoDB 成为最好的 NoSQL 数据库的原因是什么？
7. 简述文档和集合的概念。
8. 如何在 MongoDB 中向集合插入一个文档，请列举一个例子。
9. "ObjectID" 由哪些部分组成？
10. 在 MongoDB 中如何更新数据、删除文档？
11. MongoDB 的副本集是什么？
12. 如何优化 MongoDB 的查询性能？
13. 如何区分 MongoDB 和关系数据库？
14. 什么是 MongoDB 中的"命名空间"？
15. MongoDB 在 A: {B, C} 上建立索引，查询 A: {B, C} 和 A: {C, B} 都会使用索引吗？
16. 如何理解 MongoDB 的 GridFS 机制，MongoDB 为何用 GridFS 来存储文件？
17. MongoDB 中，当一个分片(shard)停止或很慢的时候，发起一个查询会怎样？
18. 请写出以下所需命令，以此熟悉 MongoDB 的操作。
(1) 进入 test 数据库。
(2) 向数据库的 user 集合中插入一个文档。
(3) 查询 user 集合中的文档。
(4) 查询数据库 user 集合中的文档。
(5) 统计数据库 user 集合中的文档数量。

第 12 章 NewSQL 数据库

12.1 NewSQL 数据库概述

NewSQL 是一种新型关系数据库，旨在整合 RDBMS 所提供的 ACID 事务特性(即原子性、一致性、隔离性和持久性)，以及 NoSQL 提供的横向可扩展性。

NewSQL 数据库的出现是为了应对互联网时代的海量数据处理和分析需求，它们采用了新的架构和优化方法，以提高数据的吞吐量和可用性。

12.1.1 产生和发展

1. NewSQL 数据库的产生

随着数据规模和用户数量的不断增长，以及无处不在的基于互联网的实时交互，传统关系数据库在互联网时代面临新的挑战。用户对数据库的基本需求呈现出两个主要的类别，即 OLAP(联机分析处理)和 OLTP(联机交易处理)。

OLAP 数据库通常称为数据仓库。它们用于存储供商业智能业务统计和分析的历史记录。OLAP 数据库侧重于只读工作负载，包括用于批处理的即席查询。OLAP 数据库的查询用户数相对较少，通常情况下只有企业员工可以访问历史记录。

OLTP 数据库用于高度并发的事务数据处理场景，该场景的特点是实时用户提交预定义的短时查询。简单的事务处理，如普通用户在电子商务网站上搜索并购买商品。相对于 OLAP 用户，尽管 OLTP 用户访问的数据集规模很小，但用户的数量要庞大得多，并且查询中可以包括读操作和写操作。OLTP 数据库主要考虑的是高可用性、高并发性和高性能。

传统关系数据库很难满足上述两类需求，并且在处理大规模数据和高并发访问方面存在如下以下瓶颈。

(1) 单点故障：传统关系数据库通常采用单机部署或主从复制的方式，这意味着如果主机出现故障，整个系统将无法正常工作，或者需要手动切换到备用机器，造成服务中断或数据丢失。

(2) 可扩展性差：传统关系数据库通常采用垂直扩展的方式，即通过增加单机的硬件资源来提高性能，但这种方式存在成本高、效果有限、维护困难等问题。水平扩展的方式，即通过增加机器数量来提高性能，也存在数据分片、负载均衡、分布式事务等复杂问题。

(3) 性能低：传统关系数据库通常采用基于磁盘的存储方式，这意味着每次数据操作都需要进行磁盘的读写，导致性能低下。另外，传统关系数据库通常采用基于锁的并发控制方式，这意味着每次事务操作都需要获取和释放锁，导致并发性能低下。

为了解决这些问题，一些新型的数据库技术出现了，如 NoSQL 数据库和 NewSQL 数据库。

2. NewSQL 的发展历程

NewSQL 最早是由 451 Group 公司的分析师 Matthew Aslett 在 2011 年的一篇研究论文中首次使用的，该论文讨论了新一代数据库管理系统的兴起。最早的 NewSQL 系统之一是 H-Store 并行数据库系统，后来的 VoltDB (后面会介绍)也是基于 H-Store 开发的。

NewSQL 数据库的发展历程可以分为三个阶段：第一阶段是 H-Store 项目的启动，它是最早的 NewSQL 系统之一，提出了一种基于内存的、无共享的、分布式的关系数据库架构；第二阶段是各种 NewSQL 系统的涌现，它们根据不同的应用场景，采用了不同的内部架构和优化策略，如 VoltDB、ClustrixDB、MemSQL、ScaleDB 等；第三阶段是 Google Spanner 的公开，它是一种基于全球分布式的、支持外部一致性的、支持 SQL 的 NewSQL 系统，被认为是 NewSQL 的代表作。

12.1.2 特点和优势

相比于传统关系数据库，NewSQL 数据库具有以下几个特点和优势。

(1) 兼容关系模型和 SQL：NewSQL 数据库保留了传统关系数据库的数据关系模型和查询语言，这意味着它们可以兼容现有的应用程序和工具，同时也可以利用关系模型的优点，如数据完整性、数据分析、数据可视化等。

(2) 内存存储和处理更便捷：NewSQL 数据库采用了基于内存的存储和处理方式，这意味着它们可以降低磁盘的读写开销，提高数据操作的速度和效率，同时也可以利用内存的特点，如随机访问、并行计算、数据压缩等。

(3) 支持并行和分布式：NewSQL 数据库采用基于并行和分布式的架构和算法，这意味着它们可以利用多核处理器和多台机器的资源，来提高数据处理的吞吐量和可扩展性，同时也可以利用并行和分布式的技术，如数据分片、负载均衡、分布式事务、分布式一致性等。

(4) 可用性和一致性高：NewSQL 数据库采用基于容错和复制的机制，这意味着它们可以在发生故障时自动恢复和切换，提高数据的可用性和可靠性，同时也可以利用容错和复制的技术，如故障检测、故障转移、故障恢复、数据同步、数据一致性等。

12.1.3 与关系数据库、NoSQL 数据库的对比

NoSQL 是一种非关系数据库，它放弃了关系模型和 SQL，采用键值对、文档、列族等数据模型，以及非结构化或半结构化的数据格式，具有高可用性、高可扩展性、高性能等特点。NoSQL 给出了一种易于实现可扩展性和更好性能的解决方案，解决了 CAP 理论中的 A(可用性)和 P(分区容错性)上的设计考虑。但这意味着，在很多 NoSQL 设计中实现了最终一致性，摒弃了在关系数据库中提供的强一致性及事务的 ACID 属性。

NewSQL 数据库则是一种新型的关系数据库，它在保留关系模型和 SQL 的基础上，采用内存、并行、分布式等技术，具有高可用性、高可扩展性、高性能、高一致性等特点，旨在兼具传统关系数据库和 NoSQL 数据库的优势，既能提供类似 NoSQL 的可扩展性和高可用性，又满足传统关系数据库的关系模型、ACID 事务支持和 SQL。

关系数据库、NoSQL 和 NewSQL 的具体区别如表 12-1 所示。

表 12-1 数据库对比

特征	关系数据库	NoSQL	NewSQL
数据模型	关系模型	键值对、文档、列族等	关系模型
查询语言	SQL	NoSQL 或者 API	SQL
存储方式	基于磁盘	基于磁盘或者内存	基于磁盘或者内存
架构	单机或主从	分布式	分布式
可拓展性	垂直拓展	水平扩展	水平扩展
并发控制	基于锁	无锁或基于乐观锁	无锁或基于乐观锁
事务支持	支持 ACID 事务	不支持或支持部分 ACID 事务	支持 ACID 事务
数据一致性	强一致性	弱一致性或最终一致性	强一致性或可调节一致性
数据完整性	支持	不支持	支持
性能	低	高	高
可用性	低	高	高

用户已不再考虑一招能解决所有问题的(one-size-fits-all)方案，逐渐转向针对 OLTP 等不同工作负载给出特定数据库。大多数 NewSQL 数据库做了全新的设计，或是主要聚焦于 OLTP，或是采用了 OLTP/OLAP 的混合架构的全新设计。

12.2 NewSQL 数据库分类

现在给出 NewSQL 的一个定义：NewSQL 是一类现代关系 DBMS，旨在为 OLTP 读写工作负载提供与 NoSQL 相同的可扩展性能，同时仍然能够保证事务的 ACID。

按照这个定义，可以将 NewSQL 分为三类：使用新架构从头开始构建的新系统，透明数据库分片中间件，以及基于新架构的 DBaaS 数据库服务。

12.2.1 新架构 NewSQL

新架构的 NewSQL 系统采用多种与传统数据库系统不同的内部架构，是从头设计的 DBMS，而不是扩展现有的数据库系统，因此这一类数据库摆脱了原有系统的设计束缚。采用新架构的 NewSQL 基本都采用了分布式架构，对无共享资源进行操作，并且包含支持多节点并发控制、基于复制的容错、流控制和分布式查询处理等组件。使用一个全新的为分布式执行而设计的 DBMS 的好处是，系统所有的部分都可以针对多节点环境进行优化,包括查询优化、节点间通信协议优化等。例如,大部分的 NewSQL DBMS 都可以在节点之间直接发送内部查询数据,而不像一些中间件系统那样需要通过中心节点进行转发,这样就提高了效率,并且避免了中心节点崩溃导致的整个系统宕机。

在这个分类中的所有 DBMS(谷歌的 Spanner 除外)都自己管理自己的主存,有的是在内存中,有的是在磁盘中。也就是说,DBMS 负责使用定制开发的引擎在其存储资源上分布其数据库,而不是依赖现成的分布式文件系统(如 HDFS)或存储结构(如 Apache Ignite)。这是很重要的一个特征,因为这使得 DBMS 能够"向数据发送查询",而不是"将数据带给查询",这意味着需要更少的网络流量。因为相比于传输数据(不仅仅是元组,还包括索引、实体化视图等),传输查询所需的网络流量要少得多。

对主存储的管理还使 DBMS 可以使用比 HDFS 中基于块的复制方案更为复杂灵活的复制方案,因此这种 DBMS 比那些建立在其他已有技术分层上的系统拥有更好的性能。这方面的例子包括称为"SQL on Hadoop"系统(如 Trafodion),以及在 HBase 上提供事务支持的 Splice Machine 等,但这类系统不属于 NewSQL。

使用新架构的 NewSQL 与传统 DBMS 相比还是有一些劣势的,其中很重要的一点是许多用户可能担心新架构使用过多的全新技术,并且没有大规模的安装基础和实际生产环境的验证。还有就是社群和有经验的用户数量比流行的 DBMS 要小许多,许多用户可能无法使用现有的管理和报表生成工具。一些 DBMS,如 Clustrix 和 MemSQL,通过兼容 MySQL 的网络协议避免了这类问题。使用新架构的 NewSQL 的例子:Clustrix、CockroachDB、Google Spanner、H-Store、HyPer、MemSQL、NuoDB、SAP HANA、VoltDB。

12.2.2 透明数据库分片中间件

现在有些产品提供数据分片的中间件,类似 21 世纪初易贝(eBay)、谷歌和脸书的解决方案。用户可借助它们将数据库分成多个部分,并存储到由多个单节点机器组成的集群中。数据分片比 20 世纪 90 年代出现的数据库联合技术更难,因为每个节点都要运行相同的 DBMS,当时只维护整个数据库的一部分数据,而且不能被不同的应用独立访问或修改。

集中式的中间件负责分配查询,协调事务,同时也管理跨节点的数据放置、复制和分区。集群典型的架构是在每个节点上都安装一个中介层来与中间件通信。这个组件负责代替中间件在 DBMS 实例上执行查询并返回结果,最终由中间件整合。对于应用来说,中间件就是一个逻辑上的数据库,应用和底层的 DBMS 都不需要修改。

使用数据分片中间件的核心优势在于,它们通常能够非常简单地替换已经使用了单节点 DBMS 的应用的数据库,并且开发者无须对应用做任何修改。最常见的使用中间件的目标系统是 MySQL,这意味着为了保持与 MySQL 的一致性,中间件必须支持 MySQL 的网络协议。Oracle 提供了 MySQL Proxy 和 Fabric 工具来做这些工作,但是其他公司也编写了自己的协议处理程序库以避免 GPL 许可问题。

尽管中间件使用户扩展数据库变得更容易,但它们仍需要在每个节点上安装传统的 DBMS(如 MySQL、PostgreSQL、Oracle)。这些 DBMS 采用的是 20 世纪 70 年代提出的面向磁盘存储架构，不能像新架构的 NewSQL 系统那样使用面向内存的存储管理和并发控制方案。以前的研究表明，面向磁盘的架构阻碍了传统的 DBMS 通过提升 CPU 核数和内存容量进行向上扩展。中间件方法会导致在分片节点上执行复杂查询操作时出现冗余的查询计划和优化操作(即在中间件执行一次，在单节点上再执行一次)，不过所有节点可以对每个查询使用局部的优化方法和策略。

这类数据库的例子：AgilData Scalable Cluster、MariaDB MaxScale、ScaleArc、ScaleBase。

12.2.3 DBaaS

最后一个分类是云服务提供商的 NewSQL 方案，即 Database-as-a-Service，也称为 DBaaS。通过这些云服务，用户不需要在自己的硬件设备上或者云端虚拟机上安装和维护 DBMS。DBaaS 的提供商负责维护所有的数据库物理机及其配置，包括系统优化(如缓冲池调整)、复制，以及备份。交付给用户的只是一个连接 DBMS 的 URL，以及一个用于监控的仪表盘页面或者一组用于系统控制的 API。

DBaaS 的客户根据他们预计使用的系统资源来付费。因为不同的数据库查询在计算资源的利用上差距非常大，DBaaS 提供商通常不会采用块存储服务(如 Amazon 的 S3，谷歌的 Cloud Storage)常用的依据调用次数计费，而更倾向于采用预付费的订阅方式，即客户指定所需的最大存储空间、CPU 数量、内存空间等，服务提供商则会在服务期间保证这些资源的可用性。

因为从规模经济角度来看，DBaaS 的主要提供商也是云计算服务的主要提供商，但几乎所有的 DBaaS 仅仅提供一个传统的单节点 DBMS 实例(如 MySQL)。Google Cloud SQL、Microsoft 的 Azure SQL、Rackspace Cloud Database 以及 Scaleforce Heroku 都是这样做的。因为它们同样使用了从 20 世纪 70 年代就沿用至今的面向磁盘的存储架构，我们不把这种单实例的系统算作 NewSQL。一些提供商(如 Microsoft)对 DBMS 进行了改造，提供了对多租户的支持。我们仅仅认为那些基于新型架构的 DBaaS 是 NewSQL。最著名的例子是 Amazon 的 Aurora for MySQL RDS，它与 InnoDB 的最大区别在于它使用日志结构化存储管理器来提高 I/O 并行性。

另外一些公司的产品并没有自己的数据中心，他们的 DBaaS 软件建立在公有云平台之上，例如，ClearDB 能够让客户将其部署在任何的主流云平台上。这样做的好处是用户可以把数据库建立在同一个地区不同的云平台上，以避免由于云服务中断而导致的停机。2017 年，Spanner 成为 Google Cloud Platform 的一部分，这也使得 Spanner 成为一个提供服务的 NewSQL 产品。

12.3 典型系统

12.3.1 VoltDB

VoltDB 是一个由 Michael Stonebraker、Sam Madden 和 Daniel Abadi 设计的，基于

早期的 H-Store 开发的一个 NewSQL OLTP 数据库，其支持 ACID 特性。从本质上讲，VoltDB 是一个关系数据库，可以做传统关系数据库所能做的所有事情。

VoltDB 使用无共享架构来扩展，即每个节点之间不共享内存和数据，数据和相关的处理任务分布在组成 VoltDB 集群的服务器内的 CPU 核心上。通过将其无共享基础扩展到核心级别，VoltDB 可随着多核服务器上 CPU 核心数量的增加而扩展。

每个 VoltDB 都针对特定的应用程序进行优化，通过在一个或多个主机上的多个"站点"或分区之间分割数据库表和访问这些表的存储过程，来创建分布式数据库。因为数据和工作都是分区的，所以可并行运行多个查询。同时，因为每个站点都独立运行，每个事务都可在不需要锁定单个记录的开销的情况下完成，这消耗了传统数据库的大部分处理时间。最后 VoltDB 平衡了最大性能的要求和适应分区查询的灵活性。

1. 数据查询 SQL

与其他 SQL 数据库一样，在 VoltDB 中使用 SQL 数据定义语言(DDL)语句定义数据库模式。VoltDB 支持所有标准的 SQL 查询语句，如 insert、update、delete 和 select。同时也可以通过标准接口(如 JDBC 和 JSON)以编程方式调用查询，也可以将查询包含在编译并加载到数据库的存储过程中。

例如，使用 SQL 创建一个 ROOM 表：

```
create table room(
    Rid char(8) not null unique,
    Rname char(20),
    Rarea float(10),
    primary key(Rid)
); //这与其他支持 SQL 的数据库是相同的。
```

2. 数据加载和管理

当使用 create table 语句定义表时，VoltDB 会自动创建存储过程。如果用户调用这个存储过程，它会为刚刚创建的表插入记录。同时，可以预先将想要记录到表中的数据存入数据文件中，如逗号分隔值(CSV)文件。然后通过命令行工具调用 csvloader 命令读取数据文件，csvloader 使用默认的 insert 存储过程将每个条目作为记录写入指定的数据库表中。例如，有一个保存 ROOM 信息的文件，可以使用 csvloader 命令行工具读取该文件中的信息，插入指定的 ROOM 表中：

```
$ csvloader --separator "|" --skip 1 --file rooms.txt ROOM
```

3. 数据分区

VoltDB 中的分区是将数据库表的内容组织为多个独立的自治单元，具有以下特点。

(1) VoltDB 可以根据指定的分区列将数据库表自动分区，不需要手动管理。
(2) 在一台服务器上可以有多个分区或站点。
(3) VoltDB 对数据和访问数据的处理进行分区。

一般来说，集群中的处理器(也就是分区)越多，VoltDB 每秒完成的事务就越多，为扩展应用程序的容量和性能提供了一个简单、近乎线性的路径。当一个存储过程需要从多个分区获取数据时，一个节点会充当协调者，将必要的工作分发给其他节点，收集结果并完成任务。这种协调使得多分区的事务比单分区的事务稍微慢一些，但事务的完整性得到了保证，而多个并行分区的架构确保了吞吐量保持在最大值。对于一个合适的分区方案，每秒可以完成的事务数量(即吞吐量)比传统的数据库高出几个数量级。

在运行时，对存储过程的调用会被传递到相应的分区(图 12-1)。当存储过程是"单分区的"(意味着它们只在一个分区内操作数据)时，服务器进程会自己执行存储过程，从而释放集群的其他部分来并行处理其他请求。通过使用串行化处理，VoltDB 保证了事务的一致性，而不需要锁定、闩锁和事务日志的开销，减少了请求在队列中等待执行的时间，而分区则让数据库能够同时处理多个请求。

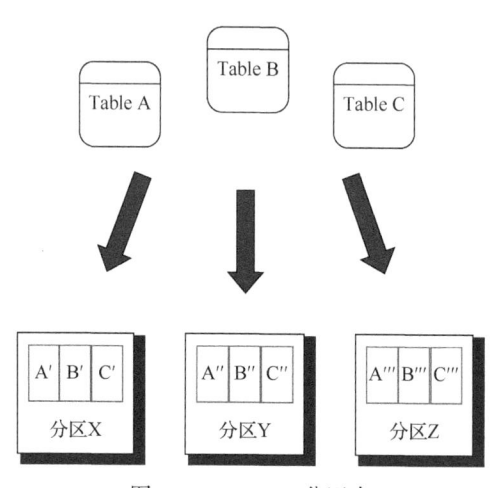

图 12-1 VoltDB 分区表

12.3.2 TiDB

TiDB 是 PingCAP 公司自主设计、研发的开源分布式关系数据库，是一款同时支持在线事务处理与在线分析处理的融合型分布式数据库产品，具备水平扩容或缩容、金融级高可用、实时 HTAP、云原生的分布式数据库、兼容 MySQL 5.7 协议和 MySQL 生态等重要特性。TiDB 的目标是为用户提供一站式 OLTP、OLAP、HTAP 解决方案。TiDB 适合高可用、强一致性要求较高、数据规模较大的各种应用场景。

1. TiDB 的五大核心特性

1) 一键水平扩/缩容

TiDB 使用存储计算分离的架构设计，可按需对计算、存储分别进行在线扩容或缩容，扩容或缩容过程中对应用运维人员透明。

2) 金融级高可用

TiDB 的数据采用多副本存储，数据副本通过 Multi-Raft 协议同步事务日志，多数派写入成功事务才能提交，确保数据强一致性且少数副本发生故障时不影响数据的可用

3) 实时 HTAP

TiDB 提供行存储引擎 TiKV、列存储引擎 TiFlash 两款存储引擎。TiFlash 通过 Multi-Raft Learner 协议实时从 TiKV 复制数据，确保行存储引擎 TiKV 和列存储引擎 TiFlash 之间的数据强一致性。TiKV、TiFlash 可按需部署在不同的机器中，解决 HTAP 资源隔离的问题。

4) 云原生的分布式数据库

TiDB 是专为云而设计的分布式数据库，通过 TiDB Operator 可在公有云、私有云、混合云中实现部署工具化、自动化。

5) 兼容 MySQL 5.7 协议和 MySQL 生态

TiDB 兼容 MySQL 5.7 协议、MySQL 常用的功能、MySQL 生态，应用无须或修改少量代码即可从 MySQL 迁移到 TiDB，同时提供了丰富的、便捷的数据迁移工具。

2. 架构

在内核设计上，TiDB 分布式数据库将整体架构拆分成多个模块，各模块之间互相通信，组成完整的 TiDB 系统。对应的架构如图 12-2 所示。

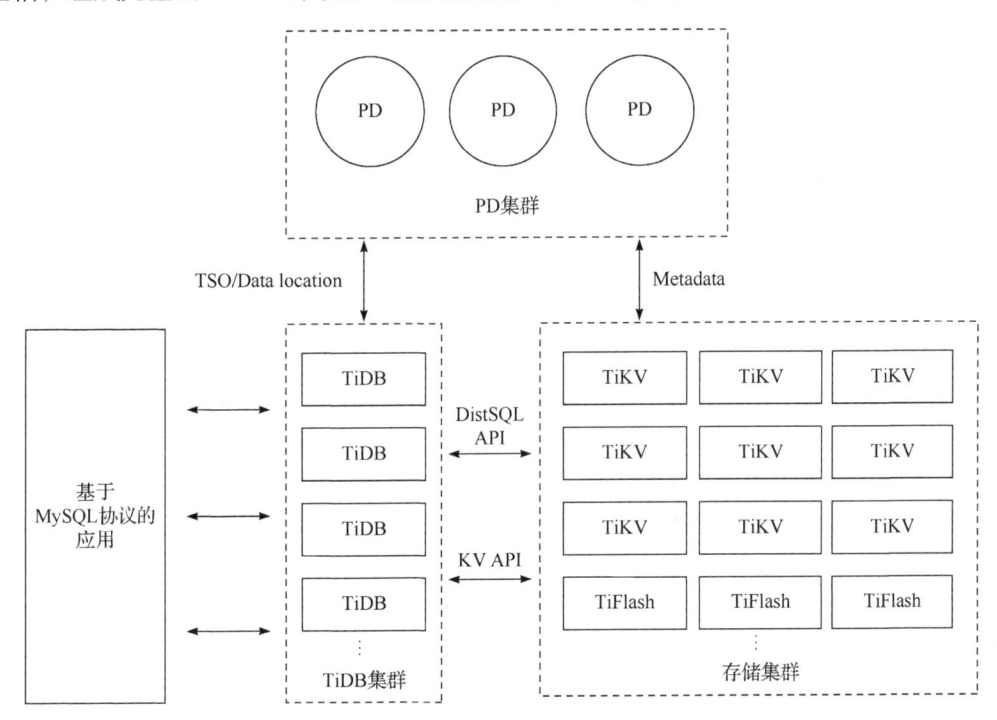

图 12-2 TiDB 架构图

(1) TiDB Server：SQL 层，对外暴露 MySQL 协议的连接 endpoint，负责接收客户端的连接，执行 SQL 解析和优化，最终生成分布式执行计划。TiDB 层本身是无状态的，实践中可以启动多个 TiDB 实例，通过负载均衡组件(如 LVS、HAProxy 或 F5)对外提供统一的接入地址，客户端的连接可以均匀地分摊在多个 TiDB 实例上以达到负载均衡的效果。TiDB Server 本身并不存储数据，只是解析 SQL，将实际的数据读取请求转发给底层的存储节点 TiKV(或 TiFlash)。

(2) PD (placement driver) Server：整个 TiDB 集群的元信息管理模块，负责存储每个 TiKV 节点实时的数据分布情况和集群的整体拓扑结构，提供 TiDB Dashboard 管控界面，并为分布式事务分配事务 ID。PD 不仅存储元信息，还会根据 TiKV 节点实时上报的数据分布状态，下发数据调度命令给具体的 TiKV 节点，可以说是整个集群的"大脑"。此外，PD 本身也是由至少 3 个节点构成的，拥有高可用的能力。其建议部署奇数个 PD 节点。

(3) 存储节点。

① TiKV Server：负责存储数据。从外部看，TiKV 是一个分布式的、提供事务的 Key-Value 存储引擎。存储数据的基本单位是 Region，每个 Region 负责存储一个 Key-Range(从 StartKey 到 EndKey 的左闭右开区间)的数据，每个 TiKV 节点会负责多个 Region。TiKV 的 API 在 K-V(键值对)层面提供对分布式事务的原生支持，默认提供了 SI(snapshot isolation)的隔离级别，这也是 TiDB 在 SQL 层面支持分布式事务的核心。TiDB 的 SQL 层做完 SQL 解析后，会将 SQL 的执行计划转换为对 TiKV API 的实际调用。所以，数据都存储在 TiKV 中。另外，TiKV 中的数据都会自动维护多副本(默认为三副本)，天然支持高可用和自动故障转移。

② TiFlash：TiFlash 是一种特殊的存储节点。与普通 TiKV 节点不同的是，在 TiFlash 内部，数据以列式形式进行存储，主要功能是为分析型场景加速。

3. 应用场景

TiDB 是在线事务处理与在线分析处理的融合性数据库，其四大核心应用场景如下。

1) 金融行业场景

金融行业对数据一致性及高可靠、系统高可用、可扩展性、容灾要求较高。传统的解决方案的资源利用率低，维护成本高。TiDB 采用多副本 + Multi-Raft 协议的方式将数据调度到不同的机房、机架、机器，确保系统的 RTO ≤ 30s 及 RPO = 0。

2) 海量数据及高并发的 OLTP 场景

传统的单机数据库无法满足因数据爆炸性的增长对数据库的容量要求。TiDB 是一种性价比高的解决方案，其采用计算、存储分离的架构，可对计算、存储分别进行扩/缩容，计算最大支持 512 节点，每个节点最大支持 1000 并发，集群容量最大支持 PB 级别。

3) 实时 HTAP 场景

TiDB 适用于需要实时处理的大规模数据和高并发场景，在 4.0 版本中引入列存储引擎 TiFlash，结合行存储引擎 TiKV 构建真正的 HTAP 数据库，在增加少量存储成本的情况下，可以在同一个系统中做联机交易处理、实时数据分析，极大地节省企业的成本。

4) 数据汇聚、二次加工处理的场景

TiDB 适用于将企业分散在各个系统的数据汇聚在同一个系统，并进行二次加工处理生成 T+0 或 T+1 的报表。与 Hadoop 相比，TiDB 要简单得多，业务通过 ETL 工具或者 TiDB 的同步工具将数据同步到 TiDB，在 TiDB 中可通过 SQL 直接生成报表。

12.3.3　Google Spanner

Spanner 是由谷歌开发的一种可扩展、多版本、全球分布式、同步复制的数据库系统。它支持外部一致性的分布式事务，并在全数据库范围内按时间戳进行全局一致的读取。Spanner 的核心是一个新的时间 API，称为 TrueTime，它直接暴露了时钟不确定性，并通过使用 GPS 和原子钟作为时间参考来保证时钟误差的上限。Spanner 的实现基于 Bigtable 的表格抽象，但增加了数据模式、SQL 查询语言、二阶段锁定和两阶段提交等数据库特性。Spanner 的性能和可用性受到 TrueTime 以及数据的复制和放置策略的影响。

Spanner 服务于 2012 年首次被用于谷歌内部数据中心：Google F1 数据库中，这是其广告业务 Google Ads 以及 Gmail 和 Google Photos 的数据库。Spanner 的 SQL 功能是在 2017 年添加的，并记录在 SIGMOD 2017 的论文中。它于 2017 年作为 Google Cloud Platform 的一部分以"Cloud Spanner"的名义提供。

12.4　Spanner 数据库

12.4.1　体系结构

一套完整的 Spanner 部署称为一个 Universe。目前全球有三个 Universe，分别是谷歌为 test、development、production 三个环境所搭建的。每个 Universe 中有一个 universe master 和一个 placement driver。

Spanner 的整体架构如图 12-3 所示，部署驱动所管理的单位是区域。区域不是逻辑概念，而是真正的物理隔离，每个数据中心都有一个或多个区域。通用主节点监控着每个区域的状态信息。每个分区中有一个区域主节点、数个位置代理、上百到几千个不等

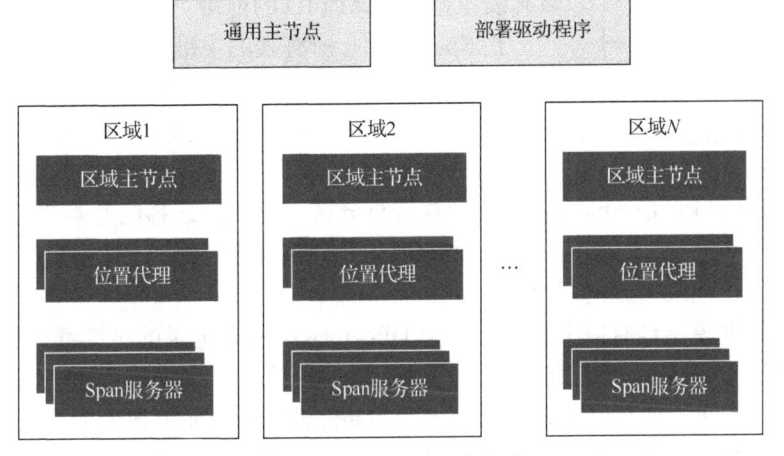

图 12-3　Spanner 服务架构

的 Span 服务器。区域主节点负责将数据分配给 Span 服务器，数据都存储在 Span 服务器上。位置代理存储数据的位置信息，客户端访问位置代理以定位其所需数据的 Span 服务器。部署驱动程序定期与分布式服务器通信，查找需要移动的数据，从而满足更新的复制约束或者进行负载平衡。

12.4.2 数据模型

传统的 RDBMS 采用关系模型，具有丰富的功能，支持 SQL 查询语句。而 NoSQL 数据库多是在 Key Value 存储之上增加有限的功能，如列索引、范围查询等，但具有良好的可扩展性。Spanner 继承了 Megastore 的设计，数据模型介于 RDBMS 和 NoSQL 之间，提供树形、层次化的数据库 Schema，一方面支持类 SQL 的查询语言，提供表连接等关系数据库的特性，功能上类似于 RDBMS；另一方面，整个数据库中的所有记录都存储在同一个 KeyValue 大表中，实现上类似于 Bigtable，具有 NoSQL 系统的可扩展性。

Spanner 的数据模型不是纯粹关系型的，它的行必须有名称。更准确地说，每个表都需要包含一个或多个主键列的排序集合。这种需求让 Spanner 看起来仍然有点像键值存储：主键形成了一个行的名称，每个表都定义了从主键列到非主键列的映射。当一个行存在时，必须要求已经给行的一些键定义了一些值(即使是 NULL)。采用这种结构可以让应用通过选择键来控制数据的局部性。

```
        ┌ Teacher1
        │ Course(1,1)
目录13  ┤ Course(1,2)
        │
        │ Teacher2
目录54  ┤ Course(2,1)
        │ Course(2,2)
        └ Course(2,3)
```

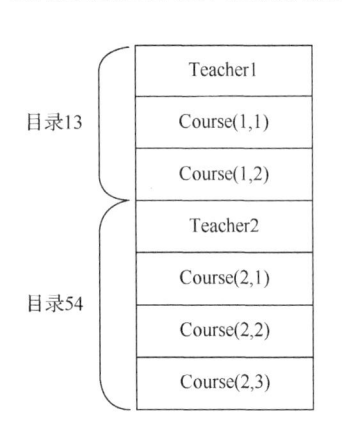

图 12-4 模式案例

在 Spanner 中，应用可以在一个数据库里创建多个表，同时需要指定这些表之间的层次关系。例如，图 12-4 中创建的两个表——教师表 Teachers 和课程表 Courses，并且指定教师表是课程表的父节点。父节点和子节点间存在着一对多的关系，用户表中的一条记录、一个用户对应着相册表中的多条记录、多个相册。此外，要求子节点的主键必须以父节点的主键作为前缀。例如，教师表的主键教师 ID 就是教师表主键 ID+课程 ID 的前缀。

在 Spanner 中，所有表的主键都将根节点的主键作为前缀。Spanner 将根节点表中的一条记录和以其主键作为前缀的其他表中的所有记录的集合称作一个 Directory。例如，一个用户的记录及该用户所有相关的记录组成了一个 Directory。Directory 是 Spanner 中对数据进行分区、复制和迁移的基本单位。应用可以指定一个 Directory 有多少个副本，分别存放在哪些机房中，例如，把用户的 Directory 存放在该用户所在地区附近的几个机房中。

这样的数据模型具有以下好处：一个 Directory 中所有记录的主键都具有相同前缀。在存储到底层 Key Value 大表时，会被分配到相邻的位置。如果数据量不是非常大，会位于同一个节点上，这不仅提高了数据访问的局部性，也保证了在一个 Directory 中发生的事务都是单机的。Directory 还实现了从细粒度上对数据进行分区。整个数据库被划分为百万个甚至更多个 Directory，每个 Directory 可以定义自己的复制策略。这种 Directory-based 的数据分区方式比 MySQL 分库分表时 Table-based 的粒度要细,而比雅虎的 PNUTS 系统中 Row-based 的粒度要粗。Directory 提供了高效的表连接运算方式。在一个 Directory 中,多张表上的记录按主键排序,交错(interleaved)地存储在一起,因此进行表连接运算时无须排序即可在表间直接进行归并。

12.4.3 并发控制

Spanner 的核心特征是强一致性,它在全球范围内提供最严格的并发控制,实现全球事务对外强一致性。Spanner 提供了两种事务类型:只读事务和读写事务。只读事务用于执行不修改数据的操作(包括 SQL select 语句),提供高度一致性,并且默认使用最新的数据副本。与读写事务相比,只读事务在无须任何形式的内部锁定的情况下运行,因此速度更快且更具可扩展性。

读写事务用于插入、更新或删除数据的事务,包括执行读取后紧随写入操作的事务。虽然读写事务仍具有高度可扩展性,但引入了锁定,并且必须由 Paxos 的主要副本进行编排。锁定对于 Spanner 客户端而言是透明的。

在过去的分布式数据库系统中,通常由于跨机器通信的高成本而选择不提供高度一致性保证。然而,Spanner 利用了谷歌开发的 TrueTime 技术,在整个数据库中提供高度一致的快照。TrueTime 是一种 API,它允许谷歌数据中心内的任何机器以高精度(误差在几毫秒内)获悉准确的全球时间。TrueTime 服务确保所有数据中心内的所有节点使用相同的时间,从而保证外部一致性的强一致性要求。节点所在的硬件设备内置了原子钟,定期进行数据同步,确保时间的准确性。此外,每个机架中有多个时间服务器,使用 GPS 信号和原子振荡器(automic oscillator)进行同步,提高系统的故障容错能力。

Spanner 使用 TrueTime 在所有读写操作上分配时间戳。事务在时间戳 T1 处可确保反映在 T1 之前发生的所有写入的结果。为满足 T2 处的读取请求,一台机器必须确保其数据视图至少在 T2 处保持最新状态。TrueTime 技术提供的时间精度和准确度远高于其他协议(如 NTP),使得 Spanner 能够实现高度一致的快照。

12.4.4 查询语言

Spanner 使用一种 SQL 方言,称为标准 SQL,它与谷歌的其他查询系统(如 F1 和 BigQuery)共享。Spanner 的 SQL 方言遵循 ANSI SQL 标准,支持嵌套数据类型,如数组和结构,以及相关的函数和运算符。Spanner 还支持用户自定义函数、存储过程、触发器、分区表、视图、索引、约束、统计信息等数据库特性。

(1) 嵌套数据类型:Spanner 支持 array 和 struct 两种嵌套数据类型,它们可以用来表示复杂的数据结构,如 JSON。array 类型表示一个有序的元素集合,元素可以是任意类型,包括 array 或 struct。struct 类型表示一个命名字段的集合,每个字段有一个类型和一个可选的名称。struct 类型可以用来表示行或列的值,也可以用来定义表或视图的模式。

(2) 嵌套数据操作:Spanner 提供了一系列函数和运算符来操作嵌套数据,例如,创建、访问、修改、过滤、展开和聚合 array 或 struct 值。其中一些操作是标准 SQL 的扩展,例如,unnest 运算符,它可以将一个 array 值转换为一个表,每个元素对应一行。另一些操作是特有的，例如，array_agg 函数，它可将多行的值聚合为一个 array 值。

(3) 嵌套数据语法：Spanner 遵循标准 SQL 的语法规则，同时允许嵌套数据的直接使用。例如，可以在 select 列表中使用 struct 表达式来构造行的值，也可以在 where 子句中使用 array 表达式来过滤行的条件。此外，Spanner 也支持使用点符号(.)来访问 struct 字段，以及使用下标符号([])来访问 array 元素。

12.4.5 设计实例

1. 使用非交错表

假设用户正在创建一个学校的数据库，并且需要一个简单的表来存储教师数据行，如图 12-5 所示。

TeacherID	Name	Email	Salary
1	张三	134176@mail.com	6000
2	李四	151234@mail.com	7000
3	王五	611234@mail.com	5500
4	赵六	934532@mail.com	7400
5	孙七	534565@mail.com	6200

```
create table Teachers
(
TeacherID int64 not null,
Name string(1024),
Email string(1024),
Salary int64,
primary key (TeacherID)
);
```

图 12-5　Teachers 表以及创建 Teachers 表的 SQL 语句

在这里可以注意以下有关示例架构的信息。

(1) Teachers 表是数据库层次结构根部的表：因为它没有定义为另一个表的交错子表。

(2) GoogleSQL 方言数据库，主键列通常使用 not null 进行注释(不过，如果希望在键列中允许 null 值，则可以省略此注释)。

(3) 不包含在主键中的列称为非键列，它们可以具有可选的 not null 注释。

(4) 在 GoogleSQL 中，string 类型的列必须定义长度，该长度表示字段中可以存储的最大 Unicode 字符数。

Teachers 表中行的物理布局如图 12-6 所示。图 12-6 显示了按主键存储的 Teachers 表的行("Teachers(1)"，然后是"Teachers(2)"，依此类推，其中括号中的数字是主键值)。

图 12-6 中显示了 Teachers(2) 和 Teachers(3) 的行之间的示例分割边界，并将结果分割中的数据分配给不同的服务器。随着该表的增长，Teachers 数据行可以存储在不同的位置。

假设现在想要向数据库中添加有关每位教师教授课程的一些基本数据(图 12-7)。

Courses 主键由两列组成：TeacherID 和 CourseID，用于将每个课程与其教师相关联。该示例架构在数据库层次结构的根部定义了 Courses 表和 Teachers 表，使它们成为同级表。

第 12 章 NewSQL 数据库

1	张三	134176@mail.com	6000
2	李四	151234@mail.com	7000
3	王五	611234@mail.com	5500
4	赵六	934532@mail.com	7400
5	孙七	534565@mail.com	6200

→ Spanner 云服务器
→ Spanner 云服务器
→ Spanner 云服务器
→ Spanner 云服务器

图 12-6　Singers 表的物理布局

TeacherID	CourseID	Name
1	1	数据库系统原理
1	2	数据库系统实践
2	1	操作系统原理
2	2	操作系统实践
2	3	算法分析与设计

```
create table Courses
(
TeacherID    int64 not null,
CourseID     int64 not null,
Name         string(max),
) primary key(TeacherID, CourseID);
```

图 12-7　Courses 表以及创建 Courses 表的 SQL 语句

2. 使用交错表

在设计课程数据库时，如果在访问 Teachers 行时需要频繁访问 Courses 表中的行，如图 12-8 所示，当访问 Teachers(1) 行时，还需要访问 Courses(1, 1) 和 Courses(1, 2) 行。在这种情况下，教师和课程需要有很强的数据局部性关系。这时可以通过将课程创建为教师表的交错子表来声明此数据局部性关系。

Teachers(1)	张三	134176@mail.com	6000	
Courses(1,1)				数据库系统原理
Courses(1,2)				数据库系统实践
Teachers(2)	李四	151234@mail.com	7000	
Courses(2,1)				操作系统原理
Courses(2,2)				C语言程序设计
Courses(2,3)				算法分析与设计

图 12-8　Teachers 交错表存储结构

交错表是声明为另一个表的交错子表的表，子表的行会与关联的父行物理存储在一起。

父表主键必须是子表复合主键的第一部分。

这里声明的 Teachers 表与前面相同，但是 Courses 表会增加一个声明：

```
create table Courses (
```

```
    TeacherID int64 not null,
    CourseID int64 not null,
    Name string(max),
        primary key (TeacherID, CourseID)
) interleave in parent Teachers on delete cascade;
```

需要注意到以下方面。

(1) TeacherID 是子表 Courses 主键的第一部分，也是其父表 Teachers 的主键。

(2) on delete cascade 注释表示当父表中的一行被删除时，其子行也会自动删除。如果子表没有此注释，或者注释为 on delete no action，则必须先删除子行，然后才能删除父行。

(3) 交错行首先按父表的行排序，然后按共享父表主键的子表的连续行排序，如"Teachers (1)""Courses(1, 1)""Courses (1, 2)"，依此类推。

(4) 如果此数据库拆分，则保留每位教师及其课程数据的数据局部性关系，前提是教师行及其所有课程行的大小保持在拆分大小限制以下，并且任何这些课程行中都没有热点。

(5) 父行必须存在，然后才能插入子行。父行可以已存在于数据库中，也可以在同一事务中插入子行之前插入。

3. 创建交错表的层次结构

Teachers 和 Courses 之间的父子关系可以扩展到更多的后代表。例如，可以创建一个名为 Choices 的交错表作为 Courses 的子表来存储每个课程的选课学生列表。

Choices 表必须有一个主键，其中包含层次结构中其父表的所有主键，即 TeacherID 和 CourseID，因此可以创建 Choices 表，如图 12-9 所示。Choices 的交错表如图 12-10 所示。

TeacherID	CourseID	ChoiceID	Name
1	2	1	白实涛
1	2	2	罗余疆
2	1	3	许凤妹
2	1	4	宣凤晗
2	3	5	祖羚雪

```
create table Choices(
TeacherID    int64 not null,
CourseID     int64 not null,
ChoiceID     int64 not null,
StudentName  string(max),
)primary key (TeacherID, CourseID,
ChoiceID), interleave in parent
Courses on delete cascade;
```

图 12-9 Choices 表以及创建 Choices 表的 SQL 语句

此例中，随着 Teachers 数量增长，Spanner 会在教师之间添加分割边界以保留教师及其课程和选课数据之间的数据局部性。但若教师行及其子行的大小超过拆分大小限制，或在子行中检测到热点，Spanner 会尝试添加拆分边界以隔离该热点行及其下面的所有子行。

总之，父表及其所有子表和后代表形成了架构中表的层次结构。尽管层次结构中的每个表在逻辑上都是独立的，但以这种方式物理交错它们可以提高性能，有效地预连接表并允许一起访问相关行，同时最大限度地减少存储访问次数。

Teachers(1)	张三	134176@mail.com	6000
Courses(1,1)			数据库系统原理
Courses(1,2)			数据库系统实践
Choices(1,2,1)			白实涛
Choices(1,2,2)			罗余疆
Teachers(2)	李四	151234@mail.com	7000
Courses(2,1)			操作系统原理
Choices(2,1,3)			许风妹
Choices(2,1,4)			宣风晗
Courses(2,2)			C语言程序设计
Courses(2,3)			算法分析与设计
Choices(2,3,5)			祖羚雪

图 12-10　Choices 交错表存储结构

本 章 小 结

NewSQL 数据库标志着数据库领域的创新和发展，它们在一定程度上弥补了传统关系数据库和 NoSQL 数据库的一些局限性。

NewSQL 数据库的产生和发展源于对传统关系数据库在大规模和高并发场景下性能瓶颈的挑战，以及对 NoSQL 数据库在一致性、事务支持等方面的需求。这一类数据库致力于提供分布式、高性能、强一致性的解决方案。

NewSQL 数据库具有分布式架构、水平扩展、支持强一致性事务、SQL 兼容等特点。它们旨在提供高吞吐量、低延迟的数据库服务，同时保持对事务和复杂查询的支持，使其成为处理大规模应用需求的有力工具。与传统关系数据库和 NoSQL 数据库相比，NewSQL 数据库在设计上综合了关系数据库和 NoSQL 数据库的优点，弥补了它们的不足之处。相较于传统关系数据库，NewSQL 更适应云原生、分布式环境；而相较于 NoSQL 数据库，NewSQL 提供更丰富的事务支持和 SQL 查询能力。

Google Spanner 是 NewSQL 数据库的代表之一，它采用全球分布式架构，支持水平扩展、强一致性事务和 SQL 查询，其创新性在于全球性分布式事务和外部一致性的实现。在深入探讨 Google Spanner 数据库时，我们了解了其体系结构、数据模型、并发控制、查询语言以及设计实例。Spanner 的全球性分布式事务和 TrueTime 技术使其成为大规模应用领域的先进数据库系统。

总体来说，NewSQL 数据库的兴起代表着数据库技术的不断演进，以满足当今大规模、高并发、分布式应用的需求。随着技术的不断发展，我们可以期待 NewSQL 数据库在未来的进一步创新和应用。

习　题

1. 结合 NewSQL 的特点，说明为什么 NewSQL 更适合 OLTP 业务。
2. 解释为什么传统关系数据库不能适应新的应用场景。
3. 为什么 NewSQL 能够避免单点故障带来的影响？
4. 解释三种不同类型的 NewSQL：从头构建的新系统、透明数据库分片中间件和基于新架构的 DBaaS 数据库服务，这三种类型各自的优缺点。
5. 如果你想要使用 NewSQL，但是同时也要兼容 MySQL，你会选择哪种类型的 NewSQL，为什么？
6. 在金融交易场景中，为什么 NewSQL 比传统的关系数据库更有优势？
7. VoltDB 中，数据放在多个分区中，请说明为什么这样会有很高的性能。
8. Spanner 使用 TrueTime 保证不同节点间的强一致性，解释这样做的优点和缺点。
9. 与 Spanner 不同，VoltDB 使用另一种数据分区技术，这种技术与 Spanner 的区别是什么？有什么优缺点？
10. Spanner 将关联的数据放到局部物理存储中，这样做的好处是什么？有什么缺点？
11. Spanner 中的交错表的存储结构适合什么样的应用场景？解释一下原因。
12. 创建一个保存歌手的歌手表，以及每个歌手发表的专辑表，使用 Spanner 中的交错表。
13. 基于习题 12 中的表，创建一个歌单表，使该表成为专辑表的子表。
14. 在上面的例子中，歌手、专辑和歌单会组成一个 Directory，同一个 Directory 会有相同的前缀，这样会提高表连接操作的效率，解释一下原因。
15. 习题 12 的交错表的物理存储是什么样的，举个例子说明。

参 考 文 献

崔斌, 高军, 童咏昕, 等, 2019. 新型数据管理系统研究进展与趋势[J]. 软件学报, 30(1): 164-193.
杜小勇, 卢卫, 张峰, 2019. 大数据管理系统的历史、现状与未来[J]. 软件学报, 30(1): 127-141.
冯玉才, 1993. 数据库系统基础[M]. 2 版. 武汉: 华中科技大学出版社.
姜承尧, 2013. MySQL 技术内幕: InnoDB 存储引擎[M]. 2 版. 北京: 机械工业出版社.
金澈清, 钱卫宁, 周敏奇, 等, 2015. 数据管理系统评测基准: 从传统数据库到新兴大数据[J]. 计算机学报, 38(1): 18-34.
霍多罗夫, 迪洛尔夫, 2011. MongoDB 权威指南[M]. 程显峰, 译. 北京：人民邮电出版社.
李国良, 冯建华, 柴成亮, 等, 2024. 数据库管理系统——从基本原理到系统构建[M]. 北京: 高等教育出版社.
刘玉葆, 饶洋辉, 2023. "数据库+课程思政"教学设计探索[J]. 计算机教育(2): 92-94, 99.
王珊, 杜小勇, 陈红, 2023. 数据库系统概论[M]. 6 版. 北京: 高等教育出版社.
信俊昌, 王国仁, 李国徽, 等, 2019. 数据模型及其发展历程[J]. 软件学报, 30(1): 142-163.
亚伯拉罕·西尔伯沙茨, 亨利·F. 科思, S. 苏达尔尚, 2021. 数据库系统概念: 第 7 版.[M]. 杨冬青, 李红燕, 张金波, 等译. 北京: 机械工业出版社.
叶小平, 汤庸, 汤娜, 等, 2008. 数据库系统教程[M]. 2 版. 北京: 清华大学出版社.
张超, 李国良, 冯建华, 等, 2023. HTAP 数据库关键技术综述[J]. 软件学报, 34(2): 761-785.
ANTONOPOULOS P, BYRNE P, CHEN W, et al., 2019. Constant time recovery in Azure SQL database[J]. Proceedings of the VLDB endowment, 12(12): 2143-2154.
BACON D F, BALES N, BRUNO N, et al., 2017. Spanner: becoming a SQL system[C]//Proceedings of the 2017 ACM international conference on management of data, Chicago: 331-343.
BREWER E, 2017. Spanner, truetime and the cap theorem[EB/OL]. [2024-10-16]. https://pub-tools-public-publication-data.storage.googleapis.com/pdf/45855.pdf.
CHANG F, DEAN J, GHEMAWAT S, et al., 2008. Bigtable: a distributed storage system for structured data[J]. ACM transactions on computer systems, 26(2): 1-26.
CORBETT J C, HOCHSCHILD P, HSIEH W, et al., 2013. Spanner: Google's globally distributed database[J]. ACM transactions on computer systems, 31(3): 1-22.
DAVOUDIAN A, CHEN L, LIU M, 2019. A survey on NoSQL stores[J]. ACM computing surveys, 51(2): 1-43.
DONG Z Y, WANG Z G, YI C W, et al., 2023. Database deadlock diagnosis for large-scale ORM-based web applications[C]//2023 IEEE 39th international conference on data engineering (ICDE), Anaheim: 2864-2877.
FENT P, MOERKOTTE G, NEUMANN T, 2023. Asymptotically better query optimization using indexed algebra[J]. Proceedings of the VLDB endowment, 16(11): 3018-3030.
HAUBENSCHILD M, SAUER C, NEUMANN T, et al., 2020. Rethinking logging, checkpoints, and recovery for high-performance storage engines[C]//Proceedings of the 2020 ACM SIGMOD international conference on management of data, New York: 877-892.
KNAPP E, 1987. Deadlock detection in distributed databases[J]. ACM computing surveys, 19(4): 303-328.
LAKSHMAN A, MALIK P, 2010. Cassandra: a decentralized structured storage system[J]. ACM SIGOPS operating systems review, 44(2): 35-40.
OSCHINA, 2015. 分布式 NewSQL 关系型数据库[EB/OL]. (2015-09-06)[2024-10-16]. https://www.

oschina.net/p/tidb.

PAVLO A, ASLETT M, 2016. What's really new with NewSQL?[J]. ACM SIGMOD record, 45(2): 45-55.

VANDEVOORT B, KETSMAN B, Koch C, et al., 2023. When is it safe to run a transactional workload under Read Committed?[J]. ACM SIGMOD record, 52(1): 36-43.

ZHOU X H, CHAI C L, Li G L, et al., 2022. Database meets artificial intelligence: a survey[J]. IEEE transactions on knowledge and data engineering, 34(3): 1096-1116.